Teubner Studienbücher Physik

Konrad Kleinknecht

Detektoren für Teilchenstrahlung

Konrad Kleinknecht

Detektoren für Teilchenstrahlung

4., überarbeitete Auflage

Teubner

Bibliografische Information der Deutschen Bibliothek
Die Deutsche Bibliothek verzeichnet diese Publikation in der Deutschen Nationalbibliografie; detaillierte bibliografische Daten sind im Internet über <http://dnb.ddb.de> abrufbar.

Prof. Dr. rer. nat. Konrad Kleinknecht
Geboren in Ravensburg. Studium in München und Heidelberg. Promotion 1966 in Heidelberg mit einer am Kernforschungszentrum CERN in Genf durchgeführten experimentellen Arbeit über die Verletzung der Symmetrie zwischen Materie und Antimaterie. Von 1966 bis 1969 bei CERN, 1971 Habilitation Heidelberg. Von 1972 bis 1985 o. Professor an der Universität Dortmund – Aufbau des Fachgebietes Elementarteilchenphysik an der Abteilung Physik. Seit 1985 Professor an der Universität Mainz.
Experimentelle Forschungsschwerpunkte: Schwache Zerfälle der neutralen K-Mesonen und Hyperonen, CP Verletzung, Reaktionen hochenergetischer Neutrinos, Struktur der elektroschwachen Wechselwirkung. Forschungsaufenthalte 1976 am California Institute of Technology, 1979, 1983, 1989 und 2004 am CERN. 1988 Morris-Loeb-Lecturer an der Harvard University, Cambridge, USA. 1990 G. W. Leibniz-Preis der Deutschen Forschungsgemeinschaft. 2001 Gentner-Kastler-Preis und Medaille der Société Francaise de Physique und der Deutschen Physikalischen Gesellschaft. 2005 High Energy and Particle Physics Prize der European Physical Society für das Experiment NA31 am CERN zur direkten CP-Verletzung.

1. Auflage 1984
2. Auflage 1987
3. Auflage 1992
4., überarbeitete Auflage September 2005

Softcover reprint of the hardcover 1st edition 2005
Lektorat: Ulrich Sandten / Kerstin Hoffmann

Der B. G. Teubner Verlag ist ein Unternehmen von Springer Science+Business Media.
www.teubner.de

Umschlaggestaltung: Ulrike Weigel, www.CorporateDesignGroup.de

ISBN-13: 978-3-8351-0058-9 e-ISBN-13: 978-3-322-82205-5
DOI: 10.1007/978-3-322-82205-5

Vorwort zur 4. Auflage

Fortschritte auf einem Gebiet der experimentellen Physik sind stets eng mit Verbesserungen der Meßmethoden auf diesem Gebiet verbunden. Bei der Suche nach den elementaren Bausteinen der Materie und nach den Kräften, die zwischen ihnen wirken, benutzt der Physiker als Hilfsmittel Teilchenbeschleuniger und Nachweisgeräte für die aus energiereichen Stößen zwischen Elementarteilchen stammenden Reaktionsprodukte. Diese sind entweder massive Teilchen oder Quanten der elektromagnetischen Strahlung.

Die Beschleuniger entsprechen dem Mikroskop des Naturforschers mit dem Unterschied, dass an die Stelle des sichtbaren Lichts im Mikroskop hier als Sonde ein geladenes Teilchen tritt, zum Beispiel das Elektron, das Proton oder ein schweres Ion. Wegen des Dualismus zwischen Teilchen und Wellen sind Licht und geladene Teilchen in gleicher Weise als Sonden verwendbar. Je höher die Energie der Teilchen ist, desto kleiner wird ihre Wellenlänge, und desto kleinere Objekte können mit dieser Sonde in ihrer räumlichen Struktur aufgelöst werden. Deshalb musste bei der Suche nach immer kleineren Objekten die mit Beschleunigern erreichbare Teilchenenergie ständig erhöht werden.

Parallel zu dieser Entwicklung haben sich die Methoden zur Messung und Registrierung der elementaren Stoßprozesse rasch verändert. Während über das Thema des Beschleunigerbaus eine reichhaltige Literatur existiert, fehlte für das Gebiet der Teilchendetektoren eine zusammenfassende Darstellung der neueren Entwicklungen. Dieses Buch ist aus Vorlesungen entstanden, die ich seit 1974 an der Universität Dortmund und ab 1985 an der Universität Mainz gehalten habe. Während zweier Kurse bei Sommerschulen im Jahre 1980 hatte ich Gelegenheit, mich eingehender mit dem Thema zu befassen, und zwar in Zakopane auf Einladung von A. Bialas und bei dem von T. Ferbel organisierten Advanced Study Institute auf St. Croix (USVI).

Seit der ersten Auflage 1984 hat sich das Forschungsgebiet der Elementarteilchenphysik stürmisch entwickelt. Nach der Entdeckung der schweren Eichbosonen $W^{\pm}$ und Z^0 am CERN im Jahr 1984 wurde die vereinheitlichte Beschreibung von schwacher und elektromagnetischer Wechselwirkung mit der elektroschwachen Theorie in allen Details experimentell untersucht und bestätigt. Dazu diente der Elektron-Positron-Speicherring LEP ("Large Electron Positron Collider") am CERN von 1989 bis 2002. Gleichzeitig mit der

Größe der Beschleuniger wuchs auch die Größe und Komplexität der Detektoren an diesen Anlagen. Die nächste Stufe bildet der Hadron-Speicherring LHC ("Large Hadron Collider"), der im Jahr 2007 in Betrieb gehen wird. Die vier Detektoren an diesem Collider sind im Bau und werden im Kap. 8.6 beschrieben.

Neue Entwicklungen in den Nachweistechniken wie Silizium-Streifendetektoren, Pixeldetektoren, Mikrostreifen-Gaszähler, szintillierende Fasern, neue elektromagnetische Kalorimeter und kompensierende Hadronkalorimeter werden in dieser Neuauflage behandelt.

Weiterhin habe ich einen größeren Teil des Buches dem Thema der Astroteilchenphysik, der kosmischen Strahlung, der Neutrinophysik und der dunklen Materie im Kosmos gewidmet, weil dieses Forschungsgebiet an Bedeutung gewinnt und einen inneren Zusammenhang mit der Elementarteilchenphysik hat. Möglicherweise besteht ja die dunkle Materie aus Teilchen, die in einer supersymmetrischen Erweiterung des Standardmodells existieren sollten. Da am LHC ab 2007 nach denselben Teilchen gesucht wird, schließt sich der Kreis.

So hoffe ich, dass das Buch auch im neuen Jahrhundert für die Leser nützlich sein wird.

Mainz, Mai 2005 Konrad Kleinknecht

Inhaltsverzeichnis

1 Physikalische Grundlagen

1.1 Anwendungsbereiche für Strahlungsdetektoren

1.1.1 Natürliche Strahlungsquellen

Ionisierende Strahlung stammt entweder aus unserer natürlichen Umwelt oder aus künstlichen Strahlungsquellen. In beiden Fällen besteht die primäre Strahlung aus massiven geladenen Teilchen oder aus masselosen neutralen Quanten wie Photonen oder Neutrinos.

Die Strahlung aus der natürlichen Umwelt stammt aus zwei verschiedenen Quellen: die eine ist die kosmische und solare Teilchenstrahlung, die von aussen in die Erdatmosphäre eindringt. Sie besteht hauptsächlich aus Protonen, leichten Kernen, Elektronen und Gammastrahlung. Bei der Wechselwirkung dieser Teilchen entstehen Sekundärteilchen, darunter kurzlebige Pionen und Myonen. Die Zusammensetzung und die Energieverteilung der primären kosmischen Strahlung wird am besten außerhalb der Erdatmosphäre untersucht. Dazu dienen Meßinstrumente, die mit Ballons, Satelliten oder wiederverwendbaren Raumtransportern in große Höhen befördert werden.

Die intensivste Quelle von Strahlung in der Nähe unseres Planeten ist die Sonne. Sie sendet neben dem sichtbaren Licht und den Neutrinos aus den zyklischen Kernreaktionen in ihrem Inneren auch massive Teilchen aus. Diese sind vorwiegend Elektronen und Protonen, die bei Eruptionen (Flares) an der Sonnenoberfläche emittiert werden und in der irdischen Ionosphäre Nordlichter und magnetische Stürme hervorrufen. Auch die beiden Strahlungsgürtel der Erde werden durch diesen "Sonnenwind" verursacht.

Die andere Quelle von Strahlung in unserer Umwelt ist die natürliche Radioaktivität, die Becquerel im Jahre 1896 an Uranerzen entdeckt hatte. Dabei entsteht α-, β- oder γ-Strahlung, d.h. Helium-Kerne, Elektronen oder harte Photonen mit Energien bis zu einigen MeV. Der Alpha-Zerfall ist bei vielen schweren Kernen beobachtbar. Solch ein Kern kann ein α-Teilchen emittieren, das die Coulomb-Barriere des Restkerns durchtunnelt. Die α-Strahlung eines Kerns ist monoenergetisch, die freiwerdende kinetische Energie liegt zwischen 2 und 10 MeV. Der Beta-Zerfall ist die Umwandlung eines Kerns ${}^A_Z\mathrm{X}$ mit Z Protonen und (A-Z) Neutronen in einen Tochterkern ${}^A_{Z+1}\mathrm{X}$ unter Emission eines Elektrons e^- und eines Antineutrinos $\bar{\nu}_e$. Das Energiespektrum dieser

Elektronen ist kontinuierlich zwischen dem Wert Null und einem Maximalwert E_0, der durch die Differenz der Massen von Mutter- und Tochterkern bestimmt wird. Die Maximalwerte E_0 oder Endpunktsenergien liegen im Bereich von Bruchteilen von MeV bis zu einigen MeV. Gamma-Zerfall ist die Bezeichnung für den elektromagnetischen Übergang eines angeregten Kernzustands ${}^A_Z\mathrm{X}^*$ in einen anderen, energetisch tiefer liegenden Zustand desselben Kerns, ${}^A_Z\mathrm{X}$. Dabei werden monoenergetische γ-Strahlen im MeV-Bereich emittiert.

Natürliche Radioaktivität ist für die Energiebilanz im Erdinneren und für die Heliumgewinnung aus Erdgas von entscheidender Bedeutung. Der Messung zugänglich ist nur die Radioaktivität in der Erdkruste, die bei Bohrungen bis zu etwa 5 km Tiefe erforscht werden kann. Solche Messungen geben Aufschluss über Lagerstätten bestimmter Mineralien und werden deshalb bei der Suche nach Uran und Öl verwendet.

Natürliche Radioaktivität kann auch zur Altersbestimmung von Mineralien aus geologischen Lagerstätten, aus Meteoriten oder aus Mondproben verwendet werden. Mit dieser Methode ist das Alter der Erde auf ca. 4.5×10^9Jahre bestimmt worden. Auch das Alter organischer Proben kann mit Hilfe des β-aktiven Kohlenstoff–Isotops ^{14}C gemessen werden. In der Erdatmosphäre stellt sich im Gleichgewicht zwischen der Erzeugung von ^{14}C durch kosmische Strahlung und seinem Zerfall mit einer Halbwertszeit von 5730 Jahren eine bestimmte Konzentration von ^{14}C ein. Scheidet eine Pflanze oder ein Tier beim Tod aus dem CO_2-Kreislauf der Atmosphäre aus, so nimmt die ^{14}C-Konzentration von diesem Zeitpunkt an nach dem Zerfallsgesetz exponentiell ab. Aus der Messung dieser Konzentration kann das Alter der Probe bestimmt werden.

1.1.2 Einheiten der Strahlungsmessung

Die *Energie* E eines Teilchens wird gewöhnlich in der Einheit Elektronenvolt (eV) angegeben. Sie ist definiert als die Energie, die ein Elektron beim Durchlaufen einer Potentialdifferenz von 1 Volt gewinnt. Vielfache dieser Einheit sind 1 keV = 10^3 eV, 1 MeV = 10^6 eV, 1 GeV = 10^9 eV und 1 TeV = 10^{12} eV. Die Beziehung dieser Energieeinheit zur SI-Einheit Joule (J) ist

$$1\,\mathrm{e}V = 1.602 \times 10^{-19}\,\mathrm{J}\ . \tag{1.1}$$

Die *Ruhemasse* m eines Teilchens kann dann mit der Beziehung $E = mc^2$ an die Energieeinheit angeschlossen werden. Diese Masseneinheit eV/c^2 steht zur SI-Einheit kg in der Beziehung

$$1\,\mathrm{e}V/c^2 = 1.78 \times 10^{-36}\,\mathrm{kg}\ . \tag{1.2}$$

Der *Impuls* P eines Teilchens kann ebenfalls in einer auf das eV bezogenen Einheit gemessen werden. Da für die Gesamtenergie E des Teilchens gilt:

$E^2 = p^2c^2 + m^2c^4$, ist die Einheit eV/c. Ausgedrückt in SI-Einheiten beträgt diese

$$1\,\mathrm{eV}/c = 0.535 \times 10^{-27}\,\mathrm{kg\,m/s}\ . \quad (1.3)$$

Der *Teilchenfluß* I ist definiert als

$$I = \frac{n}{tf}\ , \quad (1.4)$$

wenn n Teilchen im Zeitintervall t eine Fläche f senkrecht zur Bewegungsrichtung der Teilchen durchqueren. Die Einheit ist (Teilchenzahl/$(\mathrm{s} \cdot \mathrm{m}^2)$).

Die *Aktivität* einer radioaktiven Quelle ist definiert als die Anzahl der Zerfälle pro Zeiteinheit. Die bis 1986 gültige Einheit war das Curie

$$1\,\mathrm{Ci} = 3.7 \times 10^{10}\,\mathrm{Zerfälle/s}. \quad (1.5)$$

Seit 1986 ist die neue Einheit das Becquerel

$$1\,\mathrm{Bq} = 1\,\mathrm{Zerfall/s} = 2.7 \times 10^{-11}\,\mathrm{Ci}\ . \quad (1.6)$$

Die Aktivität steht in Beziehung zur *Zerfallskonstanten* λ durch das Gesetz des radioaktiven Zerfalls

$$\frac{dN(t)}{dt} = -\lambda N(t)\ . \quad (1.7)$$

Die Zerfallskonstante λ wird also in der Einheit s^{-1} gemessen.

Die *mittlere Lebensdauer* τ eines radioaktiven Nuklids oder eines instabilen Teilchens wird definiert als das Zeitintervall, innerhalb dessen eine ursprünglich vorhandene Anzahl N_0 von zerfallenden Kernen oder Teilchen auf den Wert N_0/e abgesunken ist. Diese Zeit τ hängt mit der Zerfallskonstanten zusammen:

$$\tau = \frac{1}{\lambda}\ . \quad (1.8)$$

In der Kernphysik ist es üblich, statt der mittleren Lebensdauer τ die *Halbwertszeit* $t_{1/2}$ eines instabilen Nuklids anzugeben, innerhalb derer die Hälfte der ursprünglich vorhandenen Kerne zerfallen ist:

$$t_{1/2} = \tau \ln 2 = 0.693\tau\ . \quad (1.9)$$

Die Wirkung von Strahlung auf Materie wird in drei physikalischen Grössen angegeben:

a) die *Energiedosis* D ist definiert als die Energie W_D, die im Material mit dem Volumen V und der Dichte ρ absorbiert wird:

$$D = \frac{1}{\rho}\frac{\mathrm{d}W_D}{\mathrm{d}V}\ . \quad (1.10)$$

Die Einheit für D ist

$$1\,\mathrm{rad} = 10^{-2}\,\mathrm{J/kg}\ , \tag{1.11}$$

oder

$$1\,\mathrm{Gray} = 1\,\mathrm{Gy} = 1 \cdot \mathrm{J/kg}\ . \tag{1.12}$$

b) die *Ionendosis* D_I gibt die durch die Strahlung in Luft der Dichte ρ_L freigesetzte Ladung Q an:

$$D_I = \frac{1}{\rho_L}\frac{\mathrm{d}Q}{\mathrm{d}V}\ . \tag{1.13}$$

Die Einheit der Ionendosis ist das Röntgen

$$1\,\mathrm{R} = 2.58 \times 10^4\,\mathrm{C/(kg\,Luft)}. \tag{1.14}$$

Eine Ionendosis von 1R in Luft entspricht einer Anzahl von $1\mathrm{R/e} = 1.61 \times 10^{15}$ Ionen/kg und einer Energiedosis von $1\mathrm{R}\cdot \mathrm{W_i/e}$, wobei $\mathrm{W_i}$ die mittlere effektive Energie ist, die zur Freisetzung eines Ion–Elektron–Paars in Luft benötigt wird. Da $\mathrm{W_i} = 33.7\,\mathrm{eV}$ für Luft beträgt, erhalten wir die Energiedosis $\mathrm{D} = 0.87$ rad, die hier einer Ionendosis von 1 R entspricht.

c) die *Äquivalent–Dosis* ist ein Maß für die Wirkung ionisierender Strahlung auf den menschlichen Körper. Sie wird definiert als

$$D_q = q \cdot D, \tag{1.15}$$

wobei q ein empirischer Gewichtungsfaktor für die biologische Wirkung der verschiedenen Strahlungsarten (*quality factor, Relative Biologische Wirksamkeit RBW*) ist. Als Einheit für die Äquivalentdosis dient das rem (*roentgen equivalent man)*

$$1\,\mathrm{rem} = \mathrm{q} \cdot 1\,\mathrm{rad}. \tag{1.16}$$

Auch hier gilt seit 1986 eine neue Einheit, das Sievert (Sv):

$$1\,\mathrm{Sv} = 100\,\mathrm{rem}. \tag{1.17}$$

Die RBW-Gewichtungsfaktoren q betragen für γ-Strahlung und Elektronen ca. $q = 1$, für α–Teilchen, Protonen und Deuteronen $q = 10$, für schwere Kernfragmente $q = 20$ und für Neutronen $2 < q < 10$ je nach Energie des Neutrons.

Diese Einheiten werden benutzt, um die zulässige Strahlenbelastung für Personen festzulegen, die im Kontrollbereich arbeiten. Diese ist auf 50 mSv pro Jahr (oder 5 rem/a) festgesetzt. Dies entspricht etwa 1% der letalen Ganzkörperdosis (4 Sv = 400 rem). Die natürliche Strahlenbelastung setzt sich zusammen aus derjenigen aus kosmischer Strahlung (0.3 mSv/a auf Meereshöhe), aus Umgebungsstrahlung (0.5 mSv/a), aus aufgenommenen Radionukliden (Einatmen der Luft 1.1 mSv/a und Aufnahme mit der natürlichen Nahrung 0.3 mSv/a) sowie durch medizinische Untersuchungsmethoden (im Mittel 0.8 mSv/a). Zusammen ergibt dies eine Belastung pro Person von 3 mSv/a. Auch der menschliche Körper selbst ist eine Quelle von Radioaktivität durch den Anteil von Kohlenstoff (^{14}C) und Kalium (^{40}K) im Körper. Die Aktivität eines Körpers von 75 kg Masse ist etwa 7500 Bq.

1.1.3 Künstliche Radioaktivität

Energiereiche geladene Teilchen aus Beschleunigern oder Neutronen aus Kernreaktoren können den Coulombwall eines stabilen Kerns überwinden und eine Kernreaktion auslösen. So können instabile radioaktive Nuklide erzeugt werden. Mit Neutronen aus Reaktoren erzeugt man auf diese Weise vorwiegend β-Strahler mit Halbwertszeiten zwischen Bruchteilen einer Sekunde und 10^5 Jahren. Die meisten β-aktiven Nuklide sind auch γ-Strahler, weil viele β-Übergänge zu angeregten Zuständen eines Tochterkerns führen, die wiederum durch eine oder mehrere γ-Emissionen in den stabilen Grundzustand dieses Tochterkerns übergehen. Einige β-Zerfälle führen direkt zum Grundzustand des Tochterkerns, und einige dieser "reinen" β-Strahler sind in Tabelle 1.1 angegeben. Für die Eichung der Energieskala

Tabelle 1.1. *Reine β-Quellen*

Isotop	Endpunktsenergie (keV)	Halbwertszeit $t_{1/2}$
^{3}H	18.6	12.26 a
^{14}C	156.0	5730.0 a
^{33}P	248.0	24.4 d
^{90}Sr	546.0	27.7 a
^{90}Y	2270.0	64.0 h
^{99}Tc	292.0	2.1×10^5 a

von Detektoren sind monoenergetische Elektronen nützlicher, wie sie etwa durch innere Konversion entstehen. Ist ein γ-Übergang durch Auswahlregeln verboten, aber energetisch möglich, so kann ein Elektron aus einer der Schalen des Atoms den beim Zerfall des angeregten Zustands freiwerdenden Energiebetrag übernehmen. Beispiele für solche Quellen von Konversionselektronen sind ^{137}Cs (625 keV), ^{110m}Ag–^{110}Ag (656 keV, 885 keV) und ^{113m}In (393 keV).

Der übliche Weg für die Abregung eines angeregten Kernzustands ist jedoch die Emission monoenergetischer γ-Strahlung. Die angeregten Zustände sind oft die Zerfallsprodukte eines β-Zerfalls mit längerer Halbwertszeit. In diesen Fällen ist die "Halbwertszeit" der γ-Strahlung durch diejenige des Mutternuklids des β-Zerfalls bestimmt. In Tabelle 1.2 sind einige solche Nuklide aufgeführt.

Monoenergetische Photonen mit Energien im keV-Bereich können auch aus Röntgen-Übergängen in der Atomhülle gewonnen werden. Eine häufig benutzte Quelle dieser Art ist ^{55}Fe mit γ-Strahlung von 5.9 keV Energie aus der K_α-Linie des Mn. Dieser Energiebetrag entspricht dem Energieverlust eines minimal ionisierenden geladenen Teilchens auf einer Strecke von einigen cm in Gasen bei Normalbedingungen. Die Photoelektronen, die durch

Tabelle 1.2. *γ-Quellen*

Mutterkern des β-Zerfalls	$t_{1/2}$	Tochterkern	E_γ (keV)
^{22}Na	2.60 a	^{22}Ne	1274.0
^{57}Co	272.00 d	^{57}Fe	14.4
			122.1
^{60}Co	5.27 a	^{60}Ni	1173.2
			1332.5
^{137}Cs	30.00 a	^{137}Ba	661.6
^{55}Fe	2.70 a	^{55}Mn	5.89X
			6.49X
^{207}Bi	32.20 a	^{207}Pb	570.0

Photonen dieser Energie über den Photoeffekt in Gasen freigesetzt werden, können deshalb zur Energieeichung in Gaszählern dienen.

Zur Energieeichung können auch monochromatische α-Teilchen verwendet werden. Sie entstehen bei der Reaktion ${}^A_Z X \rightarrow {}^{A-4}_{Z-2}X$, bei der die Zerfallsrate durch die Tunnelwahrscheinlichkeit des α-Teilchens durch die Potentialbarriere des Restkerns bestimmt ist. Die Zerfallsrate hängt deshalb exponentiell von der kinetischen Energie E_α des α-Teilchens ab. Die Halbwertszeiten von α-Strahlern überstreichen deshalb einen großen Bereich, von 10^{10} y bei E_α = 4 MeV bis zu Tagen für E_α = 6.5 MeV. Für Eichquellen im Labor eignen sich Quellen mit Halbwertszeiten im mittleren Bereich, z.B. ^{241}Am mit einer Halbwertszeit von 433 d und mit zwei α-Linien bei 5.49 MeV und 5.44 MeV.

1.1.4 Teilchenbeschleuniger

Zur Untersuchung der Atomkerne und ihrer Bausteine und zur Erforschung der punktförmigen Konstituenten dieser Bausteine war es erforderlich, die Streuung von Elementarteilchen an Kernen und Nukleonen bei immer größeren Schwerpunktsenergien zu studieren. Dazu wurden Teilchenbeschleuniger erfunden und weiterentwickelt.

Benutzt man Protonen als Sonden, so erlauben der elektrostatische van-de-Graaff-Beschleuniger, das schwach fokussierende Zyklotron und das Synchrozyklotron eine Beschleunigung bis zu kinetischen Energien von 15 MeV, 20 MeV, und 500 MeV im Laborsystem. Im Jahr 1956 erfanden E.D. Courant und H.A. Snyder das Prinzip der starken Fokussierung durch magnetische Felder mit alternierenden Feldgradienten entlang einer kreisförmigen Bahn. Dieses Prinzip erlaubte es, Protonenbeschleuniger mit Endenergien von 30 GeV zu bauen, so das Proton Synchrotron (PS) des Europäischen Laboratoriums für Teilchenphysik CERN in Genf und das Alternating Gradient Synchrotron (AGS) am Brookhaven National Laboratory in Upton bei New York. Beide

Maschinen sind heute noch in Betrieb. Eine größere Version dieses Beschleunigertyps wurde 1967 in Serpukhov bei Protvino in Betrieb genommen. Mit ihr wurde eine Protonenenergie von 76 GeV erreicht. Für Energien bis zu 450 GeV wurden die beiden grossen Protonensynchrotrons am Fermilab bei Chicago und bei CERN (Super Proton Synchrotron SPS) gebaut. Am Fermilab gelang es zum ersten Mal, gepulste supraleitende Magnete mit einem maximalen Feld von 4.5 Tesla anstelle der konventionellen Elektromagnete zu verwenden. Damit konnte die Energie der Fermilab–Maschine auf $E_p=$ 1000 GeV gesteigert werden ("Tevatron"). Diese Protonenenergie im Laborsystem entspricht einer Schwerpunktsenergie von $\sqrt{s} = \sqrt{2m_pE_p} \sim 45\,\mathrm{GeV}$ für Stösse von Protonen der Masse m_p.

Bei CERN wurde auf Anregung von C. Rubbia eine andere Entwicklungslinie verfolgt, um die Schwerpunktsenergie bei Nukleon–Nukleon–Stößen zu erhöhen: der SPS–Ring wurde als Speicherring für Protonen und (gegenläufige) Antiprotonen verwendet. Die Rate von Proton–Antiproton–Stößen ist bei dieser Maschine durch den Fluß der gespeicherten Antiprotonen begrenzt. Die Erfindung und Verwirklichung der stochastischen Kühlung von Antiproton-Strahlen durch S. van der Meer ermöglichte es, diesen Fluß so zu steigern, dass die Erzeugung und Entdeckung der intermediären Bosonen $W^{\pm}$ und Z^{o} möglich wurde. Die dabei erreichte Schwerpunktsenergie von 630 GeV wurde im Jahr 1987 am Fermilab übertroffen, wo das Tevatron ebenfalls zum Antiproton–Proton–Speicherring mit einer maximalen Schwerpunksenergie von 2 TeV umgebaut wurde. Wesentlich höhere Energien werden im Jahr 2007 am großen Hadronen-Collider (LHC, "Large Hadron Collider") erreicht werden, einem Proton-Proton-Speicherring mit 14 TeV Schwerpunktsenergie. Dieser wird z.Zt. in dem 27 km langen Tunnel der LEP-Maschine gebaut.

Die Entwicklung von Elektronenbeschleunigern begann mit dem Betatron, bei dem Elektronen im Sekundärkreis eines Transformators eine Energie bis zu 45 MeV erreichen. Das Prinzip der starken Fokussierung führte auch hier zum Synchrotron; Beispiele für solche Maschinen sind die Synchrotrons in Bonn (2 GeV), Cornell (10 GeV) und DESY (7.4 GeV). Da die über Synchrotronstrahlung verlorene Energie bei Kreisbeschleunigern als Funktion der Elektronenenergie E und des Radius R proportional zu E^4/R ansteigt, sind für sehr hohe Energien Linearbeschleuniger im Betrieb kostengünstiger als Kreisbeschleuniger. Die höchste Laborenergie für Elektronen (50 GeV) erreicht der Linearbeschleuniger in Stanford (Stanford Linear Accelerator, SLAC).

Auch für Elektronenbeschleuniger erwies sich das Prinzip der kollidierenden Strahlen in Speicherringen als geeignete Methode, um zu Stößen bei höheren Schwerpunktsenergien vorzudringen. Die Technik von Elektronen-Speicherringen wurde in Novosibirsk, Frascati und Cambridge (Mass.) an kleinen Maschinen entwickelt. Der erste große Erfolg kam mit dem Elektron-Positron-Speicherring SPEAR in Stanford. Mit diesem Ring wurden bei

Schwerpunktsenergien bis zu 4 GeV die gebundenen Zustände des Charmonium-Systems beobachtet. Die zweite Maschine in diesem Energiebereich war der DORIS-Ring bei DESY in Hamburg. Eine zehnmal größere Schwerpunktsenergie erreichten die auf diesem Prinzip aufbauenden Ringe PETRA bei DESY und PEP bei SLAC. Bis 1986 war die höchste Schwerpunktsenergie in Elektron-Positron-Beschleunigern die bei PETRA erreichte, $\sqrt{s} = 46\,\text{GeV}$. Im Jahr 1987 ist die ebenfalls ringförmige Anlage TRISTAN im japanischen Forschungszentrum KEK bei Tsukuba in Betrieb gegangen. TRISTAN war auf eine maximale Schwerpunktsenergie von $\sqrt{s} = 60\,\text{GeV}$ ausgelegt. Um die neutralen Vektorbosonen Z^0 mit der Masse von ca. 90 GeV direkt in Elektron-Positron-Reaktionen zu erzeugen, wurden zwei Maschinen gebaut: der Single Pass Linear Collider (SLC) bei SLAC und der Large Electron Positron Collider LEP bei CERN. SLC basierte auf dem Linearbeschleuniger von SLAC, während LEP ein Speicherring von 27 km Umfang war. SLC kam im Juni 1989 in Betrieb und konnte einige Hundert Z^0 Bosonen erzeugen, während LEP im August 1989 mit ungleich größerer Luminosität den Betrieb aufnahm und in zehn Betriebsjahren mit etwa 10^7 registrierten Z^0-Zerfällen Präzisionstests der elektroschwachen und auch der starken Wechselwirkung (Quantenchromodynamik) ermöglicht hat. In den Jahren 2000 und 2001 lief dieser Speicherring bei Schwerpunktsenergien oberhalb der Z^0-Masse, bis zu 214 GeV. Zur Untersuchung der Zerfälle von schweren B-Mesonen und der dort beobachtbaren Verletzung der Symmetrie zwischen Materie und Antimaterie ("CP-Verletzung") wurden zwei asymmetrische B-Fabriken in Stanford (USA) und in Tsukuba (Japan) gebaut, die bei einer Schwerpunktsenergie von ca 12 GeV Paare solcher B-Mesonen erzeugen.

Während die Elektron-Positron-Speicherringe das ideale Werkzeug sind, um die Struktur der elektroschwachen Wechselwirkung im Detail zu untersuchen, ist zur Prüfung der Theorie der starken Wechselwirkung die inelastische Streuung von Leptonen an Nukleonen bei höchsten Impulsüberträgen eine optimal geeignete Reaktion. Mit Leptonstrahlen am SPS bei CERN und am Tevatron bei Fermilab konnte der Bereich bis zu Impulsüberträgen Q^2 von $200\,(\text{GeV/c})^2$ untersucht werden. Mit dem Elektron–Proton–Speicherring HERA, der im Jahr 1990 bei DESY fertiggestellt wurde, war ein Vorstoß in den völlig neuen Bereich bis zu $Q^2 = 10^4\,(\text{GeV/c})^2$ möglich. Dies wurde erreicht mit einem supraleitenden Ring für Protonen von 820 GeV und einem Elektronenring mit 30 GeV Endenergie. Die Experimente an dieser Maschine von 1992 bis 2006 haben diesen Bereich der Nukleonstruktur erforscht.

Tabelle 3 gibt einige Daten über große Beschleuniger.

Tabelle 1.3. *Große Teilchenbeschleuniger*

Maschine	Laboratorium	Maximale Strahlenergie (GeV)	Beginn des Betriebes
Protonen-Synchrotrons			
PS	CERN, Genf, Schweiz	28.0	1960
AGS	Brookhaven, Upton, USA	33.0	1960
PS	Serpukhov, Protvino, USSR	76.0	1967
SPS	CERN, Genf, Schweiz	450.0	1976
Tevatron	Fermilab, Chicago, USA	1000.0	1985
PS	KEK, Tsukuba, Japan	8.0	1976
Elektronenbeschleuniger			
Elektronen-Synchrotron	DESY Hamburg, Deutschland	7.4	1964
Lin-Beschl.	SLAC, Stanford, USA	32.0/50	1966/1989
Mikrotron	MAMI, Mainz, Deutschland	0.85	1991
Synchrotron	ELSA, Bonn, Deutschland	3.5	1991
Proton-(Anti)proton-Speicherringe			
SPPS	CERN, Genf, Schweiz	450.0	1981
Collider	Fermilab, Chicago, USA	2000.0	1987
LHC	CERN, Genf, Schweiz	7000.0	2007
Elektron-Positron-Speicherringe			
ADONE	Frascati, Italien	1.5	1969
DAPHNE	Frascati, Italien	1.5	1995
DCI	LAL, Orsay, Frankreich	1.8	1976
BEPC	Beijing, China	2.8	1989
SPEAR	SLAC, Stanford, USA	4.0	1972
DORIS	DESY, Hamburg, Deutschland	5.6	1973
VEPP IV-M	Novosibirsk, USSR	6.0	1990
CESR	Cornell, USA	6.0	1979
PETRA	DESY, Hamburg, Deutschland	22.0	1978
PEP	SLAC, Stanford, USA	15.0	1980
TRISTAN	KEK, Tsukuba, Japan	32.0	1987
SLC	SLAC, Stanford, USA	50.0	1989
LEP	CERN, Genf, Schweiz	60.0	1989
LEP 200	CERN, Genf, Schweiz	107.0	2000
PEPII	SLAC, Stanford, USA	9+3.1	1999
KEK-B	KEK, Tsukuba, Japan	8+3.5	1999
Elektron-Proton-Speicherring			
HERA	DESY, Hamburg, Deutschland	30(e)+820(p)	1991
Schwerionenbeschleuniger			
UNILAC	GSI, Darmstadt, Deutschland	20.0 MeV/Nukleon(U)	1976
SIS	GSI, Darmstadt, Deutschland	1.0 GeV/Nukleon(U)	1990
ESR	GSI, Darmstadt, Deutschland	Speicherring	
		200.0 MeV/Nukleon (Ar)	1990
GANIL	CAEN, Frankreich	95.0 MeV/Nukleon(O)	1983
		60.0 MeV/Nukleon(Ca)	1983
		35.0 MeV/Nukleon(Kr)	1983
Super-HILAC	LBL, Berkeley, USA	9.5 MeV/Nukleon	1970
SPS	CERN, Genf, Schweiz	200.0 GeV/Nukleon(O)	1986
Mittelenergie-Protonen-Beschleuniger			
LAMPF	LANL, Los Alamos, USA	800.0 MeV	1973
SIN	PSI, Villigen, Schweiz	590.0 MeV	1974
TRIUMF	TRIUMF, Vancouver, Kanada	520.0 MeV	1974
COSY	KFA, Jülich, Deutschland	2500.0 MeV	1993

1.2 Wechselwirkung von Teilchenstrahlung mit Materie

Die physikalischen Prozesse, die es uns ermöglichen, Teilchen nachzuweisen, sind für neutrale und geladene Teilchen unterschiedlich. Photonen können durch Photoeffekt, Comptoneffekt oder Paarbildung wechselwirken, wobei letzterer Prozess bei γ-Energien oberhalb 5 MeV dominiert. Die entstehenden Elektronen oder Positronen werden wie andere geladene Teilchen nachgewiesen. Neutronen erzeugen durch starke Wechselwirkung mit Kernen geladene Sekundärteilchen. Neutrinos können nur durch ihre schwache Wechselwirkung mit Kernen oder Elektronen nachgewiesen werden, wobei wegen der Erhaltung der Leptonenzahl stets ein geladenes oder neutrales Lepton und zusätzlich – bei Reaktionen mit Kernen – Hadronen entstehen.

Geladene Teilchen können direkt durch ihre elektromagnetische Wechselwirkung nachgewiesen werden. Dies wird in Kap. 1.2.1 behandelt, während die Wechselwirkung von Photonen in Kap. 1.2.2 beschrieben ist.

1.2.1 Nachweis von geladenen Teilchen

Für den Nachweis von geladenen Teilchen wird fast ausschließlich ihre elektromagnetische Wechselwirkung verwendet. Durchquert ein geladenes Teilchen ein Material, so können bei dieser Wechselwirkung drei Prozesse auftreten: die Atome können ionisiert werden, das Teilchen kann Cherenkov-Licht emittieren, oder es kann in inhomogenen Materialien Übergangsstrahlung verursachen. Eine Herleitung des Energieverlustes durch Ionisation beziehungsweise der Intensität der emittierten Strahlung findet sich bei Allison und Wright [AL 83, AL 80]. Dazu betrachtet man die elektromagnetische Wechselwirkung des geladenen Teilchens der Masse M und der Geschwindigkeit $\boldsymbol{v} = \boldsymbol{\beta} c$ in einem Medium mit dem Brechungsindex n oder der Dielektrizitätskonstanten $\varepsilon = \varepsilon_1 + i\varepsilon_2$ mit $\varepsilon_1 = n^2$. Bei der Wechselwirkung entsteht ein Photon mit der Energie $\hbar\omega$ und dem Impuls $\hbar k$. Der Energie-Impulssatz ergibt zwischen den Viererimpulsen des einlaufenden Teilchens (p), des auslaufenden Teilchens (p') und des Photons (p_γ) die Beziehung $p' = p - p_\gamma$. Daraus folgt für kleine Photonenenergien ($\hbar\omega << \gamma M c^2$)

$$\omega = \boldsymbol{v} \cdot \boldsymbol{k} = v \cdot k \cos\theta_c \ , \tag{1.18}$$

wobei θ_c der Winkel zwischen den Richtungen des emittierten Photons und des einlaufenden Teilchens ist. In einem Medium genügt das Photon der Dispersionsgleichung

$$\omega^2 = k^2 c^2 / \varepsilon \ . \tag{1.19}$$

Aus 1.18 und 1.19 ergibt sich

$$\sqrt{\varepsilon}\, \frac{v}{c} \cos\theta_c = 1 \ . \tag{1.20}$$

Bei Photonenenergien unterhalb der Anregungsenergien des Mediums ("optischer Bereich") ist ε reell und $\varepsilon > 1$, so dass der Winkel θ_c für $v > c/\sqrt{\varepsilon}$

reell ist. Die Emission reeller Photonen ist also dann möglich (Cherenkov–Effekt), wenn die Geschwindigkeit des Teilchens größer ist als die Phasengeschwindigkeit $c/\sqrt{\varepsilon}$ des Lichts im Medium ("Cherenkov–Schwelle"). Bei Photonenenergien im Bereich von etwa 2 eV bis 5 keV ("Absorptionsbereich") ist $\varepsilon = \varepsilon_1 + i\varepsilon_2$ komplex mit $\varepsilon_2 > 0$ und $\varepsilon_1 < 1$. Es werden dann nur virtuelle Photonen zwischen dem Teilchen und den Atomen des Mediums ausgetauscht, die zur Anregung oder Ionisation dieser Atome und zu einem Energieverlust des Teilchens führen. Im Röntgenbereich schließlich ($\hbar\omega \geq 5$ keV) wird die Absorption klein ($\varepsilon_2 << 1$), und es bleibt $\varepsilon_1 < 1$. Die Schwellengeschwindigkeit für den Cherenkov-Effekt liegt dann oberhalb der Lichtgeschwindigkeit im Vakuum. Trotzdem wird Cherenkov-Licht unterhalb der Schwelle emittiert, falls im Medium Diskontinuitäten des Brechungsindex vorhanden sind. Dieser Prozess ist die sogenannte Übergangsstrahlung.

In einem vereinfachten zweidimensionalen Modell [AL 83] lassen sich einige Eigenschaften dieser Prozesse betrachten: das Teilchen bewege sich auf der z-Achse des Koordinatensystems (d.h. $\boldsymbol{v} = (0, 0, v)$), und der Beobachter befinde sich am Punkt $(0, y, z)$. Dann folgt aus (1.18) die Beziehung $v \cdot k_z = \omega$ und aus (1.19), ${k_y}^2 + {k_z}^2 = \omega^2\varepsilon/c^2$. Daraus ergibt sich $k_y = (\omega/v)(v_\varepsilon^2/c^2 - 1)^{1/2}$. Nennen wir die Phasengeschwindigkeit des Lichts im Medium $c_m = c/\sqrt{\varepsilon}$ und $\beta' = v/c_m$ sowie $\gamma' = 1/(1 - \beta'^2)^{1/2}$, so gilt

$$k_y = \frac{\omega}{v}\left(\beta'^2 - 1\right)^{1/2} . \qquad (1.21)$$

Wir können zwei Fälle unterscheiden:

1. $\beta' > 1$; k_y und k_z sind reell, es entsteht eine reelle Welle der Form

$$\exp[\mathrm{i}(\boldsymbol{kr} - \omega t)] . \qquad (1.22)$$

2. $\beta' < 1$; k_y ist rein imaginär, und die transversale y-Komponente des elektromagnetischen Feldes oszilliert nicht, sondern verläuft aperiodisch gedämpft mit der Abschwächungslänge y_0:

$$\exp[\mathrm{i}(\boldsymbol{kr} - \omega t)] = \exp\left[\mathrm{i}\frac{\omega}{v}(z - vt)\right]\exp(-y/y_0) , \qquad (1.23)$$

mit

$$y_0 = \frac{v}{\omega_0}\frac{1}{\sqrt{1 - \beta'^2}} = \frac{\beta'\gamma'}{k} . \qquad (1.24)$$

Die Reichweite des transversalen Feldes steigt also mit $\beta'\gamma'$ linear an, wenn die Geschwindigkeit des Teilchens wächst. Diese relativistische Expansion des transversalen Feldes ist für den relativistischen Anstieg des Energieverlustes verantwortlich. Drückt man y_0 in den Variablen β und γ aus, so ergibt sich

$$y_0 = \beta[1/\gamma^2 + (1 - \varepsilon)\beta^2]^{-1/2}{k_0}^{-1} . \qquad (1.25)$$

Hierbei ist $k_0 = \omega/c$ der Wellenvektor im Vakuum.

Hier sind wiederum zwei Fälle möglich:

1. $\varepsilon > 1$. Das ist der Fall für Photonenenergien im optischen Bereich, unterhalb der Anregungsenergien des Mediums. Nähert sich β' von unten dem Wert 1, so nimmt die Reichweite des transversalen Feldes zu, bis bei $\beta' = 1$ die Cherenkov-Schwelle überschritten wird ($y_0 \to \infty$).
2. $\varepsilon < 1$. Dies tritt bei Photonenenergien oberhalb der Ionisationsenergie ein. Die transversale Reichweite des Feldes wächst an, aber der Nenner in (1.25) verschwindet nicht, so dass y_0 für $\beta \to 1$ oder $\beta' \to \sqrt{\varepsilon}$ einen maximalen Wert

$$y_0^{max} = \frac{1}{k\sqrt{1-\varepsilon}} \tag{1.26}$$

erreicht. Dieses "Plateau" in y_0 bedeutet ein Plateau im Energieverlust durch Ionisation, und diese Sättigung setzt bei einem Wert der Geschwindigkeit v ein, bei dem im Nenner von (1.25) die beiden Terme gleich werden, also bei

$$\beta\gamma \sim (1-\varepsilon)^{-1/2} , \tag{1.27}$$

$$\beta\gamma \sim \rho^{-1/2} . \tag{1.28}$$

Je dichter das Medium ist, desto früher setzt die Sättigung des relativistischen Anstieges des Energieverlustes ein, weil das transversale Feld bei niedrigeren Werten von $\beta\gamma$ auf ein Nachbaratom trifft. Einen grossen relativistischen Anstieg erhält man für Gase (50-70% für Edelgase bei Normaldruck), während für Festkörper und Flüssigkeiten der Anstieg nur wenige Prozent beträgt.

Die genaue Rechnung im Photo-Absorptions-Ionisations-Modell [AL 80] ergibt den differentiellen Wirkungsquerschnitt pro Elektron und pro Energieverlust $\mathrm{d}E$ des geladenen Teilchens:

$$\begin{aligned}\frac{\mathrm{d}\sigma}{\mathrm{d}E} = {} & \frac{\alpha}{\beta^2\pi}\frac{\sigma_\gamma(E)}{EZ}\ln[(1-\beta^2\varepsilon_1)^2+\beta^4{\varepsilon_2}^2]^{-1/2} \\ & +\frac{\alpha}{\beta^2\pi}\frac{\sigma_\gamma(E)}{EZ}\ln\left(\frac{2mc^2\beta^2}{E}\right) \\ & +\frac{\alpha}{\beta^2\pi}\frac{1}{E^2}\int_0^E\frac{\sigma_\gamma(E')}{Z}\mathrm{d}E' + \frac{\alpha}{\beta^2\pi}\frac{1}{ZN\hbar c}\left(\beta^2-\frac{\varepsilon_1}{|\varepsilon|^2}\right)\theta .\end{aligned} \tag{1.29}$$

Hierbei ist $\alpha = e^2/(4\pi\varepsilon_0\hbar c) = 1/137$ die Feinstrukturkonstante, $\varepsilon = \varepsilon_1 + \mathrm{i}\varepsilon_2$ die komplexe Dielektrizitätskonstante, θ die Phase des komplexen Ausdrucks $1-\varepsilon_1\beta^2+\mathrm{i}\varepsilon_2\beta^2$, σ_γ der Wirkungsquerschnitt für die Absorption eines Photons der Energie E durch die Atome des Mediums und $N = N_0\rho/A$ die Atomdichte.

Für Photonenenergien unterhalb der Anregungsenergie des Atoms, also im optischen Bereich, wo σ_γ verschwindet, bleibt allein der vierte Term übrig, der die Erzeugung von Cherenkov-Licht angibt. Da dort $\varepsilon_2 = 0$ und $\varepsilon = \varepsilon_1$ ist, beträgt die Phase θ des Ausdrucks $1-\varepsilon_1\beta^2$ hier oberhalb der Cherenkov-Schwelle $\theta = \pi$. Multipliziert man den Term mit der Dichte ZN der Elektronen, so ergibt sich der Fluss der Photonen pro Energieintervall $\mathrm{d}E = \hbar\mathrm{d}\omega$ für eine Wegstrecke L des geladenen Teilchens:

$$\frac{\mathrm{d}n}{\hbar\mathrm{d}\omega} = \frac{\alpha}{\hbar c}\left(1 - \frac{1}{\beta^2\varepsilon}\right) L \; . \tag{1.30}$$

Für lange Radiatoren ($L >> \lambda$) ergibt dies im optischen Bereich die Intensität der Cherenkov–Strahlung, für kurze Radiatoren kann daraus für kleine Emissionswinkel Φ und $\beta \sim 1$ die Anzahl der Übergangsstrahlungs-Photonen im Röntgenbereich berechnet werden. Dort ist $\varepsilon \sim 1$ oder $\varepsilon = 1 - {\omega_p}^2/\omega^2$, wobei $\omega_p = (ZNe^2/\varepsilon_0 m_e)^{1/2}$ die Plasmafrequenz genannt wird.

Die Anzahl der Photonen pro Frequenzintervall $\mathrm{d}\omega$ und pro Raumwinkelelement $\mathrm{d}\Omega$ ist in diesem Fall:

$$\frac{\mathrm{d}^2 n}{\mathrm{d}\omega \mathrm{d}\Omega} = \frac{\alpha}{\pi^2\omega}\Phi^2 \cdot 4\sin^2\left[\frac{\omega L}{4c}\left(\frac{\omega_p^2}{\omega^2} + \Phi^2 + \gamma^{-2}\right)\right] \times \left(\frac{1}{\gamma^{-2} + \omega_p^2/\omega^2 + \Phi^2} - \frac{1}{\gamma^{-2} + \Phi^2}\right)^2 \; . \tag{1.31}$$

Diese Übergangsstrahlung entsteht als Interferenz der Cherenkov-Emission an den beiden Grenzflächen der dünnen Folie mit unterschiedlicher Phase. Die Intensität der emittierten Photonen hat ein Maximum im Bereich von $\Phi \sim 1/\gamma$. Ignoriert man den Interferenzeffekt und betrachtet die Intensität der an *einer* Diskontinuität emittierten Strahlung, so kann man über den Raumwinkel $\mathrm{d}\Omega = 2\pi\Phi\mathrm{d}\Phi$ integrieren und erhält für $\omega << \omega_p$:

$$\frac{\mathrm{d}n}{\mathrm{d}\omega} \sim \frac{2\alpha}{\pi\omega}\ln(\gamma\omega_p/\omega) \; , \tag{1.32}$$

und einen Energiefluss proportional zu $\gamma\alpha\hbar\omega_p$.

Zähler, welche die Cherenkov-Strahlung oder die Übergangsstrahlung nachweisen, werden in Kap. 5 behandelt.

Die ersten drei Terme in (1.29) sind für den Energieverlust des geladenen Teilchens durch Ionisation verantwortlich. Der dritte beschreibt die Wahrscheinlichkeit für die Erzeugung energiereicher Anstosselektronen ("δ–Elektronen"). Aus den beiden anderen kann näherungsweise der differentielle Energieverlust $\mathrm{d}E/\mathrm{d}x$ des Teilchens durch Integration über die übertragene Energie E von einem mittleren Ionisationspotential I des Atoms bis zur maximal möglichen Energie eines gestossenen Elektrons $(2m_e c^2\beta^2\gamma^2)$ abgeleitet werden. Diese Näherung ist die Bethe-Bloch-Formel [BE 30, BE 32, BE 33, ST 71]:

$$-\frac{\mathrm{d}E}{\mathrm{d}x} = \frac{4\pi r_e^2 m_e c^2 N_0 Z z^2}{A\beta^2} \cdot \left\{\ln\left[\frac{2m_e c^2\beta^2}{(1-\beta^2)I}\right] - \beta^2\right\} \; , \tag{1.33}$$

wobei N_0 die Avogadro-Zahl, Z und A die Ordnungs- und Massenzahl des Materials, ze und $v = \beta c$ die Ladung und Geschwindigkeit des bewegten Teilchens, m_e die Elektronenmasse, $r_e = 2.8\,\mathrm{fm}$ der klassische Elektronenradius und I das effektive Ionisationspotential des Materials sind. Statt der

Schichtdicke x des durchquerten Materials der Dichte ρ wird oft auch die Massenbelegung $X = x\rho$ verwendet, die in g/cm^2 angegeben wird. Dann ist

$$\frac{\mathrm{d}E}{\mathrm{d}X} = \frac{1}{\rho}\frac{\mathrm{d}E}{\mathrm{d}x} \ . \tag{1.34}$$

Die gemessenen Werte des effektiven Ionisationspotentials I können näherungsweise mit $I = I_0 Z$ angegeben werden, wobei $I_0 = 12\,\mathrm{eV}$ beträgt. Genaue Werte für I_0 finden sich in Tabelle 1.4. Diese liegen sehr nahe bei den minimalen Ionisationsenergien E_i für die betreffenden Materialien. Die Tabelle 1.4 enthält außerdem Werte der für die minimale Anregung des Atoms oder Moleküls benötigten Energie E_{ex}. In (1.33) ist der Dichteeffekt (1.23) vernachlässigt.

Der Energieverlust $\mathrm{d}E/\mathrm{d}x$ hängt nicht von der Masse m des ionisierenden Teilchens, sondern für alle Teilchen von deren Geschwindigkeit $v = \beta c$ ab. Als Funktion von β fällt $\mathrm{d}E/\mathrm{d}x$ zunächst bei niedrigen β wie β^{-2} ab, durchläuft dann ein Minimum bei $\beta\gamma = p/mc \sim 4$, um schließlich bei relativistischen Teilchenenergien wieder anzusteigen. Das Verhältnis des asymptotischen Wertes von $\mathrm{d}E/\mathrm{d}x$ bei höchsten Energien zu dem minimalen Wert beträgt bei Gasen unter Normaldruck etwa 1.5. Bei dichteren Medien, wie Gasen unter höheren Drucken, Flüssigkeiten und Festkörpern, ist der Anstieg weit geringer (ca. 10% bei Festkörpern). Die Abbildung 1.1 zeigt die Abhängigkeit der Größe $\mathrm{d}E/\mathrm{d}x$ von $\beta\gamma$ für ein Argon-Methan (5%)-Gemisch, mit Messwerten für den relativistischen Anstieg [LE 78a]. Dieser beruht klassisch auf dem Anwachsen der transversalen Komponente des elektrischen Feldes des Teilchens mit dem Faktor γ. Die Sättigung von $\mathrm{d}E/\mathrm{d}X$ ist erreicht, wenn diese Ausdehung vergleichbar mit den Abständen zwischen Atomen wird. Dies ist bei Festkörpern bei viel niedrigeren Werten von γ der Fall als bei Gasen, weshalb der relativistische Anstieg dort so gering ist. Der minimale Wert des Energieverlustes $(\mathrm{d}E/\mathrm{d}X)_{min}$ bei $\beta\gamma \sim 4$ liegt für alle Materialien ausser Wasserstoff zwischen 1 und 2 MeV g^{-1}cm^2 (s. Tabelle 1.4).

Die Gleichung (1.33) gibt den mittleren Energieverlust eines Teilchens an. Die differentielle Verteilung der Energieverluste ist für dünne Gasschichten jedoch nicht gaußisch. Um diese Verteilung zu berechnen, kann man folgende Prozedur anwenden [LA 44, AL 80, BI 75]: sei $\sigma = \int (\mathrm{d}\sigma/\mathrm{d}E)\,\mathrm{d}E$ der totale Wirkungsquerschnitt für Stöße zwischen den bewegten Teilchen und den Hüllenelektronen. Die Wahrscheinlichkeit für eine Wechselwirkung auf der Wegstrecke x ist dann $\sigma N x$ (N Atomdichte). Wenn wir die Strecke x in n Intervalle teilen, so dass die Wahrscheinlichkeit für eine Wechselwirkung auf einem Teilintervall sehr klein wird, $\alpha = \sigma N x/n << 1$, dann kann man die Wahrscheinlichkeit für zwei Stöße auf dem Teilintervall vernachlässigen, und die Energieverteilung auf dem Intervall ist

$$f\left(\frac{x}{n}, E\right) = \left(1 - \sigma N \frac{x}{n}\right)\delta(E) + N\frac{x}{n}\frac{\mathrm{d}\sigma(E)}{\mathrm{d}E} \ . \tag{1.35}$$

Der erste Term ist die Wahrscheinlichkeit für ein Durchlaufen des Intervalls ohne Stoß multipliziert mit einer bei $E = 0$ lokalisierten δ-Funktion als Energieverlustverteilung; der zweite Term ist die Wahrscheinlichkeit für *einen* Stoß multipliziert mit dem differentiellen Wirkungsquerschnitt für Stöße mit Energieverlust E. Addiert man zwei solche dünnen Schichten, so wird die Energieverlustverteilung

$$f\left(\frac{2x}{n}, E\right) = \int_0^E f\left(\frac{x}{n}, \varepsilon\right) \cdot f\left(\frac{x}{n}, E - \varepsilon\right) \mathrm{d}\varepsilon \; . \tag{1.36}$$

Durch n-fache Iteration erhält man die Energieverlustverteilung in der Schicht der Dicke x.

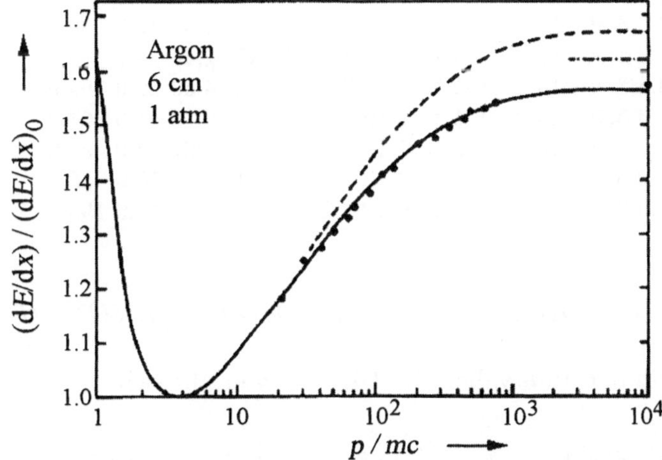

Abb. 1.1. Energieverlust durch Ionisation, normiert auf den minimalen Wert $(\mathrm{d}E/\mathrm{d}x)_0$ bei $\beta\gamma = 4$, für ein Argon–Methan (5%)-Gemisch. Messpunkte nach [LE 78a]; gestrichelte Linie: Rechnung nach [ST 52]; strichpunktierte Linie: [ER 77]; durchgezogene Linie: Photo-Absorptions-Modell für Ionisation [CO 75, CO 76, AL 80]

Das Ergebnis ist dann bestimmt durch die Form von $\mathrm{d}\sigma/\mathrm{d}E$, die man im Modell verwendet. Eine sehr einfache Näherung wäre es, anzunehmen, dass nur ein einziger Energieübertrag E^* möglich ist. Dann ist

$$\frac{\mathrm{d}\sigma}{\mathrm{d}E} = \sigma\delta(E - E^*) \; . \tag{1.37}$$

Unter dieser Annahme erhält man mit $\alpha = \sigma N x / n$:

$$f\left(\frac{x}{n}, E\right) = (1 - \alpha)\delta(E) + \alpha\delta(E - E^*) \; , \tag{1.38}$$

Tabelle 1.4. *Eigenschaften von Gasen:* Dichte ρ, minimale Energie für Anregung E_{ex}, minimale Energie für Ionization E_i, mittleres effektives Ionisationspotential pro Hüllen-Elektron $I_0 = I/Z$, Energieverlust W_i pro produziertes Ionenpaar (I.P.), minimaler Energieverlust $\mathrm{d}E/\mathrm{d}x$, Gesamtzahl von Ionenpaaren n_T und Zahl der primären Ionen n_p pro cm Wegstrecke für minimal ionisierende Teilchen [SA 77]

Gas	Z	A	ρ	E_{ex}	E_i	I_0	W_i	$\frac{\mathrm{d}E}{\mathrm{d}X}$	$\frac{\mathrm{d}E}{\mathrm{d}x}$	n_p	n_T
			$\frac{\mathrm{g}}{\mathrm{cm}^3}$	eV	eV	eV	eV	$\frac{\mathrm{MeV}}{\mathrm{g/cm}^2}$	$\frac{\mathrm{keV}}{\mathrm{cm}}$	$\frac{\mathrm{I.P.}}{\mathrm{cm}}$	$\frac{\mathrm{I.P.}}{\mathrm{cm}}$
H_2	2	2.0	$8.38 \cdot 10^{-5}$	10.8	15.9	15.4	37	4.03	0.34	5.2	9.2
He	2	4.0	$1.66 \cdot 10^{-4}$	19.8	24.5	24.6	41	1.94	0.32	5.9	7.8
N_2	14	28.0	$1.17 \cdot 10^{-3}$	8.1	16.7	15.5	35	1.68	1.96	10.0	56.0
O_2	16	32.0	$1.33 \cdot 10^{-3}$	7.9	12.8	12.2	31	1.69	2.26	22.0	73.0
Ne	10	20.2	$8.39 \cdot 10^{-4}$	16.6	21.5	21.6	36	1.68	1.41	12.0	39.0
Ar	18	39.9	$1.66 \cdot 10^{-3}$	11.6	15.7	15.8	26	1.47	2.44	29.4	94.0
Kr	36	83.8	$3.49 \cdot 10^{-3}$	10.0	13.9	14.0	24	1.32	4.60	22.0	192.0
Xe	54	131.3	$5.49 \cdot 10^{-3}$	8.4	12.1	12.1	22	1.23	6.76	44.0	307.0
CO_2	22	44.0	$1.86 \cdot 10^{-3}$	5.2	13.7	13.7	33	1.62	3.01	34.0	91.0
CH_4	10	16.0	$6.70 \cdot 10^{-4}$		15.2	13.1	28	2.21	1.48	16.0	53.0
C_4H_{10}	34	58.0	$2.42 \cdot 10^{-3}$		10.6	10.8	23	1.86	4.50	46.0	195.0

$$f\left(\frac{2x}{n}, E\right) = (1-\alpha)^2\delta(E) + 2(1-\alpha)\,\alpha\delta(E-E^*) + \alpha^2\delta(E-2E^*) \ . \tag{1.39}$$

Für n Stöße in den Intervallen der Dicke x/n ergibt sich

$$f(x,E) = \sum_{\nu=0}^{n} \binom{n}{\nu} \alpha^\nu (1-\alpha)^{n-\nu} \delta(E-\nu E^*) \ .$$

Für sehr große n und $\alpha < 10^{-3}$ tragen dann nur die ersten wenigen Terme bei, und es gilt in guter Näherung (mit $\beta = n\alpha = \sigma N x$) :

$$f(x,E) = \mathrm{e}^{-\beta} \sum_{\nu \geq 0} \frac{\beta^\nu}{\nu!} \mathrm{e}^{\alpha\nu}\, \delta(E-\nu E^*) \ . \tag{1.40}$$

Dieses Beispiel zeigt eine charakteristische Eigenschaft von Energieverlustverteilungen, die zuerst von Landau [LA 44] abgeleitet wurde: sie sind asymmetrisch mit einem Ausläufer zu hohen Werten, der durch Stöße bei kleinem Stoßparameter und großen Energieüberträgen ("δ–Elektronen") verursacht wird.

Die Verteilung des Energieverlustes in dünnen Gasschichten wurde zuerst von Landau [LA 44] und Sternheimer [ST 52] berechnet. Dabei wurde angenommen, dass der Rutherform-Term im Wirkungsquerschnitt die einzige Quelle der Fluktuationen ist und daß dessen Verhalten im Bereich der Bindungsenergien der Elektronen durch ein mittleres Ionisationspotential beschrie-

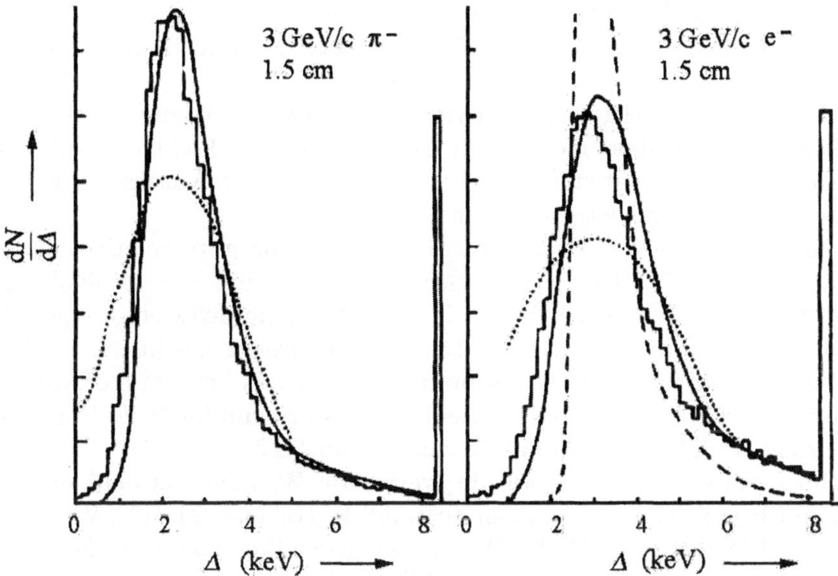

Abb. 1.2. Energieverlust-Verteilung für π–Mesonen und Elektronen in einer Schicht von 1.5 cm Argon mit 5% CH_4 bei Normalbedingungen. Histogramm: Daten von [HA 73]. Modellrechnungen: gestrichelte Kurve [LA 44, MA 69], punktierte Kurve [LA 44, BL 50], durchgezogene Linie [AL 80]

ben werden kann. Die Abbildung 1.2 zeigt, dass dieses Modell die gemessenen [HA 73] Energieverlust-Verteilungen für eine 1.5 cm dicke Argonschicht schlecht widergibt, dass aber genauere Rechnungen mit Berücksichtigung der Schalenstruktur der Atomhülle (Photo-Absorptions-Ionisations-Modell, PA I [CO 75, CO 76, AL 80]) eine befriedigende Beschreibung der Daten liefern. Diese Rechnungen reproduzieren auch den in Abb. 1.1 gezeigten relativistischen Anstieg des Energieverlustes, während die früheren Modelle einen um 10 bis 15% zu großen Anstieg vorausgesagt hatten.

Das Bild, das wir uns demnach vom Prozess des Energieverlustes durch Ionisation und Anregung zu machen haben, sieht so aus: im primären Prozess werden Atome angeregt und ionisiert, wobei die Energieverteilung der von den Atomen getrennten Elektronen proportional zu $1/\varepsilon^2$ ist. Elektronen mit größeren Energien $\varepsilon \geq 100$ eV können in Sekundärprozessen weitere Atome ionisieren. Die Gesamtzahl der freigesetzten Ionen n_T ist proportional zum Energieverlust ΔE im Material

$$n_T = \frac{\Delta E}{W_i} \;, \tag{1.41}$$

wobei W_i den Energieverlust pro produziertes Ionenpaar bedeutet. Die Gesamtzahl der freigesetzten Ionen ist 2 bis 7 mal größer als diejenige der primären Ionenpaare, n_p. Tabelle 4 enthält Werte für W_i, n_T und n_p in verschiedenen Gasen. Die mittlere Energie W_i, die benötigt wird, um in Gasen ein Elektron-Ion-Paar zu erzeugen, liegt zwischen 41 eV in Helium und 22 eV in Xenon.

In Halbleitern beträgt diese Energie nur 3.5 eV für Silizium und 2.85 eV für Germanium, so dass die Anzahl der freigesetzten Elektron-Loch-Paare viel größer und die statistischen Fluktuationen dieser Anzahl für gleichen Energieverlust viel kleiner sind als in Gasen.

Deshalb haben solche Halbleiterzähler eine sehr gute relative Energieauflösung ($\sim 10^{-3} - 10^{-4}$). Da aber die Herstellung von großvolumigen Si- und Ge-Kristallen großer Reinheit auf technische Schwierigkeiten stößt, blieb die Anwendung dieser Halbleiterzähler als Energiespektrometer hoher Auflösung für Photonen auf die Atom- und Kernphysik beschränkt (Kap. 2.5). Allerdings haben sich Si-Streifendetektoren als ortsempfindliche Detektoren für geladene Teilchen neuerdings bewährt (Kap. 3.12).

In flüssigen Edelgasen liegen die Werte von W_i nahe bei denjenigen für dieselben Elemente im gasförmigen Zustand: $\mathrm{W_i(LAr)} = 24.4\,\mathrm{eV}$, $\mathrm{W_i(LKr)} = 20.5\,\mathrm{eV}$ und $\mathrm{W_i(LXe)} = 16\,\mathrm{eV}$. Wegen der gegenüber Gasen großen Dichte und der experimentell nachgewiesenen Möglichkeit, in sehr reinen Flüssigkeiten dieser Art die Elektronen und Ionen zu sammeln, bevor sie rekombinieren, finden diese Materialien als Ionisationsdetektoren für total absorbierende Schauerzähler und Kalorimeter Verwendung (s. Kap. 2.4 und Kap. 6.1).

1.2.2 Nachweis von Photonen

Trifft ein Photonenstrahl der Intensität I_0 auf eine Materieschicht der Dicke x oder der Massenbelegung $X = \rho x$, so ist die aus der Schicht austretende Intensität

$$I(X) = I_0 \mathrm{e}^{-(\mu/\rho)X} = I_0 \mathrm{e}^{-\mu x} \ . \tag{1.42}$$

Dabei wird μ der Massenabsorptionskoeffizient genannt. Er hängt mit dem Wirkungsquerschnitt für Photon-Absorption σ über die Beziehung $\mu = \sigma N_0 / A$ zusammen, wobei N_0 die Avogadro-Zahl und A die Molmasse sind. Die möglichen Beiträge zur Absorption sind der Photoeffekt, der bei Photon-Energien E_γ unter 100 keV dominiert, der Comptoneffekt, der bei $E_\gamma \sim 1\,\mathrm{MeV}$ wesentlich ist, und die Paarbildung, deren Anteil bei $E_\gamma > 2\,\mathrm{MeV}$ überwiegt. Die Abbildung 1.3 stellt den Verlauf des Massenabsorptionskoeffizienten μ mit der Photonenenergie E_γ für Blei dar. Daraus geht hervor, dass der Anteil des Photoeffekts mit ${E_\gamma}^{-3}$ und derjenige des Comptoneffekts mit ${E_\gamma}^{-1}$ abfällt, während der Beitrag der Paarbildung bei der Schwellenenergie $E_\gamma = 1.02\,\mathrm{MeV} = 2\ m_e$ beginnt und zu höheren E_γ hin stetig ansteigt.

Der Wirkungsquerschnitt für diese Prozesse kann berechnet werden. Die Ergebnisse können durch die folgenden Näherungen als Funktion der reduzierten Photon-Energie $\varepsilon = E_\gamma/(m_e c^2)$ angegeben werden.

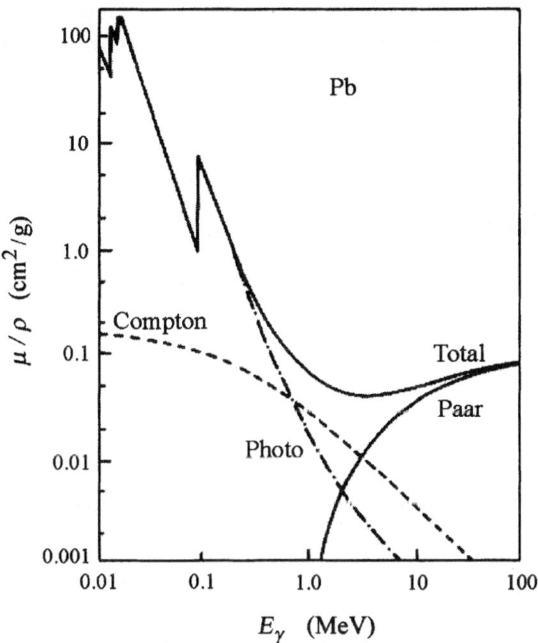

Abb. 1.3. Massenabsorptionskoeffizient für Photonen in Blei [EV 58]

Photoeffekt
Im Energiebereich zwischen der K-Absorptionskante ε_k und $\varepsilon = 1$ gilt folgende Näherung:

$$\sigma_{\text{ph}} = \frac{32\pi}{3}\sqrt{2}Z^5\alpha^4\frac{1}{\epsilon^{7/2}}r_e^2 , \tag{1.43}$$

und für hohe Energien $\epsilon >> 1$ fällt der Wirkungsquerschnitt weniger schnell mit der reduzierten Photonenergie ϵ

$$\sigma_{\text{ph}} = 4\pi {r_e}^2 Z^5\alpha^4\frac{1}{\epsilon} , \tag{1.44}$$

wobei $r_e = 2.8\,\text{fm}$ der klassische Elektronenradius ist.

Compton-Effekt (Klein-Nishina-Formel, pro Elektron)
Vor dem Stoß ist das Elektron in Ruhe; sein Viererimpuls ist $P_e = (m_e c^2, \mathbf{0})$ und der Viererimpuls des Photons $P_\gamma = (0, \boldsymbol{P}_\gamma)$. Wenn wir die Größen nach dem Stoß $P_e{}'$ und $P_\gamma{}'$ nennen, so gilt

$$P_e + P_\gamma = P_e{}' + P_\gamma{}' , \tag{1.45}$$

und daraus folgt die Energie $E_\gamma{}' = |P_\gamma{}'|$ des gestreuten Photons

$$E'_\gamma = \frac{E_\gamma}{1 + (E_\gamma/m_e c^2)(1 - \cos\theta)} , \tag{1.46}$$

wobei θ der Streuwinkel des Photons ist. Die Energiedifferenz zwischen dem Photon nach und vor dem Stoß wird auf das Elektron übertragen, das dann die kinetische Energie T_e' hat:

$$T_e' = \frac{E_\gamma^2}{m_e c^2} \frac{1 - \cos\theta}{1 + (E_\gamma / m_e c^2)(1 - \cos\theta)} . \tag{1.47}$$

Zwei Extremfälle können betrachtet werden:

1. Streuung bei sehr kleinen Winkeln, $\theta \sim 0$: dann ist $E_\gamma{}' = E_\gamma$ und $T_e{}' = 0$;

2. Rückstreuung ($\theta = \pi$); dann ist

$$E'_{\gamma,\mathrm{min}} = \frac{E_\gamma}{1 + 2E_\gamma/(m_e c^2)} \to \frac{m_e c^2}{2} \quad \text{für} \quad E_\gamma >> m_e c^2 , \tag{1.48}$$

und die maximale Elektronenenergie ("Compton-Kante") ist:

$$T'_{e,\mathrm{max}} = E_\gamma \frac{2\epsilon}{1 + 2\epsilon} \to E_\gamma \left(1 - \frac{1}{2\epsilon}\right) \quad \text{für} \quad E_\gamma >> m_e c^2 . \tag{1.49}$$

Das im Detektor sichtbare Elektronen-Rückstoßspektrum ist ein Kontinuum zwischen dem Wert Null und der Compton-Kante. Der Abstand zwischen der Compton-Kante und der Energie des einfallenden γ-Quants wird für $e >> 1$ eine Konstante, und zwar $m_e c^2/2 = 0.256\,\mathrm{MeV}$.

Der totale Streuquerschnitt pro Elektron im Grenzfall niedriger Energie ist durch die klassische Thomson-Formel gegeben:

$$\sigma_{\mathrm{Th}} = \frac{8\pi}{3} r_e^2 = 0.665\,\mathrm{barn} . \tag{1.50}$$

Für relativistische Photonen-Energien ergibt die quantenmechanische Rechnung den Klein-Nishina-Wirkungsquerschnitt

$$\sigma_c = 2\pi\rho_e^2 \times \left[\left(\frac{1+\epsilon}{\epsilon^2}\right)\left(\frac{2(1+\epsilon)}{1+2\epsilon} - \frac{1}{\epsilon}\ln(1+2\epsilon)\right) + \frac{1}{2\epsilon}\ln(1+2\epsilon) - \frac{1+3\epsilon}{(1+2\epsilon)^2}\right] . \tag{1.51}$$

Für zwei Extremfälle wird diese Beziehung transparenter:

für $\epsilon << 1$ $\quad \sigma_c = \sigma_{\mathrm{Th}}(1 - 2\epsilon)$,

für $\epsilon >> 1$ $\quad \sigma_c = \frac{3}{8}\sigma_{\mathrm{Th}} \frac{1}{\epsilon}\left(\frac{1}{2} + \ln 2\epsilon\right)$.

Die Winkelverteilung der gestreuten γ-Quanten ist vorwärts-rückwärts symmetrisch für Thomson-Streuung

$$\frac{\mathrm{d}\sigma}{\mathrm{d}\Omega} = \frac{1}{2} r_e^2 (1 + \cos^2\theta) . \tag{1.52}$$

Dagegen ist die Verteilung für relativistische Compton-Streuung asymmetrisch mit einer Spitze in der Vorwärtsrichtung

$$\frac{d\sigma}{d\Omega} = \frac{1}{2} r_e^2 \left(\frac{1}{1+\epsilon(1-\cos\theta)} \right)^3 \times [-\epsilon\cos^3\theta + (\epsilon^2+\epsilon+1)(1+\cos^2\theta) - \epsilon(2\epsilon+1)\cos\theta] \,, \tag{1.53}$$

oder

$$\frac{d\sigma}{d\Omega} = \frac{1}{2} r_e^2 \left(\frac{E'_\gamma}{E_\gamma} \right)^2 \left(\frac{E_\gamma}{E'_\gamma} + \frac{E'_\gamma}{E_\gamma} - \sin^2\theta \right) . \tag{1.54}$$

Paarbildung (pro Kern)

Für $1 < \epsilon < 137 Z^{-1/3}$

$$\sigma_p = r_e^2 4\alpha Z^2 \left(\frac{7}{9} \ln 2\epsilon - \frac{109}{54} \right) . \tag{1.55}$$

Für $\epsilon >> 137 Z^{-1/3}$

$$\sigma_p = r_e^2 4\alpha Z^2 \left[\frac{7}{9} \ln \frac{183}{Z^{1/3}} - \frac{1}{54} \right] . \tag{1.56}$$

Der Massenabsorptionskoeffizient für Paarbildung, $\mu_p = \sigma_p N_0 / A$, gemessen in $cm^2 g^{-1}$, erreicht also bei hohen Photonenenergien asymptotisch einen Grenzwert μ_p^0, der unter Vernachlässigung des letzten Terms lautet

$$\mu_p{}^0 = r_e^2 4\alpha Z^2 \frac{N_0}{A} \frac{7}{9} \ln \frac{183}{Z^{1/3}} = \frac{7}{9} \frac{1}{X_0} . \tag{1.57}$$

Die in dieser Gleichung (1.57) definierte Strahlungslänge X_0 bezeichnet eine Schichtdicke, in der mit einer Wahrscheinlichkeit $P = 1 - \exp(-7/9) \simeq 54\%$ Paarbildung bei hohen Photonenenergien stattfindet. In Tabelle 1.5 sind Werte von X_0 für verschiedene Materialien angegeben. Der Verlauf von μ_p mit E_γ ist für einige Materialien in Abb. 1.4 gezeigt.

1.2.3 Bremsstrahlung von Elektronen

Bei Energien weit oberhalb 1 MeV hat der Energieverlust für schnelle Elektronen ($\beta \simeq 1$) die Form

$$-\left(\frac{dE}{dx} \right)_{ion} = 4\pi N_0 \frac{Z}{A} r_e^2 m_e c^2 [\ln(2mv^2\gamma^2/I) - 1] . \tag{1.58}$$

Hochenergetische Elektronen können jedoch wegen ihrer geringen Masse noch auf eine zweite Art Energie im Material verlieren, nämlich indem sie im elektrischen Feld des Kerns abgebremst werden und dabei ihre kinetische Energie

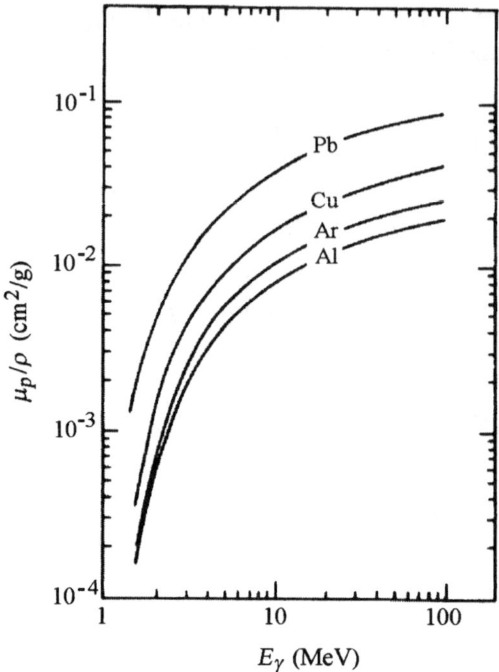

Abb. 1.4. Massenabsorptionskoeffizient μ_p für Paarbildung in einigen Materialien.

in Form von Photonen abstrahlen. Der Energieverlust durch diese Bremsstrahlung ist proportional zur Energie E und beträgt

$$-\left(\frac{\mathrm{d}E}{\mathrm{d}x}\right)_{brem} = 4\alpha N_0 \frac{Z^2}{A} r_e^2 E \ln \frac{183}{Z^{1/3}} = \frac{E}{X_0} , \tag{1.59}$$

wobei wieder die in Kap. 1.2.2 definierte Strahlungslänge X_0 auftritt.

Im ultrarelativistischen Grenzbereich, wo Energieverlust durch Ionisation vernachlässigt werden kann, ist der Energieverlust allein durch die Strahlungslänge bestimmt

$$-\frac{\mathrm{d}E}{E} = \frac{\mathrm{d}x}{X_0} , \tag{1.60}$$

so dass die mittlere Energie $< E >$ eines Elektronenstrahls mit anfänglicher Energie E_0 nach Durchquerung einer Schicht der Massenbelegung X auf den Wert

$$< E >= E_0 \exp\left(-X/X_0\right) \tag{1.61}$$

abgefallen ist. Die Bedeutung der Strahlungslänge kann also ausgedrückt werden als die Schichtdicke, bei deren Durchquerung die mittlere Energie eines Elektronenstrahls um einen Faktor e reduziert wird.

Bei niedrigen Elektronenenergien überwiegt dagegen der Energieverlust durch Ionisation, und das Verhältnis der beiden Arten von Energieverlust ergibt sich näherungsweise zu

$$R = \left(\frac{\mathrm{d}E}{\mathrm{d}x}\right)_{\mathrm{brem}} / \left(\frac{\mathrm{d}E}{\mathrm{d}x}\right)_{\mathrm{Ion}} \sim \frac{ZE}{580\,\mathrm{MeV}} . \qquad (1.62)$$

Die Energie E_c, bei der $R = 1$ wird, die kritische Energie, hat also ungefähr den Wert

$$E_c \sim 580\,\mathrm{MeV}/Z . \qquad (1.63)$$

Werte für E_c finden sich in Tabelle 1.5.

Tabelle 1.5. *Strahlungslänge X_0, kritische Energie E_c und hadronische Absorptionslänge λ_{Had} für einige Materialien*

Material	X_0 (g/cm^2)	E_c (MeV)	λ_{Had} (g/cm^2)
H_2	63	340	52.4
Al	24	47	106.4
Ar	18.9	35	119.7
Kr	11.3	21.5	147
Xe	8.5	14.5	168
Fe	13.8	24	131.9
Pb	6.3	6.9	193.7
Bleiglas SF 5	9.6	11.8	
Plexiglas	40.5	80	83.6
H_2O	36	93	84.9
NaI(Tl)	9.5	12.5	152.0
$Bi_4Ge_3O_{12}$	8.0	10.5	164

1.3 Elektronen und Ionen in Gasen

1.3.1 Beweglichkeit von Ionen

Befinden sich Ionen eines Gasvolumens in einem elektrischen Feld der Feldstärke E, so bewegen sie sich im Zeitmittel mit der Geschwindigkeit v_D^+ in Richtung der elektrischen Feldlinien. Die mittlere Geschwindigkeit v_D^+, die Driftgeschwindigkeit, hängt nach Meßergebnissen linear mit dem Quotienten aus elektrischem Feld E und Gasdruck p zusammen. Die Beweglichkeit μ^+ der Ionen ist definiert durch

$$v_D^+ = \mu^+ E p_0 / p , \qquad (1.64)$$

wobei $p_0 = 760$ Torr der Normaldruck ist. Messwerte für Beweglichkeiten von Ionen in ihrem eigenen Gas oder in einem Fremdgas sind in Tabelle 1.6 angegeben.

Tabelle 1.6. *Gemessene Beweglichkeiten von Ionen in eigenen oder fremden Gasen*

Gas	Ion	Beweglichkeit μ^+ ($\mathrm{cm^2V^{-1}s^{-1}}$)
He	He^+	10.2
Ar	Ar^+	1.7
H_2O	H_2O^+	0.7
Ar	$(OCH_3)_2CH_2^+$	1.51
$IsoC_4H_{10}$	$(OCH_3)_2CH_2^+$	0.55
$(OCH_3)_2CH_2$	$(OCH_3)_2CH_2^+$	0.26
Ar	$IsoC_4H_{10}^+$	1.56
$IsoC_4H_{10}$	$IsoC_4H_{10}^+$	0.61
Ar	CH_4^+	1.87
CH_4	CH_4^+	2.26
Ar	CO_2^+	1.72
CO_2	CO_2^+	1.09

Für eine Mischung von n Gasen ist die Beweglichkeit μ_i^+ des zum Gas i gehörigen Ions gegeben durch

$$\frac{1}{\mu_i^+} = \sum_{k=1}^{n} \frac{c_k}{\mu_{ik}^+} , \tag{1.65}$$

wobei c_k die Konzentration (nach Volumen) des Gases k und μ_{ik}^+ die Beweglichkeit des Ions der Sorte i im Gas k sind. Sind mehrere Ionenarten vorhanden, so neutralisieren sich diejenigen mit höherem Ionisationspotential innerhalb von $10^2 - 10^3$ Stößen, indem sie den Atomen mit dem niedrigsten Ionisationspotential Elektronen entziehen.

1.3.2 Diffusion in feldfreiem Gas

Nach dem Äquipartitionsgesetz ist die mittlere thermische Energie eines Gasmoleküls mit drei Freiheitsgraden $\epsilon_T = 3/2\,kT$. Bei Normalbedingungen ($T = 273\,\mathrm{K}$) ist $\epsilon_T \simeq 0.035\,\mathrm{eV}$. Die Verteilung der kinetischen Energie ϵ bei der Temperatur T ist die Maxwellverteilung:

$$F(\epsilon) = c\sqrt{\epsilon}\,\exp\left(-\epsilon/kT\right) . \tag{1.66}$$

Eine Ladungsverteilung, die zum Zeitpunkt $t = 0$ punktförmig am Ursprung lokalisiert ist, diffundiert durch Vielfachstreuung in den umgebenden Raum, wobei sich eine zerfließende Gaußverteilung um den Ursprung bildet. Der Diffusionskoeffizient D ist dann dadurch definiert, dass die differentielle Dichteverteilung $\mathrm{d}N/N$ von Ladungsträgern als Funktion *einer* Ortskoordinate x zum Zeitpunkt t folgende Form hat:

$$\frac{\mathrm{d}N}{N} = \frac{1}{\sqrt{4\pi Dt}} \exp\left(-\frac{x^2}{4Dt}\right) dx \,, \tag{1.67}$$

d.h. die Standardabweichung dieser Verteilung in einer Koordinate ist $\sigma_x = \sqrt{2Dt}$. Der Diffusionskoeffizient ist umso größer, je größer die mittlere thermische Geschwindigkeit u der geladenen Teilchen ist. Da $u = \sqrt{3kT/m}$ ist, nimmt D mit zunehmender Masse m der Ladungsträger ab. Die mittlere freie Weglänge während des Diffusionsprozesses, λ, ist gegeben durch den Stoßquerschnitt $\sigma(\epsilon)$, der i.a. eine Funktion der kinetischen Energie ϵ des geladenen Teilchens ist.

$$\gamma(\epsilon) = \frac{1}{N\sigma(\epsilon)} \,. \tag{1.68}$$

Dabei ist $N = N_0\rho/A$ die Anzahl der Moleküle pro Volumeneinheit, A die Molmasse, ρ die Dichte des Gases und $N_0 = 6.02 \times 10^{23}\mathrm{Mol}^{-1}$ die Avogadro-Zahl. Für Gase ist $N = 2.69 \times 10^{19}$ Moleküle/cm^3 bei Normalbedingungen.

Für Moleküle und Atome sind die Diffusionskoeffizienten D zusammen mit der mittleren freien Weglänge λ und der mittleren thermischen Geschwindigkeit in Tabelle 1.7 aufgeführt.

Tabelle 1.7. *Thermische Geschwindigkeit u, Diffusionskoeffizient D, Beweglichkeit μ^+ und mittlere freie Weglänge λ von Ionen für einige Gase bei Normalbedingungen*

Gas	Massenzahl	u (cm/s)	D^+ (cm^2/s)	μ^+ (cm^{2}s^{-1}V^{-1})	λ (10^{-5} cm)
H_2	2.02	1.8×10^5	0.34	13.0	1.8
He	4.00	1.3×10^5	0.26	10.2	2.8
Ar	39.95	0.41×10^5	0.04	1.7	1.0
O_2	32.00	0.46×10^5	0.06	2.2	1.0
H_2O	18.02	0.61×10^5	0.02	0.7	1.0

1.3.3 Rekombination und Elektronenanlagerung

Rekombination: Die bei der Primärionisation erzeugten Ionen und Elektronen können sich neutralisieren, bevor sie nachgewiesen werden, und zwar können sowohl positive mit negativen Ionen als auch positive Ionen mit Elektronen rekombinieren. Die Abnahme der Dichte der positiven Ionen, n^+, pro Zeiteinheit kann so beschrieben werden: $-\mathrm{d}n^+/\mathrm{d}t = \alpha n^+ n^-$, wobei n^- die Dichte der negativen Ladungsträger und α der "Rekombinationskoeffizient" ist. α kann in ungünstigen Fällen (O_2, CO_2) bis zu 10^{-6} cm^3/s bei Rekombination mit negativen Ionen und bis zu 10^{-7} cm^3/s bei Rekombination mit Elektronen betragen.

Elektronenanlagerung: Bei mehratomigen Gasmolekülen gibt es die Möglichkeit, dass Elektronen niedriger (eV) Energie sich beim Stoß an das Molekül anlagern. Die Wahrscheinlichkeit p_a, dass ein Elektron bei **einer** Kollision mit einem Molekül oder Atom an dieses angelagert wird, ist für Edelgase und N_2, H_2 und CH_4 vernachlässigbar klein, dagegen nicht für elektronegative Gase wie O_2, Cl_2, NH_3 und H_2O. Diese Wahrscheinlichkeit (für ein Gas ohne äußeres elektrisches Feld) ist in Tabelle 1.8 für einige Gase angegeben. Berechnet man aus der thermischen Elektronengeschwindigkeit $u_e \simeq \sqrt{3kT/m_e}$ und aus der mittleren freien Weglänge der Elektronen λ_e, die etwa 4 mal größer als diejenige von Ionen in ihrem Gas ist, die Zahl der Stöße n_s pro Zeiteinheit, so ergibt der Ausdruck $t_a = 1/(p_a n_s)$ die mittlere Zeit, in der ein solches Elektron an das Molekül angelagert wird. Für extrem elektronegative Gase kann diese Zeit auf ca. 5 ns absinken, wie Tabelle 1.8 zeigt.

Tabelle 1.8. *Elektronenanlagerungswahrscheinlichkeit p_a, Stöße pro Sekunde n_s und mittlere Anlagerungszeit t_a bei Normalbedingungen ohne elektrisches Feld*

Gas	p_a	n_s (s^{-1})	t_a (ns)
CO_2	6.2×10^{-9}	2.2×10^{11}	7.1×10^{5}
O_2	2.5×10^{-5}	2.1×10^{11}	1.9×10^{2}
H_2O	2.5×10^{-5}	2.8×10^{11}	1.4×10^{2}
Cl	4.8×10^{-4}	4.5×10^{11}	5.0×10^{0}

Legt man ein elektrisches Feld an, so nimmt die kinetische Energie der Elektronen zu. Die Wahrscheinlichkeit p_a für Elektronenanlagerung variiert dann mit der Elektronenenergie, wie es Abb. 1.5 für O_2 zeigt. Für andere Gase kann p_a der Literatur entnommen werden [BR 59, LO 61]. Ist in einem Zählgas ein Anteil f eines elektronegativen Gases enthalten, so ist die Zahl der Stöße von Elektronen mit den Molekülen dieses elektronegativen Gases $n'_s = f u_e/\lambda'_e$ und die mittlere freie Weglänge der Elektronen für die Anlagerung an das elektronegative Gasmolekül ist

$$\lambda_a = \frac{v_D}{p_a\, n'_s} , \tag{1.69}$$

wobei v_D die Driftgeschwindigkeit der Elektronen bedeutet. Für 1% O_2 in Argon bei Feldstärken um 1 kV/cm ist $\lambda_a \sim 5$ cm, d.h. der Effekt ist bei größeren Detektoren nicht vernachlässigbar, und der O_2-Anteil muss mit Hilfe von Gasreinigungsvorrichtungen stark vermindert werden, um Anlagerung zu vermeiden.

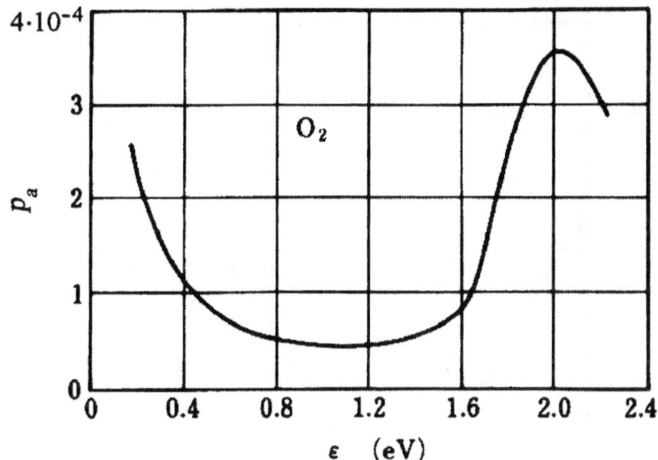

Abb. 1.5. Wahrscheinlichkeit für Elektronenanlagerung in O_2 pro Stoß als Funktion der Elektronenenergie ϵ [BR 59]

1.3.4 Elektronendrift in elektrischen Feldern

Wegen ihrer größeren freien Weglänge können Elektronen zwischen zwei Stößen im Gas im elektrischen Feld wesentlich mehr Energie gewinnen als Ionen, ihre Beweglichkeit ist erheblich (Faktor $10^2 - 10^3$) grösser als die der Ionen. Außerdem entspricht die Wellenlänge der Elektronen im Bereich kinetischer Energie von eV dem Durchmesser der Elektronenbahnen in Edelgasen, was über einen quantenmechanischen Interferenzeffekt zu einer starken Variation des Stoßquerschnitts σ mit der Elektronenenergie ϵ führt (Ramsauereffekt). Den Verlauf von σ mit ϵ für Argon zeigt Abb. 1.6.

Betrachten wir eine Gruppe von Elektronen der thermischen Geschwindigkeit $u = \sqrt{2\epsilon/m}$, die sich isotrop von einem Punkt P weg bewegen. Die Orte der ersten Kollision dieser Elektronen mit Gasatomen werden im Mittel auf einer Kugel liegen, deren Radius durch die mittlere freie Weglänge der Elektronen λ_e gegeben ist. Schalten wir zustzlich ein homogenes elektrisches Feld der Stärke $\boldsymbol{E} = (0, 0, E)$ in $z-$Richtung ein, so durchlaufen die Elektronen unter dem Einfluss der Beschleunigung $\boldsymbol{b} = q\boldsymbol{E}/m$ statt radialer Bahnen parabolische Wege. Die Durchstoßpunkte D der Bahnen mit der Kugeloberfläche verschieben sich durch die Wirkung des elektrischen Feldes um den Betrag $(bt^2/2)\sin\theta$ entlang der Oberfläche, wenn θ der Winkel zwischen der Richtung des $\boldsymbol{E}$-Feldes und dem Geschwindigkeitsvektor des Elektrons im Punkt P ist. Die Komponente der Verschiebung des Punktes D in z-Richtung durch das elektrische Feld beträgt

$$\delta z = \frac{1}{2}\frac{qE}{m}t^2 \sin^2\theta \ , \tag{1.70}$$

und bei Mittelung über $\cos\theta$ erhalten wir

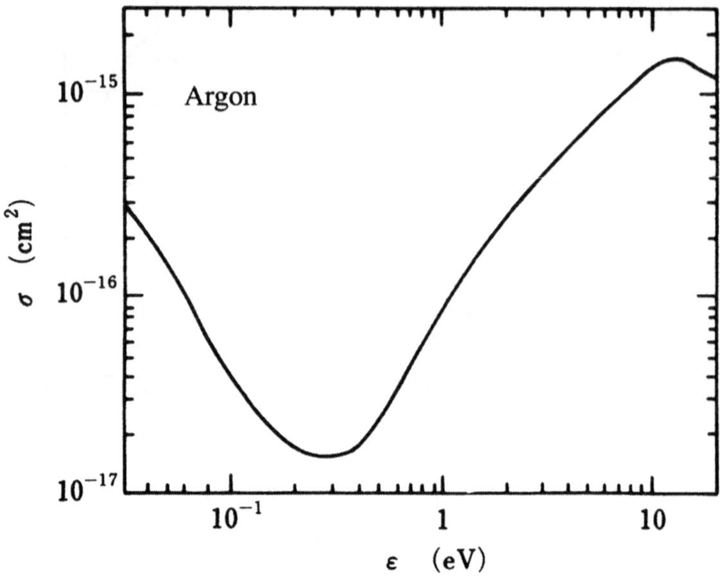

Abb. 1.6. Stoßquerschnitt für Elektronen in Argon als Funktion ihrer kinetischen Energie [BR 59]

$$\langle \delta z \rangle = \frac{1}{3} \frac{qE}{m} \langle t^2 \rangle \ . \tag{1.71}$$

Die Mittelung der Laufzeiten über alle freien Weglängen s ergibt für die Gruppe der Elektronen mit der Geschwindigkeit u unter der Annahme, dass der Stoßquerschnitt und damit auch λ_e nicht von der Geschwindigkeit u abhängen,

$$\langle t^2 \rangle = \langle s^2 \rangle / u^2 = 2\lambda_e^2 / u^2 \ . \tag{1.72}$$

Damit erhalten wir den Betrag der Driftgeschwindigkeit

$$v_D = \frac{\langle \delta_z \rangle}{\langle t \rangle} = \frac{2}{3} \frac{qE}{m} \frac{\lambda_e}{u} \ , \tag{1.73}$$

und nach Mittelung über die Maxwellsche Geschwindigkeitsverteilung (1.66):

$$v_D = \frac{2}{3} \frac{qE}{m} \frac{1.38\lambda_e}{v} = 0.92 \frac{qE}{m} \frac{\lambda_e}{v} \ , \tag{1.74}$$

wobei $v = \sqrt{\langle u^2 \rangle}$ das Quadratmittel der Geschwindigkeit ist. Die mittlere Zeit τ zwischen zwei Stößen ist.

$$\tau = \langle \lambda_e / u \rangle \ . \tag{1.75}$$

Damit sich eine zeitlich konstante Driftgeschwindigkeit einstellt, muss der Energiegewinn aus der Beschleunigung im elektrischen Feld gleich dem Energieverlust bei den Stößen mit den Atomen sein. Bezeichnen wir den Bruchteil der Elektronenenergie ϵ, der bei einem Stoß auf ein Atom übertragen wird, als $\Delta(\epsilon)$, so gilt näherungsweise

$$qEv_D\tau = \Delta(\epsilon)\,\epsilon\;, \tag{1.76}$$

oder genauer

$$qEv_D = \left\langle \frac{\Delta(\epsilon)\,\epsilon\,u}{\lambda_e} \right\rangle\;, \tag{1.77}$$

der sich als Produkt der Kraft qE mit dem Weg $v_D\tau$ ergibt.
Unter der einschränkenden Annahme, dass die Geschwindigkeitsverteilung eine δ-Funktion ist, gilt dann:

$$qEv_D \sim \frac{1}{2}\frac{\Delta(\epsilon)mu^3}{\lambda_e}\;, \tag{1.78}$$

und unter Benutzung von (1.73) folgt:

$$v_D \sim \left[\left(\frac{\Delta}{2}\right)^{1/2}\frac{qE}{m}\,\lambda_e\right]^{1/2}\;. \tag{1.79}$$

Nimmt man als Näherung für die Energieabhängigkeit des Energieverlustes Δ und der mittleren freien Weglänge λ_e Potenzgesetze der Art

$$\Delta(\epsilon) \sim \epsilon^m \tag{1.80}$$

und

$$\lambda_e(\epsilon) \sim \epsilon^{-n} \tag{1.81}$$

an, so ergibt sich nach Eliminierung von $\epsilon = mu^2/2$ aus (1.73) und (1.76) in dieser Näherung

$$v_D \sim E^{(m+1)/(m+2n+1)}\;. \tag{1.82}$$

Im Bereich niedriger Feldstärken E, d.h. unterhalb des Ramsauer-Minimums, ist nach Abb. 1.6 für Argon $n \simeq -1$, und für $m > 1$ ergibt sich dort ein rascher Anstieg von v_D. Bei Energien oberhalb des Ramsauer-Minimums ist $n \simeq +1$, und der Anstieg von v_D mit E sollte nur noch sehr langsam sein. Ein solches Verhalten ist für die Driftgeschwindigkeit in Argon und anderen Edelgasen beobachtet worden.

Handelt es sich bei dem Gas, in dem die Elektronen driften, um ein molekulares Gas (z.B. CO_2, CH_4, Iso – C_4H_{10}), so tragen die inelastischen Stöße wesentlich zum gesamten Wirkungsquerschnitt bei. Im Energiebereich von 0.1 bis 1 eV können z.B. für CO_2 Molekülschwingungen angeregt werden. Der übertragene Energieanteil Δ wird bei diesen inelastischen Stößen sehr groß, fällt dann aber bei Energien oberhalb der maximalen Schwingungsenergie ϵ_{max} stark ab, und zwar ungefähr wie

$$\Delta(\epsilon) \sim \frac{\epsilon_{max}}{\epsilon}\;. \tag{1.83}$$

Für $\epsilon > \epsilon_{max}$ ist dann $m \sim -1$ und nach (1.82) wird v_D konstant. Fällt $\Delta(\epsilon)$ noch stärker mit ϵ ab, so wird $m < -1$ und v_D nimmt mit E ab. Die Ergebnisse dieser vereinfachten Betrachtung stimmen im wesentlichen mit den Resultaten einer genauen Rechnung [PA 75] überein, für die (1.73) ersetzt wird durch die Beziehung:

$$\boldsymbol{v}_D = \frac{q\boldsymbol{E}}{m}\left[\frac{2}{3}\left\langle\frac{\lambda_e(u)}{u}\right\rangle + \frac{1}{3}\left\langle\frac{\mathrm{d}\lambda_e(u)}{\mathrm{d}u}\right\rangle\right]. \tag{1.84}$$

Die qualitativen Ergebnisse der Rechnung erklären die beobachtete Abhängigkeit der Driftgeschwindigkeit vom elektrischen Feld E. Die Abbildung 1.7 zeigt solche Meßergebnisse für einkomponentige Gase, Abb. 1.8 für Argon-Isobutan-Gemische und Abb. 1.9 für Argon-Methan-Gemische. Auffallend ist der Abfall von v_D bei hohen Feldstärken für Methan, der sich auch bei Gemischen mit Methan bemerkbar macht.

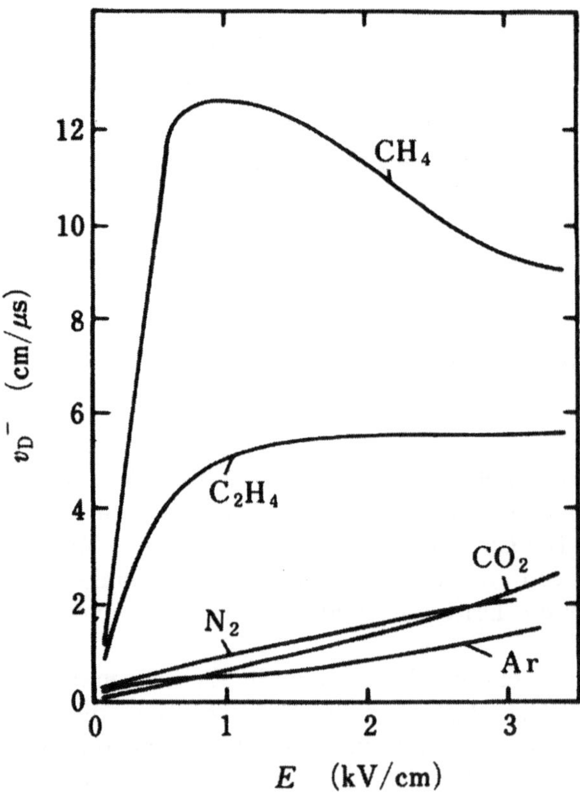

Abb. 1.7. Driftgeschwindigkeit von Elektronen in Gasen bei Normalbedingungen [EN 53, FU 58, BR 59]

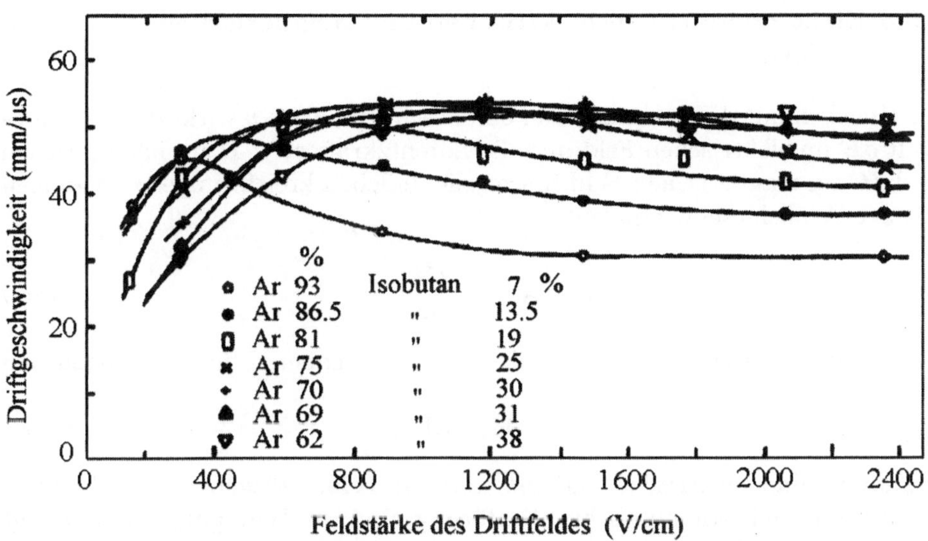

Abb. 1.8. Driftgeschwindigkeit von Elektronen in Argon-Isobutan-Gemischen [BR 74]

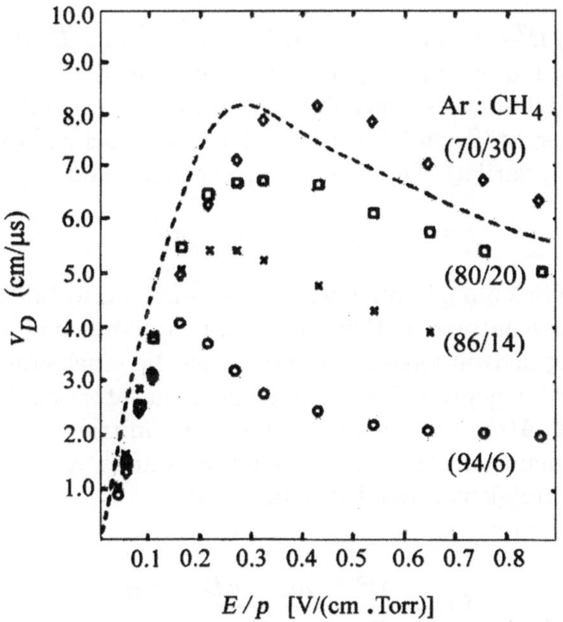

Abb. 1.9. Driftgeschwindigkeit von Elektronen in Argon-Methan-Gemischen [TI 83]. Die gestrichelte Kurve ist das Ergebnis einer Berechnung für das Gemisch 80/20 [SC 78]

1.3.5 Elektronendrift in elektrischen und magnetischen Feldern

Auf Teilchen mit der Ladung q und der Geschwindigkeit $\boldsymbol{v}$ wirkt die Coulombkraft $q\boldsymbol{E}$ im elektrischen Feld und die Lorentzkraft $q\boldsymbol{v} \times \boldsymbol{B}$ im magnetischen Feld $\boldsymbol{B}$. Im magnetischen Feld führen die Teilchen kreisförmige Bewegungen mit der Winkelgeschwindigkeit

$$\boldsymbol{\omega} = -\frac{q\boldsymbol{B}}{m} \tag{1.85}$$

aus, wobei der Betrag $|\boldsymbol{\omega}| = \omega$, die Zyklotronfrequenz, für Elektronen den Wert

$$\frac{\boldsymbol{\omega}}{B} = 17.6\,\mathrm{MHz/G} \tag{1.86}$$

annimmt. Sind elektrische und magnetische Felder gleichzeitig vorhanden, so wird die Teilchenbahn schraubenförmig, und die Bewegung kann zerlegt werden in eine Kreisbewegung der Kreisfrequenz ω und eine translatorische Bewegung mit der Geschwindigkeit $\boldsymbol{v}_D$, so daß gilt

$$\boldsymbol{v} = \boldsymbol{v_D} + \boldsymbol{\omega} \times \boldsymbol{r_b} \ , \tag{1.87}$$

mit $\boldsymbol{v_D} = \boldsymbol{E}\times\boldsymbol{B}/B^2+\boldsymbol{v}_{\|}$ und $m\boldsymbol{v}_{\|} = q\boldsymbol{E}_{\|}$, wobei $\boldsymbol{v}_{\|}$ und $\boldsymbol{E}_{\|}$ die Komponenten parallel zu $\boldsymbol{B}$ bedeuten, und $\boldsymbol{r}_b$ den Ortsvektor in der Ebene senkrecht zu $\boldsymbol{v}_D$ bezeichnet. Befindet sich das Teilchen in einem gasgefüllten Volumen, so kommt wegen der Stöße mit Gasmolekülen eine stochastische Kraft $m\boldsymbol{a}(t)$ hinzu, die zeitlich variiert. Die Bewegungsgleichung lautet dann:

$$m\boldsymbol{v} = q(\boldsymbol{E} + \boldsymbol{v} \times \boldsymbol{B}) + m\boldsymbol{a}(t) \ . \tag{1.88}$$

Diese Langevin-Gleichung können wir zeitlich mitteln, wobei wir die Form der Lösung für die translatorische Bewegung kennen, nämlich eine Bewegung mit konstanter Driftgeschwindigkeit. Deshalb muss die stochastische Beschleunigung im Zeitmittel gerade die vorhandene translatorische Beschleunigung kompensieren: $< \boldsymbol{A}(t) >= -v_D/\tau$, wobei τ die mittlere Zeit zwischen zwei Stößen entsprechend der "mittleren freien Weglänge" λ, dividiert durch die mittlere Geschwindigkeit u der Elektronen, ist.

Dann (1.88) lautet

$$\dot{\boldsymbol{v}}_D = \frac{q\boldsymbol{E}}{m} - \frac{\boldsymbol{v_D} \times q\boldsymbol{B}}{m} - \frac{\boldsymbol{v_D}}{\tau} \ , \tag{1.89}$$

oder wegen $\dot{\boldsymbol{v}}_D = 0$ für konstantes $\boldsymbol{E}-$Feld

$$\frac{\boldsymbol{v}_D}{\tau} + \left(\frac{q\boldsymbol{B}}{m} \times \boldsymbol{v_D}\right) = \frac{q\boldsymbol{E}}{m} \ . \tag{1.90}$$

Die folgende Lösung für v_D genügt (1.90):

$$\boldsymbol{v}_D = \frac{\mu}{1+\omega^2\tau^2}\left(\boldsymbol{E} + \frac{\boldsymbol{E}\times\boldsymbol{B}}{B}\omega\tau + \frac{(\boldsymbol{E}\cdot\boldsymbol{B})\cdot\boldsymbol{B}}{B^2}\omega^2\tau^2\right), \tag{1.91}$$

wobei $\mu = q\tau/m$ die Beweglichkeit bezeichnet. Die translatorische Geschwindigkeit oder Driftgeschwindigkeit $\boldsymbol{v}_D$ setzt sich also in Gegenwart elektrischer *und* magnetischer Felder aus drei Komponenten in $\boldsymbol{E}$-Richtung, in $\boldsymbol{B}$-Richtung und senkrecht zu der durch $\boldsymbol{E}$ und $\boldsymbol{B}$ aufgespannten Ebene zusammen. Für $\omega\tau = 0$ folgt $\boldsymbol{v}_D$ der $\boldsymbol{E}$-Richtung, für $\omega\tau >> 1$ ist $\boldsymbol{v}_D$ parallel zu $\boldsymbol{B}$. Für beliebige endliche Werte von $\omega\tau$ liegt der Durchstoßpunkt der durch $\boldsymbol{v}_D$ bestimmten Richtung mit einer auf $\boldsymbol{B}$ senkrecht stehenden Ebene auf einem Kreis, der Durchstoßpunkte von $\boldsymbol{E}$ und $\boldsymbol{B}$ verbindet. Für $\boldsymbol{E} = (E_x, 0, E_z)$ und $\boldsymbol{B} = (0, 0, B_z)$ ergibt sich, falls der Winkel zwischen $\boldsymbol{E}$ und $\boldsymbol{B}$ klein ist, d.h. für $E_x << E_z$

$$\begin{aligned} v_x &= \mu E_x \frac{1}{1+\omega^2\tau^2} , \\ v_y &= -\mu E_x \frac{\omega\tau}{1+\omega^2\tau^2} , \\ v_z &= \mu E_z . \end{aligned} \tag{1.92}$$

Diese Abhängigkeit der Richtung von $\boldsymbol{v}_D$ von $\omega\tau$ ist in Abb. 1.10 dargestellt.

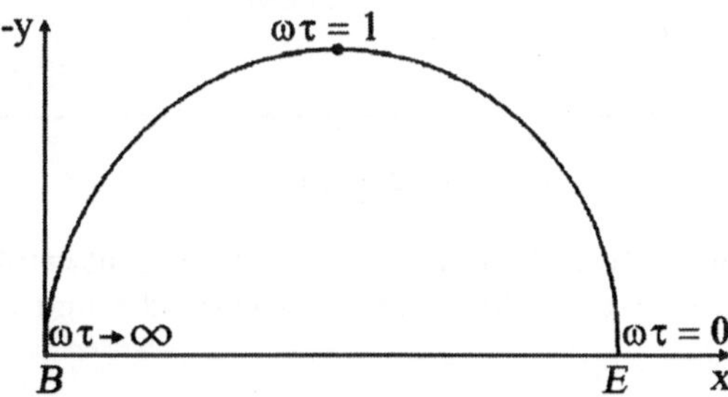

Abb. 1.10. Richtung der Driftgeschwindigkeit $\boldsymbol{v}_D$ in Gegenwart eines magnetischen Feldes $\boldsymbol{B}$ in z-Richtung und eines elektrischen Feldes $\boldsymbol{E}$. Der Kreis verbindet die Durchstoßpunkte von $\boldsymbol{B}$ und $\boldsymbol{E}$ in der (x, y)-Ebene. Auf dem Kreis liegt der Durchstoßpunkt von $\boldsymbol{v}_D$

Die Driftgeschwindigkeit in Richtung der nahezu parallelen $\boldsymbol{E}$- und $\boldsymbol{B}$-Felder ist dieselbe wie ohne $\boldsymbol{B}$−Feld. Stehen dagegen $\boldsymbol{E}$ und $\boldsymbol{B}$ senkrecht aufeinander, d.h. $\boldsymbol{E} = (E_x, 0, 0)$ und $\boldsymbol{B} = (0, 0, B_z)$, so ergibt sich

$$\begin{aligned} v_x &= \mu E_x \frac{1}{1+\omega^2\tau^2} , \\ v_y &= -\mu E_x \frac{\omega\tau}{1+\omega^2\tau^2} , \\ v_z &= 0 . \end{aligned} \tag{1.93}$$

Dann ist der Betrag der Driftgeschwindigkeit

$$v_D = \sqrt{v_x^2 + v_y^2} = \mu E_x \sqrt{\frac{1}{1+\omega^2\tau^2}} \,, \tag{1.94}$$

und der Winkel zwischen $\boldsymbol{v_D}$ und $\boldsymbol{E}$ (der sog. Lorentzwinkel) gegeben durch:

$$\tan \alpha_L = \omega\tau \,. \tag{1.95}$$

Die letzten beiden Beziehungen sind experimentell gut bestätigt worden, was sich an Abb. 1.11 ablesen lässt.

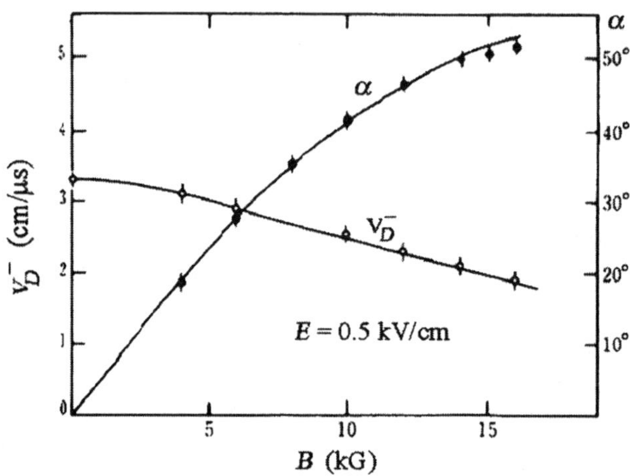

Abb. 1.11. Elektronendriftgeschwindigkeit v_D und Lorentzwinkel α als Funktion der magnetischen Flussdichte B für gekreuzte elektrische und magnetische Felder [BR 75]

1.3.6 Diffusion von Elektronen in elektrischen und magnetischen Feldern

Das magnetische Feld B beeinflusst nicht nur die Driftrichtung und die Driftgeschwindigkeit, sondern verkleinert auch den *Diffusionskoeffizienten* von Elektronen in den Richtungen transversal zur $\boldsymbol{B}$-Richtung [AL 56]. Ist $\boldsymbol{B} = (0, 0, B_z)$ und der Diffusionskoeffizient im feldfreien Gas D, so gilt für die Diffusion in den drei Raumrichtungen:

$$\begin{aligned} D_x = D_y &= \frac{D}{1+\omega^2\tau^2} \,, \\ D_z &= D \,. \end{aligned} \tag{1.96}$$

Der Koeffizient für die Diffusion transversal zum magnetischen Feld wird also beträchtlich reduziert, wenn für ein Elektron der Geschwindigkeit u der Krümmungsradius u/ω klein gegen die mittlere freie Weglänge $\lambda = u\tau$ gemacht werden kann ($\omega\tau >> 1$).

Auch ohne ein magnetisches Feld ist die Elektronen-Diffusion im elektrischen Feld nicht isotrop [PA 68].

Der in Kap. 1.3.2 definierte Diffusionskoeffizient D bleibt gültig für die Diffusion in der Ebene senkrecht zum elektrischen Feld $\boldsymbol{E}$, während der für die Komponente parallel zu bestimmende Diffusionskoeffizient $D_L \neq D$ für Argon ist. Für die meisten anderen Gase ist $D_L/D \simeq 1$. Eine Messung der Anisotropie D_L/D für ein Gemisch von Argon-Methan im Verhältnis 9:1 plus 28 % Isobutan zeigt Abb. 1.12.

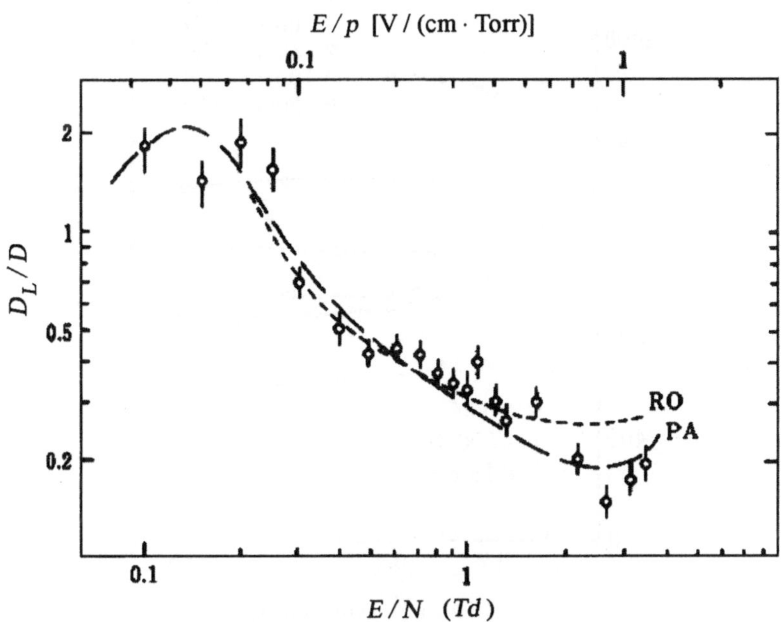

Abb. 1.12. Anisotropie der Diffusionskoeffizienten parallel (D_L) und senkrecht (D) zum elektrischen Feld als Funktion des reduzierten elektrischen Feldes E/p (Einheit $\mathrm{V\,cm^{-1}\,Torr^{-1}}$) bzw. E/N (Einheit $Td = 10^{-17}\,\mathrm{V\,cm^2}$). Messpunkte nach [SC 80], berechnete Kurven nach [PA 68] und [RO 72]

Versucht man, in einem Detektor die Diffusion transversal zur Driftrichtung der Elektronen zu minimalisieren, um am Ende des Driftweges ein lokalisiertes Bild der primären Ionisation zu erzeugen, so erhält man ein unterschiedliches Ergebnis, je nachdem, ob ein Magnetfeld vorhanden ist oder nicht. Bezeichnet L die Driftstrecke, v_D die Driftgeschwindigkeit, u die mittlere Geschwindigkeit der Elektronen und λ die mittlere freie Weglänge, so wird für $B = 0$ aus der Beziehung $\sigma = \sqrt{2Dt}$ (Kap. 1.3.2) mit $t = L/v_D$ und

$D = u\lambda/3$:

$$\sigma = \sqrt{\frac{2L}{3v_D}}\ \sqrt{u\lambda}\,. \tag{1.97}$$

Die transversale Diffusion kann also minimalisiert werden, indem man ein Gas mit möglichst kleiner mittlerer freier Weglänge wählt, etwa CO_2. Die Abbildung 1.13 zeigt für $L = 15\,\text{cm}$ in Argon-Methan- und Argon-Kohlendioxid-Gemischen in Varianz σ der transversalen Diffusion als Funktion des elektrischen Feldes.

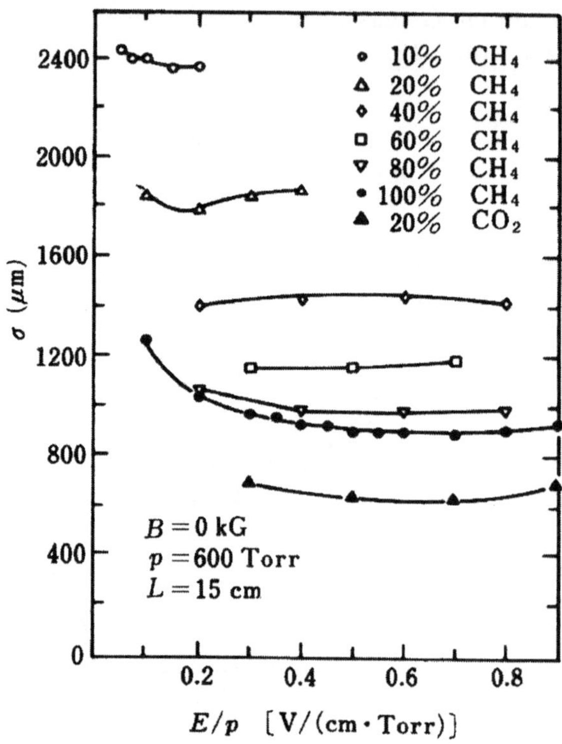

Abb. 1.13. Standardabweichung der transversalen Aufweitung einer ursprünglich punktförmigen Elektronenwolke bei 15 cm Driftlänge in Richtung eines elektrischen Feldes E in Argon-Methan-Gemischen [PE 76]

Wird jedoch zusätzlich ein magnetisches Feld B angelegt, so reduziert sich der Diffusionskoeffizient transversal zu dessen Richtung um $1/(1+\omega^2\tau^2)$. Eine einfache Aussage ist dann nur möglich, wenn B parallel zu E liegt. Dann ist wegen $\tau = \lambda/u$

$$\sigma(B) = \sqrt{\frac{2L}{3v_D}}\sqrt{\frac{u\lambda}{1+\omega^2\lambda^2/u^2}}\,. \tag{1.98}$$

Für $\omega\tau >> 1$, d.h. für hohe Magnetfeldstärke ist dann $\sigma(B)$ am kleinsten für maximale freie Weglänge λ. Entsprechende Messwerte für $\sigma(B)$ mit einem magnetischen Feld von 20.4 kG parallel zum elektrischen Feld sind in Abb. 1.14 gezeigt.

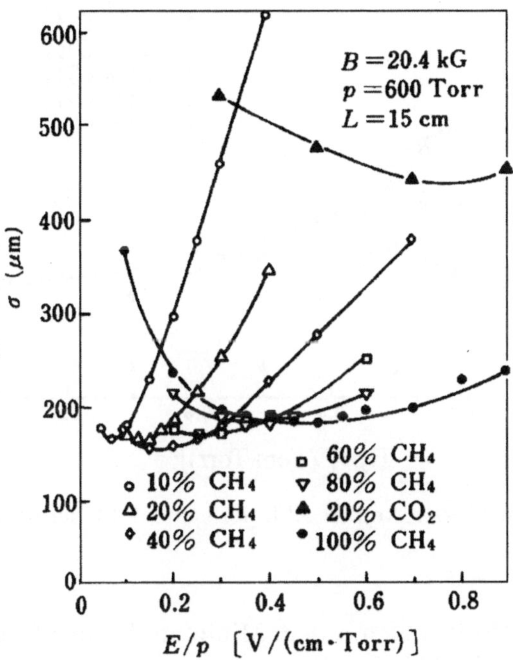

Abb. 1.14. Wie Abb. 1.13, aber mit magnetischem Feld $\boldsymbol{B}$ parallel zum elektrischen Feld $\boldsymbol{E}$; $B = 20.4\,\mathrm{kG}$ [PE 76]

Während für das Argon-Kohlendioxid-Gemisch die Reduzierung der Diffusionsverbreiterung maximal 35% beträgt, werden bei Argon-Methan-Gemisch Reduzierungen um eine Größenordnung beobachtet. Da für $wt >> 1$ das Verhältnis $\sigma/\sigma(B) = \omega\tau$ ist, kann aus den beiden Messungen $\omega\tau$ berechnet werden, wie es in Abb. 1.15 gezeigt ist. Die mittlere Zeit τ zwischen zwei Stößen liegt also für diese Gase im Bereich von 10^{-12} bis 4×10^{-11} s. Das Maximum von $\omega\tau$ entspricht einem Minimum im Stoßquerschnitt, das auf dem Ramsauereffekt beruht (s. Kap.1.3.4).

Die "charakteristische" Energie der Elektronen

$$\epsilon_K = \frac{De}{\mu} , \qquad (1.99)$$

lässt sich aus dem Wert des elektrischen Feldes E_0 an diesem Maximum berechnen

$$\frac{\sigma^2}{2L} = \frac{D}{v_D} = \frac{\epsilon_K \, \mu}{e v_D} = \frac{\epsilon_K}{e E_0} . \qquad (1.100)$$

Für $E_0 = 0.1\,\mathrm{V/(cm\,Torr)}$ ergibt sich aus den Messwerten für Argon mit

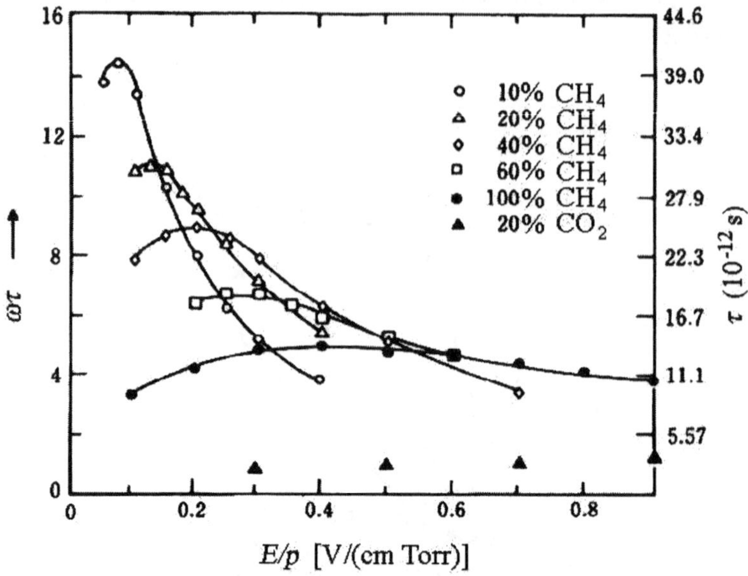

Abb. 1.15. Aus den Messwerten in Abb. 1.13 und 1.14 berechnete Werte für $\omega\tau$ (s. Text)

10% CH_4 : $\epsilon_K = 0.15\,\mathrm{eV}$, was mit dem Minimum für den Stoßquerschnitt der Elektronen in Argon in Abb. 1.6 übereinstimmt.

1.4 Kenngrößen für Detektoren

Ein Teilchen wird in einem Messinstrument im allgemeinen durch die beim Durchdringen des Detektormaterials durch einen der in Kap. 1.2 beschriebenen Prozesse freigesetzte Ladung Q oder durch Lichtquanten nachgewiesen. Diese Ladung entsteht ungefähr zum Zeitpunkt $t = 0$ des Teilchendurchgangs. Die freigesetzten geladenen Teilchen werden mittels elektrischer und manchmal auch magnetischer Felder auf eine Elektrode fokussiert und dort gesammelt. Die Sammelzeit t_c variiert zwischen wenigen Nanosekunden in Halbleiterdetektoren oder Photomultipliern und einigen Millisekunden in Ionisationskammern. Der Detektor erzeugt so einen Strom, der zwischen der Zeit $t = 0$ und $t = t_c$ fließt, und das zeitliche Integral über diesem Strom ist Q.

Wenn die Information über den genauen Zeitpunkt des Teilchendurchgangs für das Experiment irrelevant ist, so genügt es, den mittleren Strom zu messen, den der Detektor liefert. Dies kann als Messung der Anzahl von Teilchendurchgängen pro Zeiteinheit oder der *Zählrate* dienen, wenn die von jedem einzelnen Teilchen freigesetzte Ladung gleich groß ist. Diese Betriebsart von Ionisationskammern findet in der Dosimetrie Anwendung.

In den meisten Fällen ist es jedoch nötig, einzelne Teilchendurchgänge getrennt zu zählen. In dieser Betriebsart ("Impulsbetrieb") wird der Ausgangsstrom des Detektors durch einen hinreichend schnellen Verstärker in ein Spannungssignal transformiert. Die Zeitstruktur dieses Signals wird durch die Eingangsimpedanz dieses Verstärkers bestimmt, die durch einen Eingangswiderstand R_i parallel zu einer Eingangskapazität C_i dargestellt werden kann. Ist die Zeitkonstante $\tau = R_i C_i$ klein verglichen mit der Sammelzeit t_c des Detektors, so folgt das verstärkte Signal dem zeitlichen Verlauf des Detektorausgangs.

Ist jedoch $R_i C_i >> t_c$, so steigt die Spannung U an der Eingangskapazität C_i solange an, bis die ganze Ladung Q gesammelt ist, und zu diesem Zeitpunkt $t = t_c$ wird das Maximum $U_{max} = Q/C_i$ erreicht. In diesem Fall ist die Anstiegszeit des Spannungsimpulses durch die Ladungssammelzeit des Detektors bestimmt.

Für manche Detektoren, (z.B. Halbleiterzähler) kann die Kapazität C_i nicht konstant und reproduzierbar gehalten werden. In diesem Fall wird ein *ladungsempfindlicher* Verstärker verwendet, dessen Ausgangsimpuls nicht von C_i abhängt. Dies ist ein invertierender Verstärker mit Rückkopplungsschleife durch eine Kapazität C_f. Der Verstärkungsfaktor A ist groß gegen das Verhältnis $(C_f + C_i)/C_f$. Dann ergibt sich eine Ausgangsspannung des Verstärkers, die proportional zur Ladung am Eingang ist

$$V_{\text{out}} = -A \frac{Q}{c_f(A+1) + C_i} \sim -\frac{Q}{C_f} \,. \tag{1.101}$$

Dieses Signal ist dann unabhängig von der Eingangskapazität C_i.

Für jedes nachgewiesene Teilchen liefern der Detektor und die nachgeschaltete Elektronik auf diese Weise einen zur freigesetzten Ladung proportionalen Spannungsimpuls. Diese Information kann für jedes Einzelereignis aus der analogen in eine digitale Form gebracht werden. Solche Analog-Digital-Converter (ADC) erzeugen aus einem Spannungsimpuls eine entweder zum Maximalwert der Spannung ("peak-sensitive") oder zum zeitlichen Integral des Impulses proportionale digitalisierte Zahl, die Impulshöhe P. Die differentielle Verteilung der bei einem Experiment anfallenden Impulshöhen, $\mathrm{d}N/\mathrm{d}P$, d.h. die Anzahl der Impulse pro Intervall von P, wird das *Impulshöhenspektrum* genannt.

Eine wichtige Kenngröße jedes Detektors ist die *Auflösung* bei der Messung einer Größe Z. Ist z das Ausgangssignal des Detektors, dann ist die Auflösung definiert als die Standardabweichung σ_z oder die Halbwertsbreite Δz der Verteilung $D(z)$ in der gemessenen Größe z für eine monochromatische Eingangsverteilung $\delta(Z - \langle Z \rangle)$. Der Mittelwert der gemessenen Größe ist $\langle z \rangle = \int z D(z) dz$, die Varianz $\sigma_z^2 = \int (z - \langle z \rangle)^2 dz$ und die Standardabweichung $\sigma_z = \sqrt{\sigma_z^2}$ die Wurzel der Varianz. Als Beispiel betrachten wir das differentielle Impulshöhenspektrum in Abb. 1.16. Hier ist ein α-aktives Nuklid ^{241}Am homogen in einem organischen Plastikszintillator verteilt. Es sendet mono-energetische $\alpha-$Strahlung aus. Das Szintillatorlicht wird von einem Photomultiplier registriert, und die Impulshöhe der Ausgangsimpulse wird in einem Analog-Digital-Konverter so umgewandelt, dass die Nummer der digitalen Kanäle (Abszisse in Abb. 1.16) proportional zur ursprünglichen Lichtmenge ist. An diesem Beispiel ist die Bedeutung von Δz als die volle Breite der Verteilung auf halber Höhe der Spitze (Halbwertsbreite HWB) und diejenige von $\delta z = \Delta z/2.36$ ablesbar.

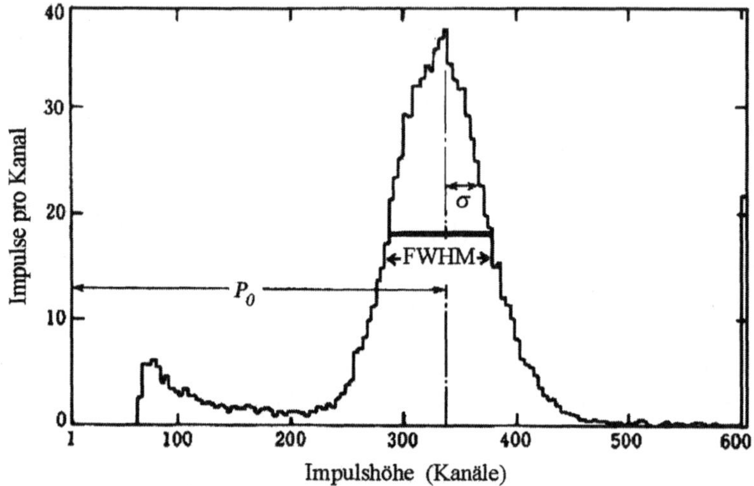

Abb. 1.16. Impulshöhenverteilung für Szintillationslicht aus einem mit einem α-Präparat (^{241}Am) homogen durchsetzten Plastikszintillator; P_0: mittlere Impulshöhe; FWHM: Halbwertsbreite; σ = FWHM/2.36: Standardabweichung. Die relative Energieauflösung ist $\sigma/P_0 \simeq 12\%$

Die Relation $\sigma_z = \Delta z/2.36$ gilt dann, wenn $D(z)$ eine Gaußverteilung ist. Falls $D(z)$ eine Rechteckverteilung mit voller Breite Δz ist, so gilt $\sigma_z = \Delta z/\sqrt{12}$.

Die Werte Δz und σ_z sind *absolute* Größen, die in Einheiten von z und, falls die Beziehung zwischen z und Z bekannt ist, auch in Einheiten von Z zu messen sind. Als *relative* Auflösung ist dann das dimensionslose Verhältnis $\sigma_z/\langle z\rangle$ aus Standardabweichung und Mittelwert der Messgröße definiert.

Wenn die einzige Ursache von Fluktuationen in der Größe des Signals die statistische Fluktuation der Anzahl N von primären Ladungsträgern ist und wenn deren Erzeugung der Poisson-Statistik gehorcht, so erwartet man für $N \geq 20$ eine Gauß-Verteilung für die Auflösungsfunktion, und eine relative Auflösung, die der Standardabweichung für eine Gauß-Verteilung entspricht:

$$\frac{\sigma_z}{\langle z \rangle} = \frac{\sqrt{N}}{N} = \frac{1}{\sqrt{N}} . \tag{1.102}$$

Dieser Wert sollte unter den obigen Voraussetzungen eine Untergrenze für die relative Auflösung sein. Stattdessen wurde für verschiedene Detektortypen experimentell eine Auflösung gemessen, die bis zu vier mal kleinere Werte annimmt. Diese Beobachtung zeigt an, dass die Annahme über statistisch unabhängige Prozesse bei der Ionisation korrigiert werden muss. Das Phänomen wird mit Fano-Effekt bezeichnet, und man führt den Fano-Faktor F ein:

$$F = \frac{\text{beobachtete Auflösung}}{\text{erwartete Auflösung aus Poisson-Statistik}} . \tag{1.103}$$

Dieser Fano-Faktor liegt zwischen 0.06 für Halbleiterzähler und 1 für Szintillationszähler. Für Edelgase wie Neon oder Argon bei Normalbedingungen ist $F \sim 0.17$.

Die Beziehung zwischen dem gemessenen Mittelwert $\langle z \rangle$ und dem wirklichen Wert Z der Meßgröße für die einfallenden Teilchen muss durch eine Eichung (Kalibration) des Detektors mit monochromatischen Teilchenstrahlen festgestellt werden. Ist die Beziehung von der Art

$$\langle z \rangle = cZ , \tag{1.104}$$

mit einer Konstanten c, so nennt man die Funktionsweise des Detektors linear. Variiert c mit dem Wert von Z, so ist der Detektor nichtlinear, die relative Variation von c mit Z, $(\mathrm{d}c/\mathrm{d}Z)\, Z/c$, nennt man Nichtlinearität.

Eine weitere wichtige Eigenschaft eines Detektors ist die *Nachweiswahrscheinlichkeit* ϵ, d.h. die Wahrscheinlichkeit, von einem in einer Reaktion erzeugten Teilchen ein Detektorsignal zu registrieren. Diese absolute Nachweiswahrscheinlichkeit setzt sich aus zwei Faktoren zusammen: dem Raumwinkel Ω, den die empfindliche Detektoroberfläche relativ zum Reaktionsort bedeckt, und der internen Nachweiswahrscheinlichkeit ϵ_i, mit der ein auf den Detektor auftreffendes Teilchen registriert wird:

$$\epsilon = \Omega\, \epsilon_i . \tag{1.105}$$

Der *Raumwinkel* kann aus der geometrischen Anordnung des Experiments berechnet werden. Für eine punktförmige Quelle ist er gegeben durch

$$\Omega = \int_D (-d \cos\theta) \mathrm{d}\varphi . \tag{1.106}$$

Ist z.B. die empfindliche Detektoroberfläche ein Kreis mit Radius r im Abstand R von der Quelle, der normal zu der Verbindungslinie Quelle-Detektor steht, so ist

$$\Omega = 2\pi(1 - \cos\alpha) = 2\pi \left(1 - \frac{R}{\sqrt{r^2 + R^2}}\right) , \tag{1.107}$$

mit $\sin\alpha = r/\sqrt{r^2 + R^2}$, und für $r << R$ erhält man

$$\Omega = \frac{r^2}{R^2} \ . \tag{1.108}$$

Die *interne* Nachweiswahrscheinlichkeit ϵ_i ist definiert als die Anzahl der registrierten Signale dividiert durch die Anzahl der auf die Detektorfläche einfallenden Teilchen. Sie hängt von der Wahrscheinlichkeit einer Wechselwirkung des einfallenden Teilchens mit dem Detektormaterial, der Anzahl der so freigesetzten Ladungen, der Sammelwahrscheinlichkeit für diese Ladungen und der elektronischen Schwelle bei der Impulsverarbeitung ab.

Die interne Nachweiswahrscheinlichkeit kann auch reduziert werden, wenn der Detektor kein neues Teilchen nachweisen kann, weil er noch mit der Verarbeitung des Impulses vom zeitlich vorhergehenden Teilchen beschäftigt ist. Dieses Phänomen tritt insbesondere bei hohen Zählraten auf und wird "*Totzeit*" genannt. Hier sind elektronisch zwei Typen von zeitlichen Abläufen denkbar und realisierbar: nicht-paralysierbare und paralysierbare Detektoren.

In einem *nicht-paralysierbaren* Detektor wird nach jedem registrierten Signal der Detektor für eine fest vorgegebene Zeit τ für neue Ereignisse blockiert. Ist die wahre Rate von Ereignissen R und die Rate der registrierten Ereignisse R', so ist der Detektor für den Anteil $R'\tau$ der Gesamtzeit blockiert oder "tot". Die Zählrate von wahren Ereignissen, die durch die Totzeit verlorengehen, ist demnach $RR'\tau$. Da dies gleich der Differenz $R - R'$ sein muss, ist die wahre Ereignisrate mit der Beziehung

$$R = \frac{R'}{1 - R'\tau} \tag{1.109}$$

aus der gemessenen Zählrate R' zu berechnen.

In manchen Fällen ist es erwünscht, einen Totzeitzyklus der Länge τ auch dann beginnen zu lassen, wenn das Ereignis während der Totzeit eines vorhergehenden Ereignisses stattfindet ("updating", paralysierbarer Detektor). Die Totzeitintervalle haben dann variable Länge. Die Zählrate R' von registrierten Ereignissen ist dann gegeben durch die Rate, mit der Zeitintervalle größer als τ in der Abfolge der wahren Ereignisse auftreten. Nach der Poisson-Statistik ist die Wahrscheinlichkeit für einen zeitlichen Abstand größer als τ bei einer mittleren Zählrate R gleich $\exp(-R\tau)$, und deshalb ist die Rate, mit der solche Intervalle auftreten, $R\exp(-R\tau)$. Daher ist

$$R' = R\exp(-R\tau) \ . \tag{1.110}$$

Diese transzendente Gleichung kann nicht nach R aufgelöst werden.

Für niedrige Zählraten, d.h. für $R << 1/\tau$, ergeben die Gleichungen (1.109) und (1.110) annähernd das gleiche Resultat

$$R' = R(1 - R\tau) \ , \tag{1.111}$$

und

$$R = R'(1 - R'\tau) \ . \tag{1.112}$$

2 Ionisationsmessung

2.1 Ionisationskammern

In diesen Kammern wird die durch den Teilchendurchgang erzeugte primäre Ionisation gemessen. Die Kammern können entweder als Impulsionisationskammern oder als Stromionisationskammern betrieben werden, wobei entweder der durch ein einzelnes Teilchen verursachte Impuls oder der durch eine konstante Intensität einfallender Teilchen erzeugte Strom gemessen wird.

Impulsionisationskammern: Die einfachste Form einer solchen Kammer ist die eines ebenen Plattenkondensators, der mit einem Zählgas, z.B. Argon gefüllt ist (Abb. 2.1). Der Wert der elektrischen Feldstärke $|\boldsymbol{E}| = E_z = U_0/d$ liegt in einem Bereich, bei dem die entlang der Spur des geladenen Teilchens bei $z = z_0$ erzeugten N positiven und N negativen Ladungen vollständig auf den Kondensatorplatten gesammelt werden, aber noch keine Sekundärionisationsprozesse auftreten. Durch die Bewegung der Ladungsträger im elektrischen Feld wird auf den beiden Kondensatorplatten eine Ladung influenziert. Diese fließt von der Anode über den Widerstand R ab und ist als Spannungsimpuls messbar. Wenn die Spur des ionisierenden Teilchens, wie in Abb. 2.1 angenommen, bei $z = z_0$ parallel zu den Platten verläuft, ergibt eine Energiebetrachtung für die Verschiebung der N Ladungen von z_0 nach z

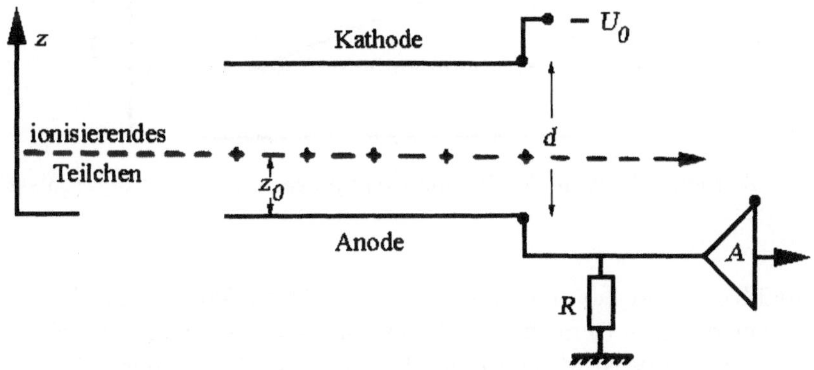

Abb. 2.1. Ebene Ionisationskammer (schematisch)

$$\frac{1}{2}CU^2 = \frac{1}{2}CU_0^2 - N\int_{z_0}^{z} qE_z \mathrm{d}z \,, \tag{2.1}$$

wobei C die Kapazität der Anode gegen Erde ist. Daraus folgt

$$CU_0 \Delta U = -\frac{Nqu_0}{d}(z - z_0) \,, \tag{2.2}$$

und

$$\Delta U = -\frac{Nq}{Cd}(z - z_0) \,. \tag{2.3}$$

Bei konstanter Driftgeschwindigkeit v_D^+ für die positiven Ionen und v_D^- für die Elektronen ergibt sich dann

$$\Delta U^+ = -\frac{Ne}{Cd} v_D^+ \Delta t^+ \,, \tag{2.4}$$

$$\Delta U^- = -\frac{N(-e)}{Cd}\left(-v_D^-\right)\Delta t^- \,. \tag{2.5}$$

Das Vorzeichen der beiden Anteile am Impuls ist dasselbe, da die Richtung der Driftgeschwindigkeiten entgegengesetzt ist. Da die Elektronen wesentlich schneller driften als die Ionen, steigt der Impuls (wenn wir zunächst $R = \infty$ annehmen) linear bis zum Wert $\Delta U = -Nez_0/(Cd)$ an, um dann langsamer um den durch die Ionen verursachten Betrag auf den Endwert $\Delta U = -Ne/C$ anzuwachsen (Abb. 2.2). Die Sammelzeit für die Elektronen beträgt für Argon

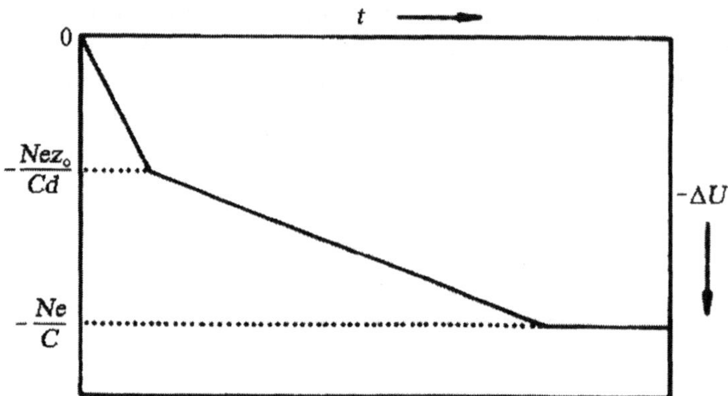

Abb. 2.2. Zeitlicher Verlauf des Spannungsimpulses $\Delta U(t)$ bei der Ionisationskammer für $R = \infty$

bei Normaldruck und bei einer Feldstärke von 500 V/cm ca. $\Delta t^- \sim 1\,\mu$s für eine Kammer mit $d \sim 5$ cm, für die Ionen dagegen bis zu 1 ms (s. Kap. 1.3). Der Spannungsimpuls ist also dann unabhängig vom Ort z_0 der Teilchenspur, wenn die Zeitkonstante RC grösser als die Driftzeit der positiven Ionen Δt^+

ist. Für die Messung von einzelnen Impulsen ist diese Zeit zu lang. Die Zeitkonstante für den Abfluss der Ladung kann dann durch Hinzuschalten eines $R'C'$–Gliedes vor dem Verstärker A in Abb. 2.1 verkleinert werden, so dass $R'C' < \Delta t^-$. Dann ist die nur von den Elektronen verursachte Impulshöhe nach (2.3) annähernd unabhängig vom Ort der Primärionisation.

Wird anstelle des homogenen elektrischen Feldes im Plattenkondensator ein *zylindrisches Feld* verwendet, so erhält man die Anordnung in Abb. 2.3.

Die elektrische Feldstärke als Funktion des radialen Abstands r von der Zylinderachse beträgt

$$E(r) = \frac{U_0}{r \ln(r_a/r_i)} \ . \tag{2.6}$$

Für Elektronen, die bei einem Abstand $r = r_0$ erzeugt worden sind, ist die Driftzeit bis zur Anode

$$\Delta t^- = \int_{r_i}^{r_0} \frac{\mathrm{d}r}{v_D^-} \ . \tag{2.7}$$

Bei Werten des Quotienten $E/p \sim 0.1$ (V/cm Torr) ist die Elektronendriftgeschwindigkeit proportional zu E, $v_D^- = \mu^- E$, so dass

$$\Delta t^- \simeq \int_{r_i}^{r_0} \frac{\mathrm{d}r}{\mu^- E} \simeq \frac{\ln(r_a/r_i)}{\mu^- U_0} \int_{r_i}^{r_0} r\mathrm{d}r = \frac{\ln(r_a/r_i)}{2\mu^- U_0}(r_0^2 - r_i^2) \ , \tag{2.8}$$

und der aus der Sammlung der Elektronen stammende Spannungsimpuls kann wieder aus der Energiegleichung (2.1) gewonnen werden

$$\Delta U^- = -\frac{Ne}{C}\frac{\ln(r_0/r_i)}{\ln(r_a/r_i)} \ . \tag{2.9}$$

Der Betrag dieses Impulses hängt also nicht mehr linear wie beim Plattenkondensator, sondern nur noch logarithmisch vom Abstand der ionisierenden Spur von der Anode ab. Der Beitrag der driftenden positiven Ionen zum Spannungsimpuls ist entsprechend

$$\Delta U^+ = -\frac{Ne}{C}\frac{\ln(r_a/r_0)}{\ln(r_a/r_i)} \ . \tag{2.10}$$

Wenn $r_a >> r_i$ ist, so dominiert bei homogener Verteilung der Primärionisation über die Kammer hier der Anteil der Elektronenkomponente, z.B. ist für $r_a/r_i = 10^3$ und $r_0 = r_a/2$ das Verhältnis $\Delta U^+/\Delta U^- = \ln 2/\ln 500 \sim 0.1$.

Stromkammern und Dosismessung: Ist der Arbeitswiderstand R in Abb. 2.1 oder Abb. 2.3 so gross, dass $RC > \Delta t^+$, so ist die Einzelmessung von Teilchen bei einer Rate von mehr als 1 kHz nicht möglich, aber das Spannungssignal ist proportional zur Primärionisation. Bei konstanter Rate R der einfallenden Teilchen erhält man dann einen mittleren Gleichstrom

$$I = -\frac{Ne}{RC} \ . \tag{2.11}$$

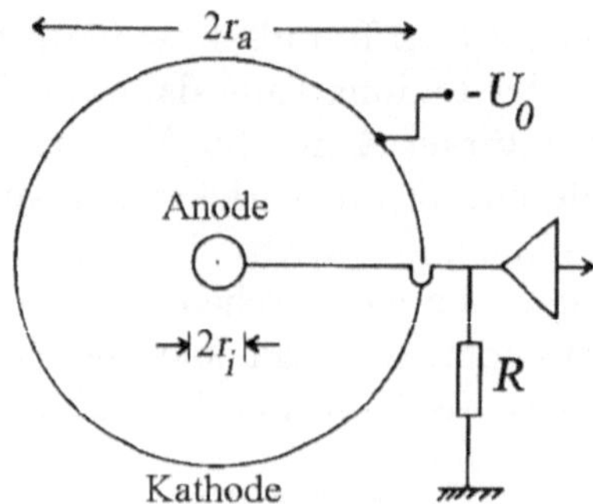

Abb. 2.3. Zylindrische Ionisationskammer (schematisch)

Hiermit lassen sich die Quellenstärken von α-Strahlern und, bei Verwendung höherer Gasdrucke, von β-Strahlern vermessen.

Zur Messung der Intensität von Röntgenstrahlung werden meist Kammern mit Luftfüllung verwendet, da die Ionendosis für Luft definiert ist (s. Kap. 1.1.2).

Die Abbildung 2.4 zeigt eine Kammer zur Dosismessung, deren Wände aus gewebeäquivalentem Kunststoff (Polystyrol mit Graphit- oder Al-Beimischung) bestehen.

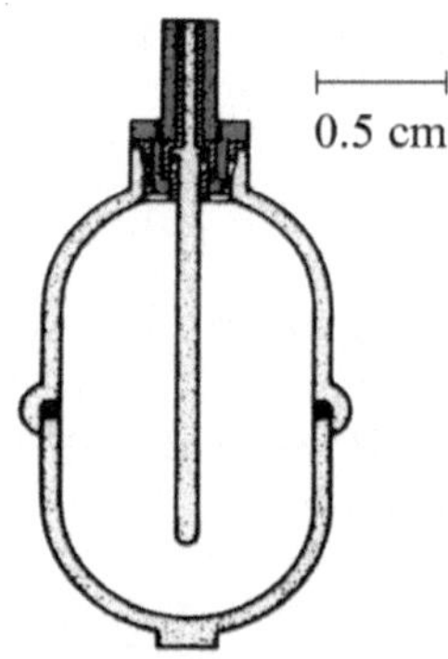

Abb. 2.4. Ionisationskammer zur Messung der Ionendosis. Material: leitender gewebeäquivalenter Kunststoff (nach [RO 56]); Der Durchmesser des zylindrischen Zählers ist ca. 10 cm

2.2 Proportionalzähler

Dieser Zähler unterscheidet sich von der Ionisationskammer dadurch, dass die im primären Ionisationsprozess erzeugten Elektronen in eine Region hoher elektrischer Feldstärke ($10^4 - 10^5$ V/cm) gelangen, so dass sie zwischen zwei

Stößen mit Gasatomen genügend kinetische Energie gewinnen, um ihrerseits Atome zu ionisieren. Ein Elektron aus dem primären Ionisationsprozess gewinnt in einem zylindrischen elektrischen Feld (s. (2.4)) zwischen zwei Stößen bei radialen Abständen r_1 und r_2 die Energie

$$\Delta T_{\text{kin}} = e \int_{r_1}^{r_2} E(r)\mathrm{d}r = eU_0 \frac{\ln(r_2/r_1)}{\ln(r_a/r_i)} \ . \tag{2.12}$$

Übersteigt ΔT_{kin} die Ionisationsenergie des Zählgases, so kommt es zur Sekundärionisation. Eine Kette solcher Prozesse führt zu einer Lawine von Elektronen und Ionen. Der insgesamt gemessene Spannungsimpuls wird gegenüber der Ionisationskammer um den Faktor A verstärkt:

$$\Delta U = -A \frac{Ne}{C} \ , \tag{2.13}$$

wobei A der Gasverstärkungsfaktor genannt wird. Der Proportionalbereich ist definiert als derjenige Bereich von elektrischer Feldstärke E und Druck p, in dem A eine Konstante ist, d.h. der gemessene Spannungsimpuls proportional zur primären Ionisation ist. Es ist möglich, im Proportionalbereich Gasverstärkungen von $10^4 - 10^6$ zu erreichen.

Die erforderliche hohe Feldstärke wird dadurch erreicht, dass die Anode im zylindrischen Zählrohr als dünner ($\Phi 20 - 100\,\mu m$) Draht ausgeführt ist. Nach (2.4) werden dann die Sekundärionisationsprozesse in unmittelbarer Nähe des Drahtes beginnen, nachdem die Elektronen aus dem Primärioniationsprozess dorthin gedriftet sind. Die Zahl der Elektron-Ion-Paare, die ein Elektron pro cm Wegstrecke bildet, wird der erste Townsend-Koeffizient α genannt. Dieser kann mit $\alpha = \sigma_i N$ aus Abb. 2.5 berechnet werden, wobei $N = 2.69 \times 10^{19}$ Atome/cm^3 die Atomdichte für Edelgase ist. Bei n_0 primären Elektronen an der Stelle $x = 0$ gilt für die Anzahl $N(x)$ der nach einer Drift Strecke x vorhandenen Elektronen

$$\mathrm{d}N(x) = N(x)\alpha \mathrm{d}x \ , \tag{2.14}$$

und daher $N(x) = n_0 \exp(\alpha x)$, wenn α unabhängig von x ist.

Im allgemeinen hängt α von der elektrischen Feldstärke ab, so daß

$$N = n_0 \exp\left(\int \alpha(x)\mathrm{d}x\right) \ , \tag{2.15}$$

die bei der Lawinenbildung entstehende Gesamtzahl von Elektronen angibt. Die Gasverstärkung ist dann $A = \exp(\int \alpha(x)\mathrm{d}x)$. Für die Größe von A ist entscheidend der Wert der freien Weglänge des Elektrons im Gas

$$\lambda = \frac{1}{\alpha} = \frac{1}{N\sigma_i} \ , \tag{2.16}$$

wobei N die Atom(Molekül)dichte und σ_i der Wirkungsquerschnitt für Ionisation ist.

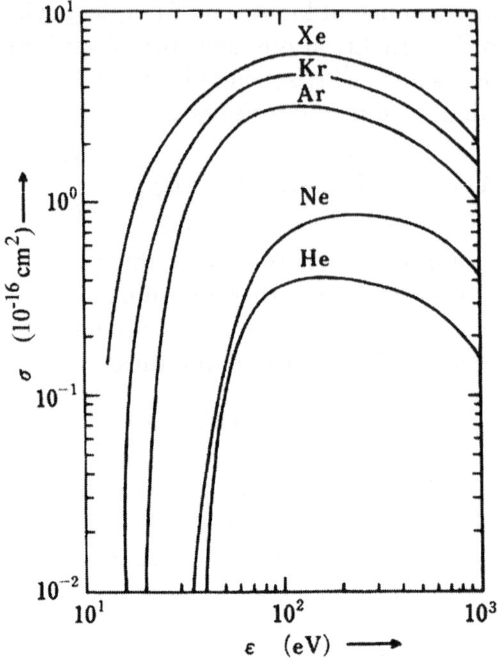

Abb. 2.5. Stoßionisationsquerschnitt σ_i als Funktion der Elektronenenergie ϵ für Edelgase [AL 69]

Unter der Annahme, dass sowohl Rekombination von Ionen wie Elektronenanlagerung an Atome vernachlässigbar sind und dass Ionisation durch UV-Photonen aus dem Zerfall von angeregten Atomen nicht stattfindet, kann die Abhängigkeit der Gasverstärkung von der angelegten Spannung U_0 näherungsweise berechnet werden. Es ergibt sich

$$A \propto \exp\left[k\sqrt{U_0}\left(\sqrt{\frac{U_0}{U_s}}-1\right)\right] , \tag{2.17}$$

wobei U_s die Schwellenspannung für den Beginn des Gasverstärkungsbereichs und k eine Konstante ist. Diese Beziehung ist für kleine Gasverstärkungen gut erfüllt, wie Abb. 2.6 zeigt.

Dieser exponentielle Anstieg der Gasverstärkung mit U_0 im Proportionalbereich findet dann ein Ende, wenn die Anzahl der durch die o.a. UV-Photonen mit Photoeffekt im Gas oder aus der Kathode ausgelösten Elektronen beträchtlich wird. Wenn bei der Lawinenbildung aus N_0 primären Elektronen außer den n_0A Elektronen noch $n_0A\gamma$ Photoelektronen gebildet werden, die ihrerseits durch Gasverstärkung auf $n_0A^2\gamma$ Elektronen anwachsen, so entstehen bei letzterem Prozeß wieder $n_0A^2\gamma^2$ Photoelektronen und $n_0A^3\gamma^2$ Elektronen durch Lawinenbildung. Die Gasverstärkung einschließlich der Energieausbreitung durch Photonen ist dann

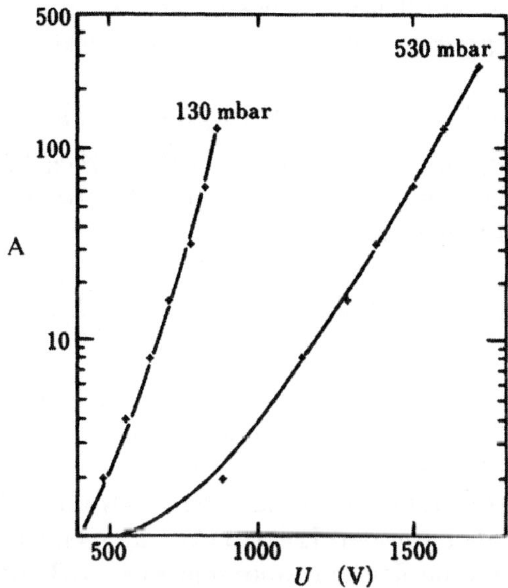

Abb. 2.6. Gasverstärkung A in einem Argon-Proportionalzähler als Funktion der angelegten Spannung U für zwei Gasdrucke [ST 53]; Messpunkte (+) und berechnete Kurve

$$A_\gamma = n_0 A \sum_{\nu \geq 0} (A\gamma)^\nu = \frac{n_0 A}{1 - A\gamma} . \tag{2.18}$$

Für $A\gamma \to 1$ ist der Auslösebereich erreicht, bei dem der Spannungsimpuls unabhängig von der Primärionisation wird. Diese Grenze zwischen Multiplikationsbereich und Durchbruch liegt etwa bei $\alpha x \sim 20$ oder $A \sim 10^8$. Für die Berechnung der Impulse im Proportionalzähler ziehen wir (2.9) und (2.10) für die zylindrische Ionisationskammer heran. Die den Impuls erzeugenden Ladungsträger sind hier nicht mehr die aus der Primärionisation stammenden Elektronen und positiven Ionen, sondern die in der Nähe des Anodendrahtes in den Lawinen gebildeten Ladungen. Der radiale Abstand der Entstehungsorte vom Draht ist auf einige (k) freie Weglängen beschränkt: $r_0 \sim r_i + k\lambda$. Deshalb ist das Verhältnis der Spannungsimpulse aus Ionenbewegung und Elektronenbewegung hier (mit $\lambda << r_i$)

$$R = \frac{\Delta U^+}{\Delta U^-} \sim \frac{\ln (r_a/r_i)}{\ln [(r_i + k\lambda)/r_i]} \sim \frac{\ln (r_a/r_i)}{k\lambda/r_i} . \tag{2.19}$$

Mit $r_a = 20\,\text{mm}$, $r_i = 0.1\,\text{mm}$ und $k\lambda = 0.02\,\text{mm}$ bei Argon unter Normaldruck wird $R = 25$, d.h. beim Proportionalzähler stammt der Spannungsimpuls auf dem Anodendraht überwiegend von den sich langsam vom Draht weg bewegenden positiven Ionen und nicht von den schnell auf den Draht zu driftenden Elektronen in der Lawine. Der Anteil der Elektronenkomponente kann erhöht werden, wenn man den Gasdruck herabsetzt, d.h. die freie Weglänge λ der Elektronen vergrößert. Die Anstiegszeit der Elektronenkomponente ist nach (2.5)

$$\Delta t^- = \ln(r_a/r_i)\,(r_0^2 - r_i^2)(2\mu^- U_0)\ . \tag{2.20}$$

Für Elektronenbeweglichkeiten von $\mu^- \sim 10^2 - 10^3\,\mathrm{cm^2V^{-1}s^{-1}}$ und $U_0 = 10^2\,\mathrm{V}$ und mit den o.a. Dimensionen liegt diese Zeit bei $10^{-8} - 10^{-9}\,\mathrm{s}$.

Für die positiven Ionen gilt

$$\Delta t^+ = \frac{\ln(r_a/r_i)}{\mu^+ U_0} \int_{r_0}^{r_a} r\mathrm{d}r \simeq \frac{\ln(r_a/r_i)(r_a^2 - r_i^2)}{2\mu^+ U_0}\ . \tag{2.21}$$

Diese Sammelzeit ist viel länger als Δt^- wegen der kleineren Beweglichkeit der Ionen von ca. $\mu^+ \sim 1\,\mathrm{cm^2V^{-1}s^{-1}}$ und wegen der längeren Driftstrecke, so dass $\Delta t^+ \sim 10\,\mathrm{ms}$ beträgt.

Durch Differenzieren mit einem geeigneten RC-Koppelglied kann man sich darauf beschränken, den von den Elektronen stammenden schnellen Impuls zu messen. Wählt man die Zeitkonstante sehr kurz, z.B. $RC \simeq 1\,\mathrm{ns}$, so kann man die zeitliche Feinstruktur des Anodenimpulses auflösen; es zeigt sich dann, daß dieser aus mehreren Einzelimpulsen besteht, von denen jeder durch eine Lawine verursacht ist. Die einzelnen Lawinen stammen von Gruppen von Elektronen aus der Primärionisation, die nacheinander in die Region hoher Feldstärke um den Anodendraht eindriften (siehe Abb. 3.3).

Die räumliche Ausbreitung der Elektronenlawine führt zu einer charakteristischen Tropfenform für die Verteilung der negativen und positiven Ladungsträger in der Nähe des Anodendrahtes, die in Abb. 2.7 sichtbar gemacht wurde.

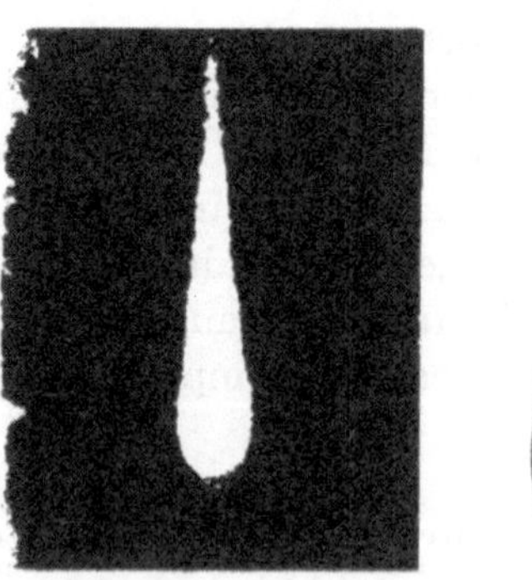

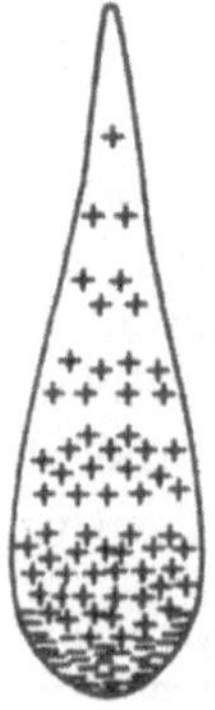

Abb. 2.7. Räumliche Ausdehnung der Ladungsverteilung in einer Lawine im Proportionalzähler; links: Nebelkammerbild, rechts: Verteilung der Ionen (+) und Elektronen (-) [LO 61]

2.3 Auslösezähler

Die räumliche Lokalisierung der Elektronenlawine im Proportionalzähler ist nicht mehr gegeben, wenn bei höheren elektrischen Feldstärken die Anzahl der bei diesem Prozess gebildeten Photonen im UV-Bereich stark ansteigt. Ist die Wahrscheinlichkeit γ, bei der Lawinenbildung aus einem primären Elektron neben A Elektronen auch γA Photoelektronen zu erzeugen, so groß, dass $\gamma A \sim 1$ wird, so ist das Ende des Proportionalbereiches erreicht. Die UV-Quanten breiten sich auch transversal zur Richtung des elektrischen Feldes aus und erzeugen Photoelektronen im ganzen Gas-Volumen und in den Wänden des Zählers. Die Entladung breitet sich über den Zähler aus, die dabei freigesetzte Ladungsmenge ist unabhängig von der Primärionisation, sie hängt nur noch von der Kapazität des Zählers C und der angelegten Spannung U_0 ab: $Q = CU_0$. Das Einsetzen des Auslösebereichs kann dann nach Abb. 2.8 daran abgelesen werden, dass die Spannungsimpulse für verschieden stark ionisierende Strahlen, z.B. α- und β-Teilchen, gleich groß werden. Die

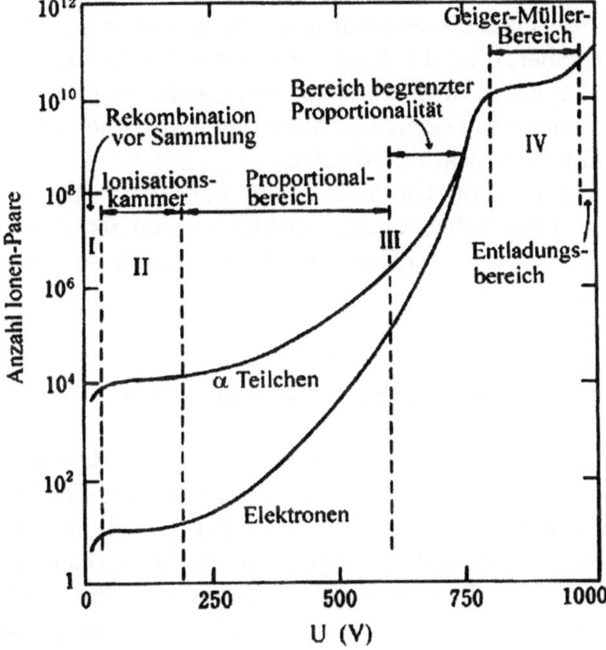

Abb. 2.8. Gasverstärkung als Funktion der angelegten Spannung U im Proportionalzähler für α-Teilchen und Elektronen [PR 58]

Gasverstärkung im Auslösebereich beträgt $A \sim 10^8 - 10^{10}$.

Geiger-Müller-Zähler: Besteht die Gasfüllung des Zählers aus Edelgasen oder zweiatomigen Gasen, so wird der Entladungsprozess zwar dadurch abgebrochen, dass die in der Umgebung des Anodendrahtes gebildete Wolke von positiven Ionen die Feldstärke am Draht so verkleinert, dass für weitere dort eintreffende Elektronen keine Lawinenbildung erfolgt. Sobald aber diese Ionen in Richtung der Kathode abgewandert sind (in etwa 1 ms) und dort Sekundärelektronen ausgelöst haben, kann die Lawinenbildung am Anodendraht durch diese Elektronen wieder einsetzen. Die Löschung der Entladung kann extern dadurch erreicht werden, dass der Arbeitswiderstand R, über den der Anodenstrom I abfließt, so groß gewählt wird, dass der Spannungsabfall IR die momentane positive Anodenspannung $U_0 - IR$ unter den unteren Grenzwert für den Auslösebereich absinken lässt.

Selbstlöschende Zähler: Die Ausbreitung der erwähnten UV-Quanten kann durch den Zusatz mehratomiger organischer Gase zum Zählgas verhindert werden. Solche Löschgase sind z.B. C_2H_5OH, CH_4, C_2H_6, Isobutan (C_3H_8), Methylal $(OCH_3)_2CH_2$. Sie können UV-Quanten im Bereich von 100–200 nm absorbieren, reduzieren also bei geeigneter Konzentration die Reichweite dieser Photonen auf die Größenordnung des Drahtdurchmessers. Die transversale Ausdehnung der Entladung erfolgt hier nur noch entlang des Anodendrahtes unter Bildung eines Schlauches aus Ionen. Die Photonen gelangen wegen ihrer kurzen Reichweite nicht bis zur Kathode, die Bildung von Photoelektronen wird verhindert. Ebenso ist die Auslösung von Sekundärelektronen durch positive Ionen in der Kathode stark reduziert, da die Ionen des Zählgases ihre Ladung auf die Ionen des Löschgases übertragen, diese jedoch nicht genügend Energie zur Sekundärionisation erhalten.

Die Entladung erlischt also von selbst, und der Arbeitswiderstand am Anodendraht kann wesentlich kleiner gewählt werden als beim Geiger-Müller-Zähler. Die Zeitkonstante der Impulsauslesung kann so bis auf ca. 10^{-6} s reduziert werden.

2.4 Ionisationsmessung in Flüssigkeiten

Flüssigkeiten haben gegenüber Gasen als Ionisationsdetektoren gewichtige Vorteile. Wegen der 10^3 mal höheren Dichte ist die pro Schichtdicke des Detektors absorbierte Energie um denselben Faktor erhöht, ebenso die Zahl der durch Ionisationsprozesse erzeugten freien Elektronen. Die zur Erzeugung eines Elektron-Ion-Paares benötigte Energie beträgt in flüssigem Argon (LAr) : $W_i(\text{LAr}) = 24\,\text{eV}$, in flüssigem Krypton $W_i(\text{LKr}) = 20.5\,\text{eV}$ und in flüssigem Xenon $W_i(\text{LXe}) = 16\,\text{eV}$. Die Energieauflösung eines solchen Detektors sollte also bei 1 MeV absorbierter Energie und 5×10^4 freigesetzten Elektronen besser als 1% sein. Mit diesen Materialien ist es möglich, großvolumige und massive Detektoren mit vergleichsweise niedrigen Kosten zu bauen. Die Flüssigkeiten sind homogen, die Ladungssammlung sollte reproduzierbar sein.

Trotzdem sind Detektoren mit LAr (und neuerdings auch LKr) erst in den letzten Jahren erfolgreich in Experimenten eingesetzt worden [WI 74,

EN 74, KN 74], weil der Einfang der freien Elektronen durch Verunreinigungen (hauptsächlich O_2) erst durch Reinigungssysteme unter Kontrolle gehalten werden konnte. Die mittlere freie Weglänge für Elektronen bezüglich des Einfangs in Verunreinigungen ("Trapping") ist umgekehrt proportional zur Konzentration k der Verunreinigung (z.B. $k = N_{O_2}/N_{Ar}$), $\lambda = \alpha E/k$, wobei E das elektrische Feld und α die Einfangskonstante ist. Für das LAr/O_2 System wurde α im Bereich von $E = 0.2 - 7\,\mathrm{MVm^{-1}}$ gemessen zu $\alpha = (15 \pm 3)10^{-15}\,\mathrm{m^2V^{-1}}$ [HO 76]. Eine Reduzierung der Verunreinigungen auf $k = 0.2 - 8\,\mathrm{ppm}$, die in Experimenten erreicht wurde, ermöglicht den Betrieb von LAr-Ionisationskammern mit Elektrodenabständen von einigen mm, da die mittlere freie Weglänge gegen Einfang unter diesen experimentellen Bedingungen im mm-Bereich liegt. Messungen der Driftgeschwindigkeit von Elektronen in Flüssig-Argon und Ar/CH_4−Gemischen sind in Abb. 2.9 dargestellt. Die Beweglichkeit bei Feldstärken von $1\,\mathrm{MVm^{-1}}$ beträgt in gerei-

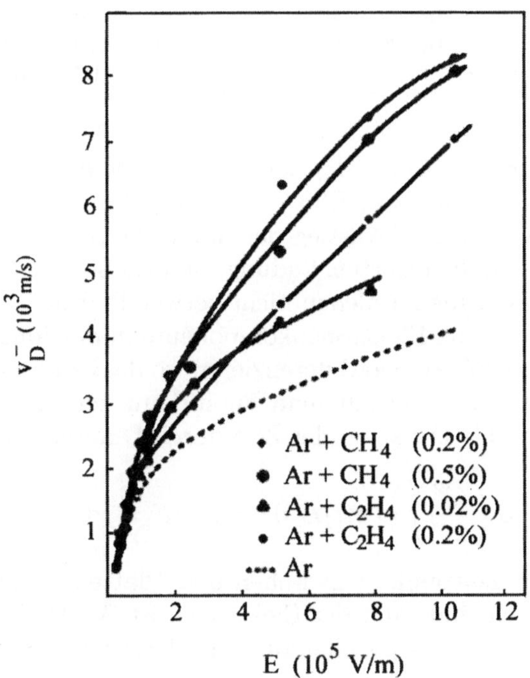

Abb. 2.9. Driftgeschwindigkeiten von Elektronen in Flüssigargon und Ar/CH_4-Gemischen [SH 75]

nigtem Argon $\mu_e = 4\times10^{-3}\,\mathrm{m^2V^{-1}s^{-1}}$. Die Driftgeschwindigkeit der Elektronen bei diesen hohen Feldstärken ist also mit $4\times10^3\,\mathrm{ms^{-1}}$ etwa gleich groß wie diejenige in Ar-Gas bei Feldstärken von 100 kVm^{-1}. Bei niedrigen Feldstärken (ca. 10^4 Vm^{-1}) liegt die Beweglichkeit in Flüssigkeiten beträchtlich höher, wie in Tabelle 2.1 angegeben.

Tabelle 2.1. *Physikalische Eigenschaften von flüssigen Edelgasen. Hier ist T_{sm} Schmelztemperatur, T_s Siedetemperatur, und μ_e Elektronenbeweglichkeit*

Flüssigkeit	LAr	LKr	LXe
Ordnungszahl	18	36	54
Massenzahl	40	84	131
T_{sm} (K)	83.6	115.8	161.2
T_s (K)	87.1	119.6	164.9
Dichte (g cm^{-3})	1.4	2.45	3.06
Strahlungslänge X_0 (cm)	13.5	4.60	2.77
Molière-Radius (cm)	10.0	6.6	5.7
W_i (eV)	23.6	20.5	15.6
μ_e (m^{2}V^{-1}s^{-1}) bei $E = 10^4$ Vm^{-1}	0.047	0.18	0.22
bei $E = 10^6$ Vm^{-1}	0.004	0.005	0.0025
Fano-Faktor F	0.107	0.057	0.041

Die Beweglichkeit der Ionen dagegen ist sehr klein. Sie beträgt für LAr bei elektrischen Feldstärken von E = 2.4 - 18.7 MVm^{-1} lediglich $\mu_I = 2.8 \times 10^{-7}$ m^{2}V^{-1}s^{-1} [WI 57]. Der Anstieg der durch die Ionenbewegung auf den Kondensatorplatten influenzierten Ladung ist also so langsam, dass er für den Nachweis von einzelnen Teilchen nicht verwendbar ist.

Betrachten wir nur die Elektronenkomponente in der Ionisationskammer, indem wir mit einem RC−Glied differenzieren, so dass $RC << t_I$ klein gegen die Ionendriftzeit t_I ist, so erhält man für die auf den Kondensatorplatten influenzierte Ladung als Funktion der Zeit durch Differenzieren des Energiesatzes

$$\mathrm{d}\left(\frac{Q^2}{2C}\right) = q(t)E_z \mathrm{d}z = q(t)E_z v_D^- \,\mathrm{d}t \ , \tag{2.22}$$

wobei $q(t)$ die zum Zeitpunkt t zwischen den Platten vorhandene Ladung und v_D^- die Driftgeschwindigkeit der Elektronen ist. Verläuft die ionisierende Spur zum Zeitpunkt $t = 0$ parallel zu den Platten bei $z = z_0$, so ist die Ladungsdichte (s. Abb. 2.1):

$$\rho(z,t) = -Ne\,\delta(z - (z_0 - v_D^-)) \ , \tag{2.23}$$

und wir haben die in Kap. 2.1 diskutierten Verhältnisse (Fall I). Bei der Verwendung von Flüssig-Argon-Zählern als Kalorimeter haben wir dagegen eine ionisierende Spur orthogonal zu den Platten. Dann gilt (Fall II):

$$\rho(z,t) = \begin{cases} -\frac{Ne}{d} \text{ für } 0 < z < d - v_D^- t \ , \\ \\ 0 \text{ für } z > d - v_D^- t \ . \end{cases} \tag{2.24}$$

Die Ladung zwischen den Platten ist in den beiden Fällen:
Fall I:

$$\begin{aligned} q(t) &= -Ne \int \delta(z - (z_0 - v_D^- t))\mathrm{d}z \\ &= \begin{cases} -Ne \text{ für } & t < t_0 = z_0/v_D^- \ , \\ \\ 0 \text{ für } & t > t_0 \ . \end{cases} \end{aligned} \tag{2.25}$$

Fall II:

$$q(t) = \begin{cases} -\frac{Ne}{d}(d - v_D^- t) \text{ für } t < t_d = d/v_D^- \ , \\ \\ 0 \text{ für } t > t_d \ . \end{cases} \tag{2.26}$$

Der Energiesatz gibt dann:

$$\frac{2Q_0 \mathrm{d}Q}{2C} = \begin{cases} E_z v_D^- (-Ne)\mathrm{d}t \ , & \text{Fall I} \quad \text{für } t < t_0 \ , \\ E_z v_D^- \left[-\frac{Ne}{d}(d - v_D^- t)\right] \mathrm{d}t \ , & \text{Fall II} \quad \text{für } t < t_d \ , \end{cases} \tag{2.27}$$

und durch Integrieren erhalten wir:

Fall I:

$$\mathrm{d}Q = -\frac{CE_z}{Q_0} v_D^- Ne \, \mathrm{d}t = -Ne \frac{\mathrm{d}t}{t_d} \ , \tag{2.28}$$

$$Q(t) - Q_0 = \begin{cases} -Ne \frac{t}{t_d} \text{ für } 0 < t < t_0 \ , \\ \\ -Ne \frac{z_0}{d} \text{ für } t > t_0 \ . \end{cases}$$

Fall II:

$$\mathrm{d}Q = -\frac{CE_z}{Q_0} v_D^- Ne(1 - \frac{v_D^-}{d} t) \, \mathrm{d}t \ , \tag{2.29}$$

$$Q(t) - Q_0 = \begin{cases} -Ne \left[\frac{t}{t_d} - \frac{1}{2}\left(\frac{t}{t_d}\right)^2\right] & \text{für } 0 < t < t_d \ , \\ \\ -\frac{Ne}{2} & \text{für } t > t_d \ . \end{cases}$$

Für Flüssig-Argon-Zähler mit einem Plattenabstand d erhalten wir also für Fall II durch Differenzieren einen Stromimpuls

$$i(t) = -Ne\frac{1}{t_d}\left(1 - \frac{t}{t_d}\right) , \quad \text{für} \quad t < t_d , \tag{2.30}$$

wobei für $d = 2\,\text{mm}$ und $v_D^- = 4 \times 10^3\,\text{ms}^{-1}$ das Zeitintervall $t_d = d/v_D^- \simeq 0.5\,\mu\text{s}$ beträgt. Solche Flüssig-Argon- und Flüssig-Krypton-Zähler werden vorwiegend als total absorbierende Kalorimeter für elektromagnetische oder hadronische Schauer verwendet (s. Kap. 6.1 und 6.2).

2.5 Halbleiterzähler

Halbleiterzähler arbeiten wie Festkörperionisationskammern. Ein geladenes Teilchen – im Falle des Photonen-Nachweises ein Photoelektron – erzeugt auf seinem Weg durch einen Kristall Elektron-Loch-Paare. Der Kristall befindet sich zwischen zwei Elektroden, die ein elektrisches Feld erzeugen. Beim Ionisationsprozess in Halbleitern erhalten die Elektronen durch Stöße des geladenen Teilchens Anregungsenergien bis zu 20 keV. Dabei werden sie aus Valenzbändern in das Leitfähigkeitsband gehoben und hinterlassen im Valenzband je ein Loch. Bei sekundären Prozessen geben die Elektronen dann ihre Energie allmählich durch Erzeugung weiterer Elektron-Loch-Paare (Exzitonen) und durch Anregung von Gitterschwingungen (Phononen) ab. Zurück bleibt entlang der Bahn des primären geladenen Teilchens ein Plasmaschlauch mit hoher Konzentration von Elektronen und Löchern ($10^{15} - 10^{17}\text{cm}^{-3}$). Gelingt es, die Elektronen auf der Anode zu sammeln, bevor sie mit Löchern kombinieren, so erhält man dort eine Ladungsmenge, mit der das primäre Teilchen nachgewiesen und die durch Ionisation freigesetzte Energie gemessen werden kann. Um ein Elektron-Loch-Paar in Silizium (Germanium) zu erzeugen, wird nur 3.6 eV (2.8 eV) Ionisationsenergie benötigt gegenüber 20 bis 40 eV in Gasen. In Szintillationszählern sind sogar 400 bis 1000 eV nötig, um über den optischen Szintillationsprozess ein Photoelektron in der Photokathode auszulösen.

Als Material für solche Festkörperzähler dienen hochreine Halbleiter-Einkristalle aus Silizium oder Germanium. Diese Halbleiter werden als Dioden in Sperrichtung betrieben, um im Kristall hohe elektrische Feldstärken zur Sammlung der Elektronen zu erzeugen. Praktische Verwendung haben drei Typen von Halbleiterdetektoren gefunden: Dioden mit p-n-Übergang, mit Oberflächensperrschicht und mit p-i-n-Struktur.

Ein p-n-Übergang in Halbleitern ist die Grenzschicht zwischen einer mit p-Störstellen (Elektronen-Akzeptoren) dotierten Zone mit Löcher-Leitung und einer mit n-Störstellen (Elektronen-Donatoren) dotieren Zone mit Elektronenleitung [SH 50, BU 60, DE 66, BE 68]. Ein unsymmetrischer p-n-Übergang besteht dann aus schwach p-dotiertem Material, das von einer

Oberfläche her mit einer dünnen, aber stark dotierten n-Schicht versehen wurde. An der Grenzfläche zwischen den verschiedenen Dotierungen bildet sich eine Ladungs-Doppelschicht aus. Durch die sich daraus ergebende Potentialdifferenz entsteht ein Ladungsträgerstrom, der zu einer Verarmung der Grenzschicht an freien Ladungsträgern führt ("Verarmungszone", "Sperrschicht"). Diese n-p-Schicht verhält sich wie eine Diode. Im Bändermodell des Halbleiters entsteht die Potentialdifferenz und die Verformung des Valenz- und Leitfähigkeitsbandes dadurch, dass im n-dotierten Halbleiter das Fermi-Niveau höher liegt als beim p-dotierten. Da das Fermi-Niveau in der zusammengefügten p- und n-Schicht gleich sein muss, verschieben sich die Bänder (Abb. 2.10). Legt man eine äußere Spannung in Sperrichtung an, d.h. negative Spannung an die p-Schicht, so vergrößert sich die Tiefe der Verarmungszone (s. Abb. 2.10). Da die an die Sperrschicht angrenzenden Zonen des Kristalls

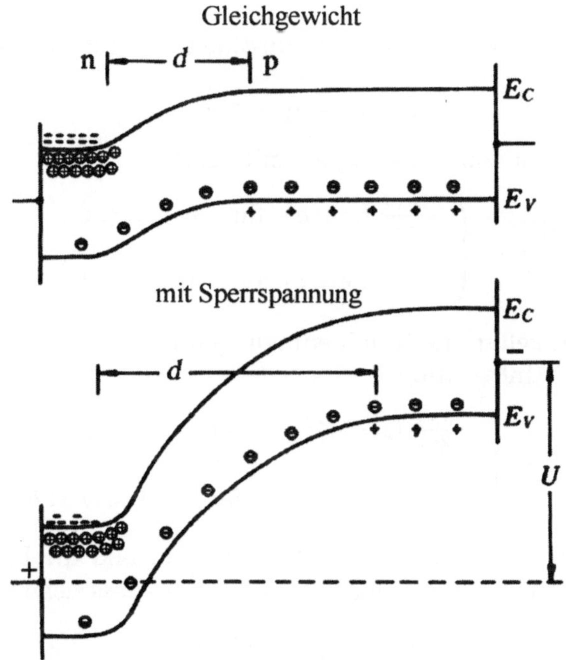

Abb. 2.10. Bandstruktur eines unsymmetrischen p-n-Übergangs; d, Dicke der Verarmungszone; E_c, untere Grenze des Leitungsbandes; E_v, obere Grenze des Valenzbandes; U, Sperrspannung [BR 61]

höhere Leitfähigkeit als diese haben, fällt der größte Teil der angelegten Spannung über der Sperrschicht ab. Die Feldstärke ist also dort am größten und reicht aus, um den überwiegenden Teil der freien Elektronen aus der Sperrschicht abzusaugen, bevor diese rekombinieren können.

In einem vereinfachten eindimensionalen Modell kann die Dicke der Sperrschicht berechnet werden. Die Poisson-Gleichung für das Potential $U(x)$ bei einer Ladungsdichte $\rho(x)$ lautet:

$$\frac{\mathrm{d}^2U(x)}{\mathrm{d}x^2} = -\frac{\rho(x)}{\epsilon_0\epsilon} , \tag{2.31}$$

und mit $E_x = -\mathrm{d}U/\mathrm{d}x$

$$\frac{\mathrm{d}E_x(x)}{\mathrm{d}x} = \frac{\rho(x)}{\epsilon_0\epsilon} . \tag{2.32}$$

Seien N_D und N_A die Dichten der Donor- bzw. Akzeptor-Verunreinigungen, und die asymmetrische Doppelschicht der Dotierung ergibt die Ladungsverteilung

$$\rho(x) = \begin{cases} eN_D & \text{für } -a < x \leq 0 \\ -eN_A & \text{für } \quad 0 < x \leq b \end{cases} \tag{2.33}$$

mit $N_D >> N_A$ und $a < b$. Die Randbedingungen für das elektrische Feld sind

$$E_x(-a) = 0 = E_x(b) . \tag{2.34}$$

Die erste Integration von (2.31) ergibt mit (2.34):

$$\frac{\mathrm{d}U}{\mathrm{d}x} = \begin{cases} -\frac{eN_D}{\epsilon_0\epsilon}(x+a) & \text{für } -a < x \leq 0 , \\ \\ \frac{eN_A}{\epsilon_0\epsilon}(x+b) & \text{für } \quad 0 < x \leq b . \end{cases} \tag{2.35}$$

Für das Potential gelten die Randbedingungen $U(-a) = 0$ und $U(b) = -U_0$. Dann liefert die 2. Integration

$$U(x) = \begin{cases} -\frac{eN_D}{2\epsilon_0\epsilon}(x+a)^2 & \text{für } \quad -a < x \leq 0 , \\ \\ \frac{eN_A}{2\epsilon_0\epsilon}(x-b)^2 - U_0 & \text{für } \quad 0 < x \leq b . \end{cases} \tag{2.36}$$

Die Lösung für $U(x)$ muss bei $x = 0$ stetig sein, und die Ladungen in der Doppelschicht kompensieren sich ($N_D a = N_A b$), so dass sich mit (2.36) ergibt:

$$b(a+b) = \frac{2\epsilon_0\epsilon U_0}{eN_A} . \tag{2.37}$$

Wegen $N_D >> N_A$ ist die Schichtdicke b der p-Dotierung viel größer als a, und deshalb $d = a + b \simeq b$, sodass

$$d = \sqrt{\frac{2\epsilon_0\epsilon U_0}{eN_A}} . \tag{2.38}$$

Da die Konzentration von Störstellen umgekehrt proportional zum spezifischen Widerstand ρ_p des Basismaterials (pSi), multipliziert mit der Beweglichkeit μ der Ladungsträger, ist, d.h. $1/(eN_A) = \rho_p\mu$, lautet eine andere Form der Beziehung (2.38):

$$d \simeq \sqrt{2\epsilon_0 \epsilon U_0 \rho_p \mu} \ . \tag{2.39}$$

Die höchste Feldstärke ergibt sich bei $x = 0$; aus (2.36) und (2.38) folgt

$$E_x(0) = \sqrt{\frac{2eN_A U_0}{\epsilon_0 \epsilon}} = \frac{2U_0}{d} \ . \tag{2.40}$$

Für $d = 100\,\text{mm}$ und $U_0 = 200\,\text{V}$ ist $E_x(0) = 4 \times 10^6\,\text{Vm}^{-1}$; dies genügt, um einen großen Teil der durch Ionisation im Silizium freigesetzten Elektronen und Löcher zu trennen und die Elektronen zur Anode zu ziehen. Die Sammelzeiten t_c können abgeschätzt werden: für eine Zählerdicke s von 1 mm, ein *mittleres* Feld von $2 \times 10^5\,\text{Vm}^{-1}$ und eine Elektronenbeweglichkeit von $\mu = 2 \times 10^4\,\text{cm}^2\text{V}^{-1}\text{s}^{-1}$ ergibt sich

$$t_c = \frac{s}{\mu E} \sim 2\,\text{ns} \ . \tag{2.41}$$

Eine Sperrschicht kann auch durch einen Metall-Halbleiter-Kontakt erzeugt werden. Gebräuchlich sind Zähler, bei denen auf einen n-dotierten Silizium-Einkristall eine Goldschicht aufgedampft wird. Zählerflächen bis zu $10\,\text{cm}^2$ bei einer Sperrschichtdicke von $50\,\mu\text{m}$ oder Flächen von $1\,\text{cm}^2$ mit einer Dicke bis zu 2 mm sind herstellbar. Setzt man in (2.39) Zahlenwerte für die Konstanten ein, so hängt für die beiden erwähnten Zählertypen die Dicke der Sperrschicht in folgender Weise von der angelegten Sperrspannung U und dem spezifischen Widerstand ρ eines Silizium-Kristalls ab:

$$d = 0.309\sqrt{U\rho_p} \ , \qquad \text{für p} - \text{dotiertes Si} \tag{2.42}$$

$$= 0.505\sqrt{U\rho_n} \ , \qquad \text{für n} - \text{dotiertes Si} \tag{2.43}$$

mit d in μm, U in V, ρ in Ω cm. Die Gleichungen können als leicht ablesbares Diagramm dargestellt werden, wie Abb. 2.11 [BL 60] zeigt.

Besonders dicke Verarmungszonen können dadurch gewonnen werden, dass man zwischen einer n- und einer p-dotierten Zone im Halbleiterkristall eine Schicht erzeugt, in der die Störstellen vollständig durch Eindriften von Ionen der entgegengesetzten Elektronenaffinität kompensiert werden. Als Ausgangsmaterial verwendet man z.B. mit Bor dotiertes p-Silizium mit spezifischem Widerstand von 10^2 bis $10^3\,\Omega$cm. Dann werden Lithiumionen (Donatoren) von einer Oberfläche des Kristalls her eindiffundiert. An dieser Oberfläche bildet sich dadurch eine n-Schicht, und in einem Zwischengebiet kann der Diffusionsprozeß so gesteuert werden, dass die Anzahl der Li-Ionen gerade gleich derjenigen der B-Ionen wird, wodurch der spezifische Widerstand in dieser Verarmungszone auf $3 \times 10^5\,\Omega$cm ansteigt. Dies ist der Wert des spezifischen Widerstandes für Eigenleitung des Silizium ohne Störstellen, weshalb die Schicht i-Schicht ("intrinsic conductivity", Eigenleitung) genannt wird. Bei einer angelegten äußeren Sperrspannung wird diese gesamte Verarmungszone zur Sperrschicht. Auf diese Weise sind Sperrschichten mit bis zu 5 mm Dicke herstellbar.

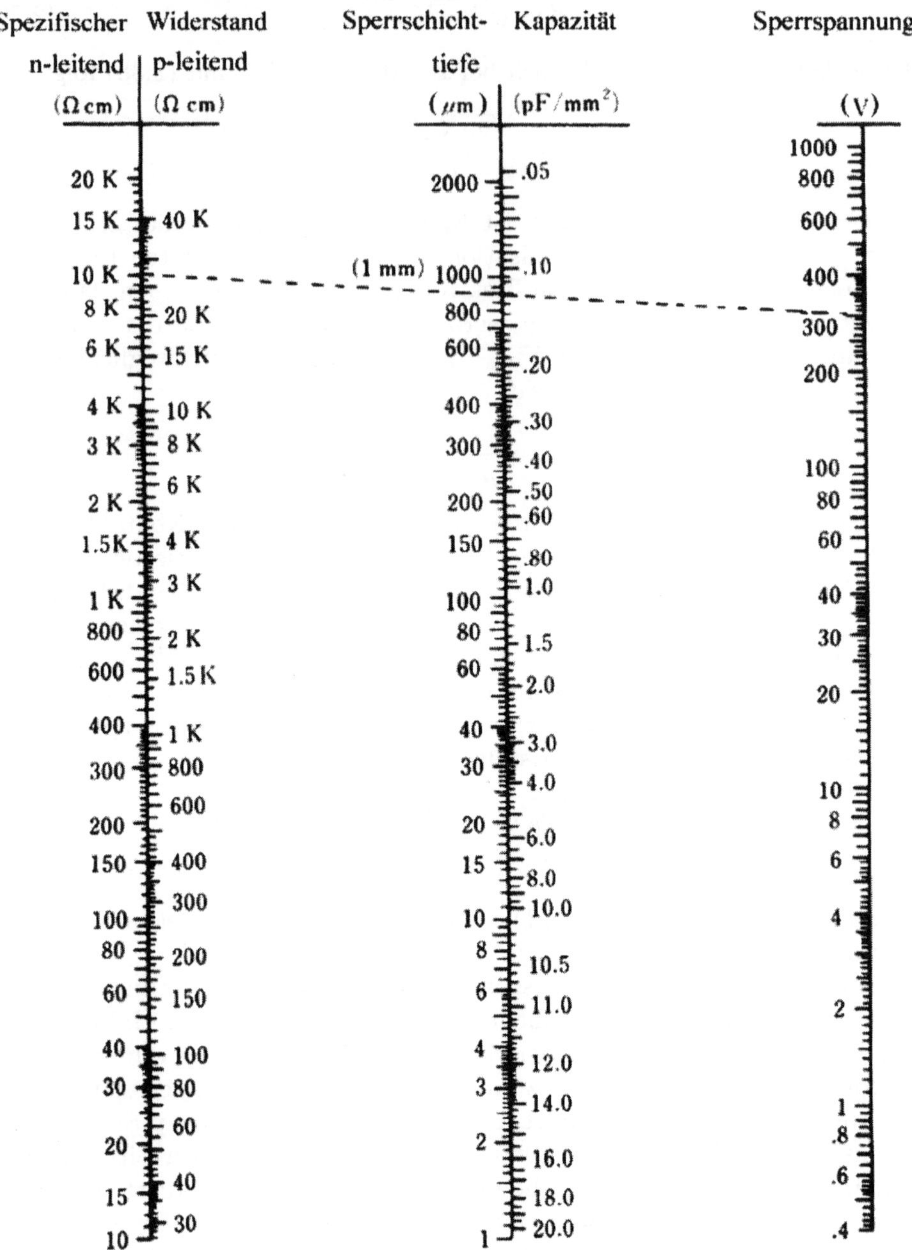

Abb. 2.11. Diagramm zur Berechnung der Dicke der Sperrschicht in einem Si-Halbleiterzähler als Funktion der Sperrspannung und des spezifischen Widerstands [BL 60]

Betrachten wir das Reichweitendiagramm Abb. 2.12, so ergibt sich, daß mit solchen Zählern α-Teilchen mit Energien bis zu 200 MeV und Elektronen mit Energien bis zu 2 MeV in der Sperrschicht absorbiert werden können, d.h. dass die gesammelte Ladung in diesem Energiebereich zur Energie E_0 des einfallenden Teilchens proportional ist.

In diesem Bereich ist die Energieauflösung der Halbleiterzähler besser als die anderer Detektoren. Die Anzahl n der freigesetzten Elektron-Loch-Paare ist $n = E_0/W_i$ mit $W_i = 3.6\,\text{eV}$ (2.8 eV) für Si(Ge). Die statistische Schwankung dieser Zahl ist $\sqrt{n}$. Diese wird hier sogar noch durch den sog. Fano-Effekt reduziert, so dass $\sigma_n = \sqrt{nF}$ mit dem Fano-Faktor $F \simeq 0.09$ bis 0.14 in Si und $F \simeq 0.06$ bis 0.12 in Ge bei einer Temperatur von 77 K. Die relative Energieauflösung ist dann

$$\frac{\sigma(E)}{E_0} = \sqrt{\frac{FW_i}{E_0}} \,. \qquad (2.44)$$

Für einen Germanium-Zähler erwartet man also als bestmögliche Energieauflösung für ein Photon der Energie $E_0 = 8\,\text{MeV}$, $\sigma(E)/E_0 = 1.5 \times 10^{-4}$ und für ein Photon mit $E_0 = 122\,\text{keV}$, $\sigma(E)/E_0 = 1.2 \times 10^{-3}$. Tatsächlich sind bei diesen beiden Energien Auflösungen von 5.4×10^{-4} bzw. 7.1×10^{-3} gemessen worden, also Werte, die an die prinzipiell erreichbaren nicht ganz herankommen.

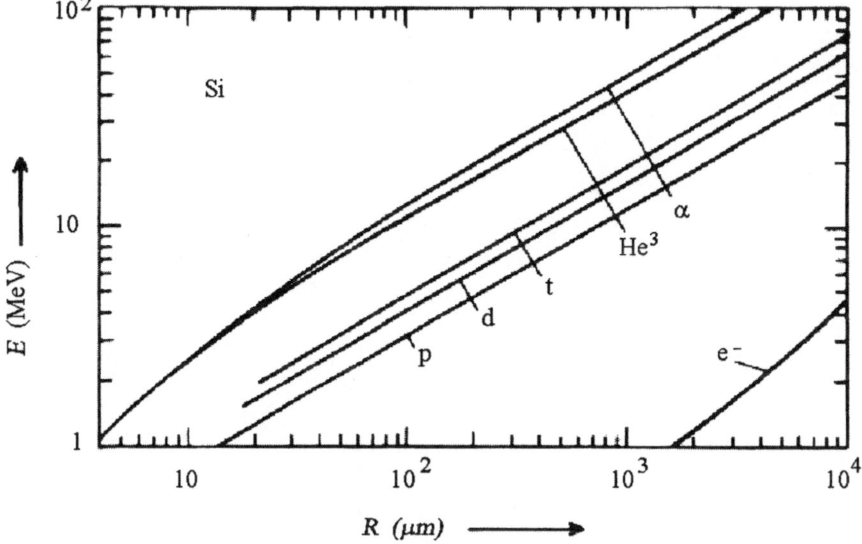

Abb. 2.12. Reichweite R verschiedener Teilchen in Silizium als Funktion ihrer kinetischen Energie E [RI 54]

3 Ortsmessung

3.1 Vieldraht-Proportionalkammer

Bei der Proportionalkammer wird das Prinzip des Proportionalzählrohrs (Kap. 2.2) auf großflächige Detektoren übertragen. Die Feldkonfiguration in einer Proportionalkammer zeigt Abb. 3.1.

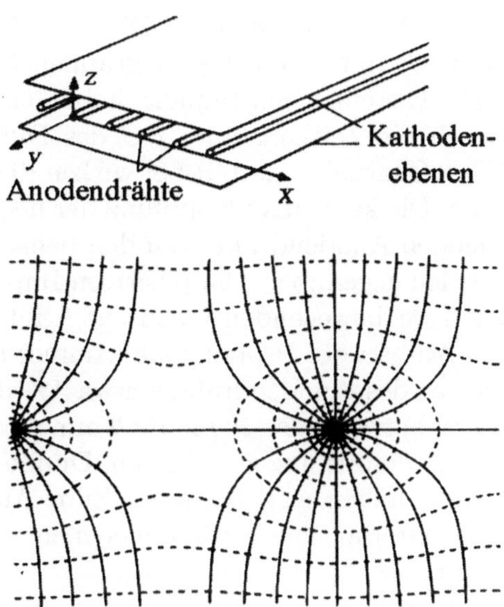

Abb. 3.1. Vieldraht-Proportionalkammer; oben: schematischer Aufbau; unten: Äquipotentiallinien (gestrichelt) und elektrische Feldlinien in der Umgebung zweier Anodendrähte in der Ebene senkrecht zur Drahtrichtung [ER 72]

Der Hauptbeitrag zum Ladungsimpuls auf einem lawinenbildenden Anodendraht L kommt wie beim Zählrohr (s. (2.19)) von den Ionen in der Lawine. Dieser Ladungsimpuls auf L besteht aus mehreren, von verschiedenen Lawinen erzeugten Einzelimpulsen. Die Lawinen werden jeweils von einigen Elektronen der Primärionisation ausgelöst, die nacheinander in das Gebiet hoher Feldstärke um L driften. Der zeitliche Ablauf bei der Lawinenbildung

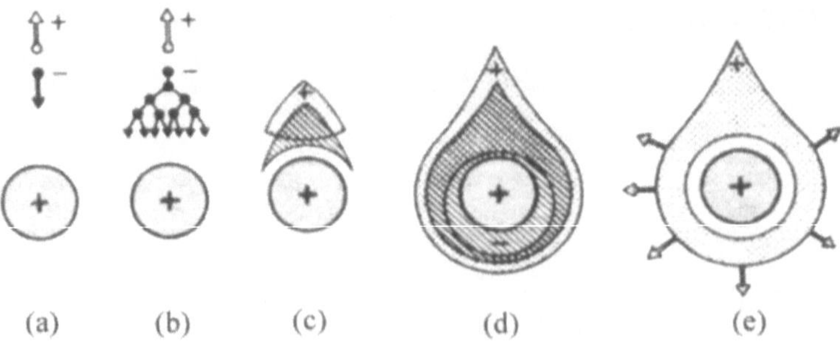

Abb. 3.2. Zeitliche Entwicklung der Lawine in der Nähe des Anodendrahtes eines Proportionalzählers. **a**) Ein primäres Elektron bewegt sich zur Anode; **b**) das Elektron gewinnt im elektrischen Feld Energie und ionisiert Atome, die Lawinenbildung setzt ein; **c**) Elektronen- und Ionenwolke driften auseinander; **d**) und **e**) die Elektronenwolke driftet zum Draht, die Ionenwolke entfernt sich radial vom Draht [CH 72]

am Anodendraht L ist in Abb. 3.2 dargestellt. Die zeitliche Struktur der Anodenimpulse ist in Abb. 3.3 mit einem Oszillographen hoher Zeitauflösung sichtbar gemacht [FI 75]. Die einzelnen Impulse haben eine Anstiegszeit von ca. 0.1 ns und eine durch die Zeitkonstante RC des Differenziergliedes bestimmte Abfallzeit. Nach Charpak u.a. [CH 68] wirken die Anodendrähte als unabhängige Detektoren. Die kapazitive Kopplung der negativen Ladungsimpulse vom lawinenbildenden Anodendraht L zu den benachbarten Anoden A kann vernachlässigt werden gegenüber dem positiven Impuls, den die Lawine der positiven, sich von L wegbewegenden Ionen auf A influenziert.

Beim mechanischen Aufbau der Proportionalkammer muss beachtet werden, daß der Durchmesser des Anodendrahtes etwa 1% des Abstandes zwischen den Anodendrähten beträgt, also 20 μm für 2 mm Abstand, um genügend große Feldstärken zur Gasverstärkung zu erhalten. Dünne Anodendrähte aus goldbedampftem Wolfram haben sich bewährt. Zum Aufbau der Rahmen dient meistens Glasfibermaterial. Die Kathodenebenen werden aus Drähten oder Metallfolie gespannt.

Ein besonderes Problem in großen Kammern ist die mechanische Instabilität der Anodendrähte aufgrund der elektrostatischen Abstoßung. Die Berechnung dieses Effekts ergibt Stabilität der Drähte, wenn die Drahtspannung T einen durch die geometrischen Dimensionen (l = Länge des Anodendrahtes, a = Abstand zwischen Anode und Kathode) und die Potentialdifferenz V gegebenen Grenzwert T_0 überschreitet [TR 69]:

$$T > T_0 = 4\pi\epsilon_0 \left(\frac{VI}{2\pi a}\right)^2 . \tag{3.1}$$

Dies bedeutet, dass z.B. für V = 4.3 kV und a = 6 mm mit einer Drahtspannung von 0.5 N Drähte von maximal 60 cm Länge stabil sind. Für größere

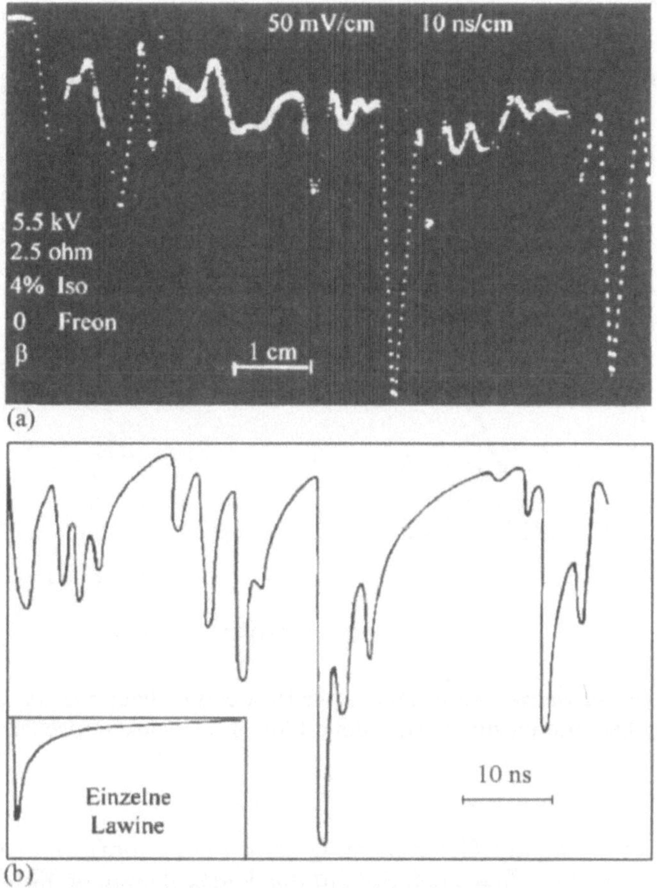

Abb. 3.3. **a**) Oszillographische Aufnahme des Spannungsimpulses einer Proportionalkammer; **b**) Rechner-Simulation eines solchen Impulses [FI 75]

Kammern müssen die Drähte im Abstand von ca. 60 cm fixiert werden, etwa dadurch, dass ein Nylonfaden senkrecht zur Drahtrichtung zwischen den Drähten hindurchgewoben wird. Dadurch entsteht eine unempfindliche Zone von ca. 5 mm Breite längs des Nylonfadens [KL 70].

Als Gase können für den Proportionalbetrieb Argon oder Xenon mit Beimischungen von CO_2, CH_4, Isobutan, Äthylen oder Äthan verwendet werden. Damit können unterhalb der Durchbruchspannung Gasverstärkungen von 10^5 erreicht werden.

Die Länge des Plateaus zwischen der Spannung, bei der volles Nachweisvermögen für minimal ionisierende Teilchen erreicht wird, und der Durchbruchspannung ist gegeben durch die Gasverstärkung und die Nachweisschwelle des Spannungsverstärkers, die i.a. bei 200 bis 500 μV liegt. Typisch für grosse Kammern sind folgende Werte [SC 71]: Drahtdurchmesser 20 μm, Drahtabstand 2 mm, Abstand Anode-Kathode 6 mm, Argon(80%)-

Isobutan(20%)-Mischung mit Methylal als Löschgas, Verstärker mit Schwelle 200 μV über 2 kΩ und effektiver Auflösezeit 30 ns, Länge des Plateaus größer als 700 V, Ortsauflösung (Varianz einer Rechteckverteilung) $\sigma_x = 0.7$ mm. Für diese Kammer ist das Nachweisvermögen als Funktion der angelegten Hochspannung in Abb. 3.4 dargestellt.

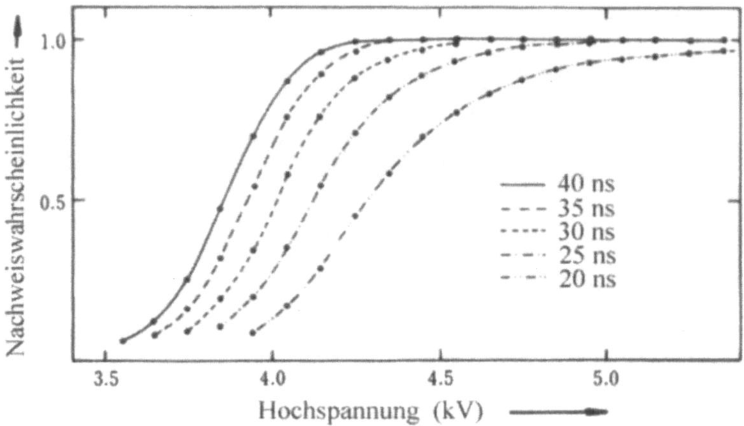

Abb. 3.4. Nachweiswahrscheinlichkeit einer Proportionalkammer als Funktion der angelegten Hochspannung für verschiedene Längen des elektronischen Zeitfensters [SC 71]

Eine Verbesserung der Ortsauflösung kann bei Proportionalkammern dadurch erreicht werden, dass auch die auf der Kathodenebene induzierten Impulse mitverwendet werden [RA 74, CH 78a]. Dazu muss mindestens eine Kathodenebene aus Streifen aufgebaut werden, die orthogonal zu den Anodendrähten verlaufen (Abb. 3.5). Die Größe der durch die Lawine auf den einzelnen Streifen induzierten Impulse variiert mit dem Abstand von der Lawine; der Schwerpunkt der induzierten Ladungen kann berechnet werden und ist ein Maß für die Position der Lawine. Damit kann eine Ortsauflösung von $\sigma_x = 35\,\mu$m in der Richtung senkrecht zur Richtung der Streifen erreicht werden. Die Abbildung 3.6 zeigt die erreichbare Präzision der Ortsbestimmung für weiche Röntgenstrahlung. Die Quelle erzeugt an drei jeweils um 200 μm verschobenen Positionen über den Photoeffekt lokalisierte Elektronen. Die gemessene Ortsauflösung von 35 μm ist z.T. durch die Reichweite der Photoelektronen verursacht.

Proportionalkammern mit Kathodenauslese erreichen also eine hervorragende Auflösung, jedoch ist der Aufwand für die mechanische Konstruktion und für die elektronische Impulsverarbeitung beträchtlich.

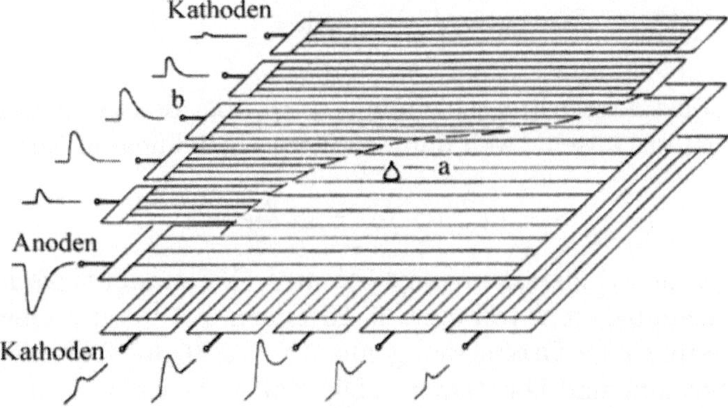

Abb. 3.5. Prinzip der Kathodenauslese für Proportionalkammern. Der Schwerpunkt der Ladungen auf den Kathodenstreifen senkrecht zur Richtung der Anodendrähte bestimmt den Ort der Lawine (a) [CH 78a]

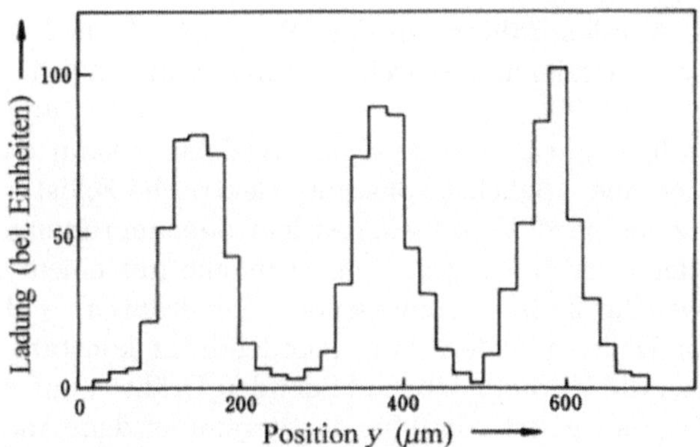

Abb. 3.6. Illustration der mit der Kathodenauslese erreichbaren Ortsauflösung. Die Kammer wurde mit einer 1.4 keV-Röntgenquelle an drei um je 200 μm verschobenen Positionen bestrahlt; y ist der Schwerpunkt der Ladungen auf den Streifen [CH 78a]

3.2 Ebene Driftkammern

Die Driftkammer [WA 71, CH 70a] beruht auf der Beobachtung, daß die Zeitdifferenz Δt zwischen dem Teilchendurchgang und der Anstiegsflanke des Anodenimpulses in einer Proportionalkammer eindeutig mit dem Abstand zwischen dem Ort der Primärionisation und dem Anodendraht zusammenhängt. Diese Zeitdifferenz Δt ist gegeben durch die Driftzeit der durch primäre Ionisationsprozesse zur Zeit t_0 erzeugten Elektronen bis zu deren Eindringen in die Region hoher Feldstärke um den Anodendraht mit Lawinenbildung zur Zeit t_1. Die Ortskoordinate z des Teilchendurchgangs relativ zum Anodendraht ist dann durch die Beziehung

$$z = \int_{t_0}^{t_1} v_D(t)\mathrm{d}t \tag{3.2}$$

gegeben. Eine konstante Driftgeschwindigkeit v_D über den gesamten Bereich des Driftweges ist erwünscht, weil dann (3.2) zu einer linearen Beziehung

$$z = v_D(t_1 - t_0) = v_D \Delta t \tag{3.3}$$

wird. Bei elektrischen Feldstärken von $1\,\mathrm{kVcm}^{-1}$ (NTP) und typischen Elektronendriftgeschwindigkeiten von $v_D \simeq 5 \cdot 10^2\,\mathrm{mm}\,\mu^{-1}\mathrm{s}^{-1}$ ergibt eine auf 4 ns genaue Zeitmessung eine Ortsmessung mit $\delta z = 200\,\mu\mathrm{m}$, falls die Driftgeschwindigkeit bekannt und konstant ist. Die Konstanz von v_D kann erreicht werden, indem die elektrische Feldstärke entlang des Driftweges konstant gehalten wird. In einer konventionellen Proportionalkammer mit parallelen Anodendrähten zwischen den beiden Kathodenebenen ist dies wegen der Region niedriger Feldstärke in der Mitte zwischen zwei Anodendrähten nicht möglich. Erst durch die Einführung eines Felddrahtes auf negativem Potential – HV1 zwischen je zwei Anodendrähten auf dem Potential + HV2 konnte eine in 1. Näherung lineare Beziehung zwischen Driftzeit und Driftstrecke erreicht werden [WA 71].

Eine vollständige Linearisierung dieser Beziehung kann dadurch hergestellt werden, dass eine möglichst konstante elektrische Feldstärke im gesamten Driftraum erzeugt wird. Verschiedene Elektrodenanordnungen dienen diesem Zweck. In der in Abb. 3.7 gezeigten Driftzelle mit einem Anodendraht + HV2 und zwei die Zelle abschliessenden Felddrähten – HV1 wird die Feldstärke in der Driftregion fern vom Anodendraht konstant gehalten, indem jeder von den die Kathodenebene bildenden Drähten auf einem anderen Potential liegt; dieses variiert von 0 für den gegenüber dem Anodendraht angeordneten Draht bis zu – HV1 für denjenigen gegenüber dem Felddraht.

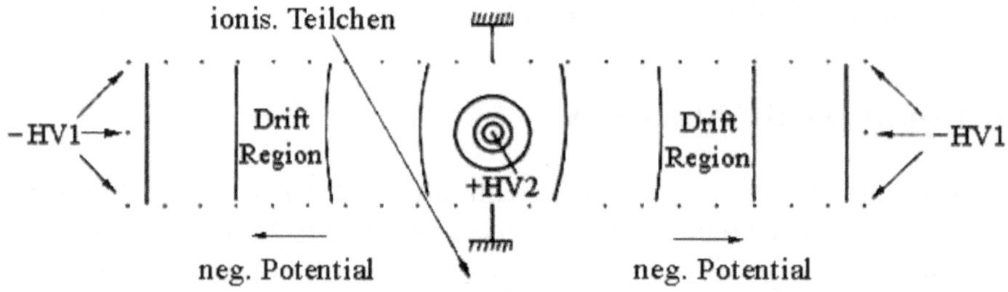

Abb. 3.7. Äquipotentiallinien in einer Zelle einer Driftkammer (schematisch); $-HV1$, Potential der Kathodendrähte; $+HV2$, Potential des Anodendrahtes; übrige Drähte haben Potentiale variierend zwischen 0 und $-HV1$

Eine andere Möglichkeit besteht darin, zwar die Kathodenebenen als Äquipotentialfläche auszubilden, aber die Uniformität des elektrischen Feldes in der Zelle durch Potential-Korrekturdrähte zu erreichen (Abb. 3.8).

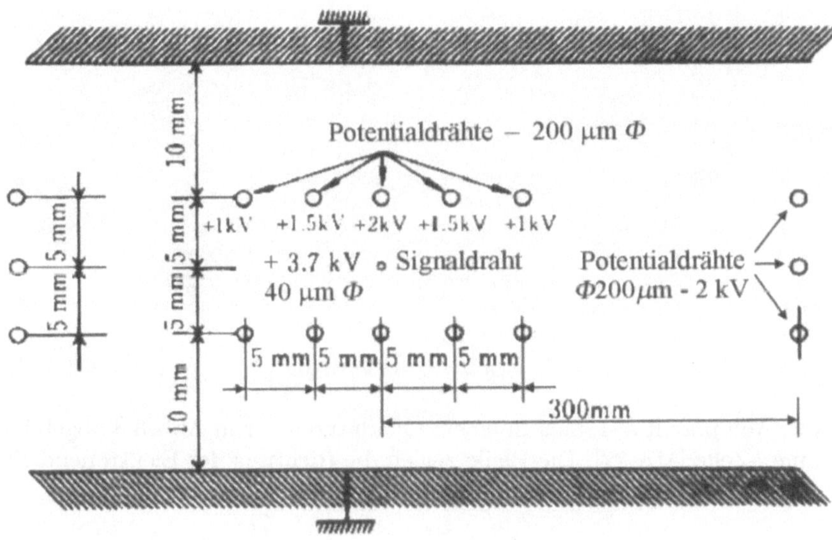

Abb. 3.8. Zellenstruktur einer grossen Driftkammer; S.DR., Signaldraht (Anode); übrige Drähte sind Potentialdrähte [MA 77]

In dieser Anordnung dienen pro Anodendraht 6 Felddrähte und 10 Korrekturdrähte zur Erzeugung eines annähernd konstanten elektrischen Driftfeldes in einer Zelle von $60 \times 30\,\mathrm{mm}^2$ Querschnitt. Die Äquipotentiallinien für diese Zelle sind in Abb. 3.9 gezeigt, die gemessene, nahezu lineare Beziehung zwischen Driftzeit und Ort des Teilchendurchgangs in Abb. 3.10.

Die Linearität dieser Beziehung ist außer durch die Feldverteilung auch noch durch die Abhängigkeit der Driftgeschwindigkeit in dem verwendeten Gasgemisch von der Feldstärke bestimmt. Für einige solche Gemische (z.B. Argon-Isobutan 80% : 20%) hängt v_D im Bereich von $E = 0.5$ bis $2\,\mathrm{kV/cm}$ nur wenig von E ab, so daß die verbleibenden Inhomogenitäten im E-Feld sich in der Driftzeit nur sehr schwach auswirken (s. z.B. Abb. 1.8).

Große ebene Driftkammern werden aus vielen (bis zu 100) solcher Zellen aufgebaut. Die erreichbare Ortsauflösung ist bei diesen großflächigen ($\geq 10\,\mathrm{m}^2$) Kammern meist durch die mechanischen Toleranzen bei der Drahtpositionierung ($10^2 - 3 \cdot 10^2\,\mu\mathrm{m}$) und das Durchhängen der bis zu 4 m langen Drähte infolge ihres eigenen Gewichtes begrenzt. In kleinen Kammern dagegen werden die Grenzen der Ortsauflösung durch die zeitliche Auflösung der Elektronik ($\geq 40\,\mu\mathrm{m}$) und die Diffusion der Elektronen auf ihrem Driftweg ($\leq 50\,\mu\mathrm{m}$ für 20 mm Driftweg) gegeben.

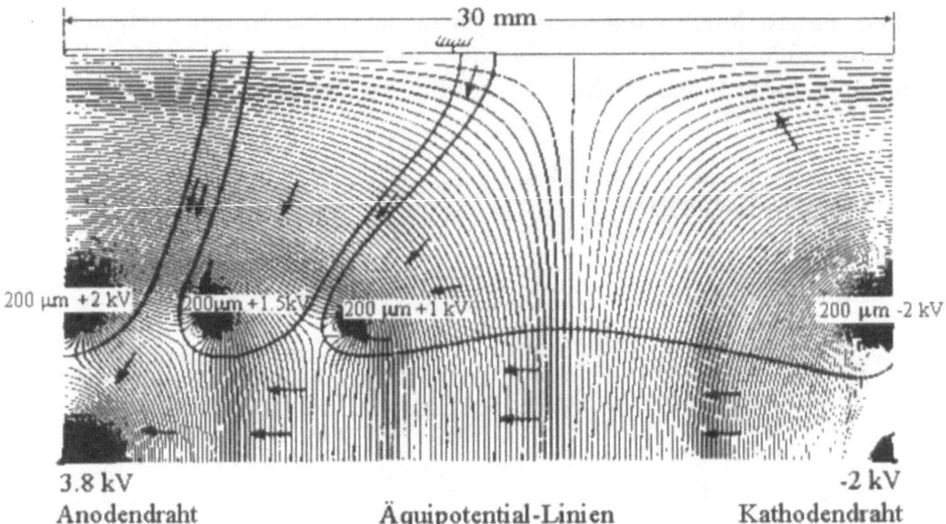

Abb. 3.9. Äquipotential-Linien in einem Quadranten der in Abb. 3.8 abgebildeten Driftkammer-Zelle [MA 77]. Die Pfeile zeigen die Richtung der Elektronendrift an.

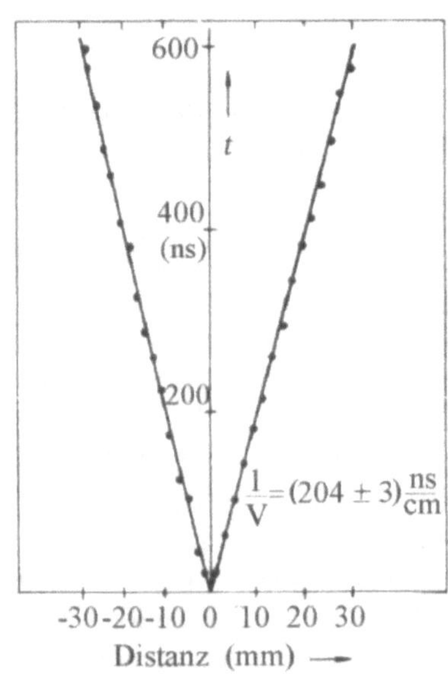

Abb. 3.10. Beziehung zwischen der Driftzeit t und der Driftstrecke (Distanz) [MA 77]

3.3 Zylindrische Drahtkammern

Für Experimente an Speicherringen, bei denen oft ein solenoidales Magnetfeld ($B_r = B_\varphi = 0, B_z \neq 0$ in Zylinderkoordinaten mit der Strahlrichtung als z-Achse) Verwendung findet, wurden Driftkammern mit Zylindersymmetrie entwickelt. Diese Ortsdetektoren dienen zur Messung der Richtung und der Krümmung der vom Wechselwirkungspunkt ausgehenden Teilchenspuren (Abb. 3.11).

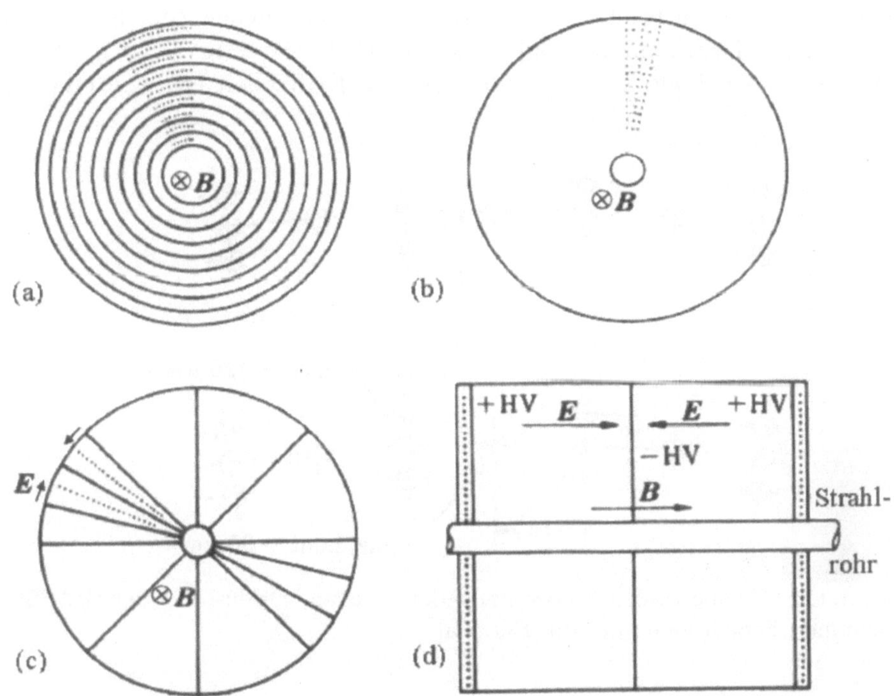

Abb. 3.11. Vier verschiedene Typen von zylindrischen Drahtkammern: **a**) Proportionalkammer, **b**) zylindrische Driftkammer, **c**) Jet-Driftkammer, **d**) Zeitprojektionskammer (TPC)

Erste Detektoren dieser Art benutzten zylindrische Schichten von Proportionalkammern (Kap. 3.1) oder Funkenkammern (Kap. 3.9), um die Spur der geladenen Teilchen zu vermessen (Abb. 3.11(a)). Die Anodendrähte sind parallel zum Magnetfeld $\boldsymbol{B}$ gespannt, das elektrische Feld $\boldsymbol{E}$ ist radial gerichtet. Die im $\boldsymbol{E}$-Feld driftenden Elektronen werden durch die Lorenzkraft in φ-Richtung abgelenkt, aber der Effekt ist hier wegen der kurzen Driftwege zur Anode ($\leq$ 10 mm) vernachlässigbar. Für die zweite Generation solcher zentraler Spurdetektoren wurden zylindrische Driftkammern verwendet. Hierbei ist der Detektor aus bis zu 20 zylindersymmetrisch angeordneten Schichten von Driftzellen aufgebaut. Die Richtung des elektrischen Driftfeldes liegt in der (r, φ) Ebene (Abb. 3.11(b)). Dieses Feld wird durch eine geeignete Anordnung von Potentialdrähten und den Sig- naldraht in der Mitte der Zelle erzeugt, wobei die Potentialdrähte einer Zelle parallel zum betroffenen Signaldraht verlaufen. Von den Signaldräten liegen etwa die Hälfte parallel zur Achse, während die anderen relativ zu dieser um einen Stereo-Winkel γ (z.B.

$\gamma = \pm 4^o$) verdreht sind, um die Rekonstruktion der z-Koordinate der Spuren zu ermöglichen. Um Drähte einzusparen, kann auf den Abschluss der Driftzelle in radialer Richtung mit Potentialdrähten verzichtet werden ("offene Zellengeometrie"). Dabei verschlechtert sich allerdings die Feldqualität.

Ein Beispiel eines solchen Zentraldetektors mit offener Zellengeometrie ist die TASSO-Driftkammer [BO 80a]. Die Driftzelle zeigt Abb. 3.12, die Drähte sind 3.5 m lang. Die 15 Schichten von Driftzellen erfassen eine ra-

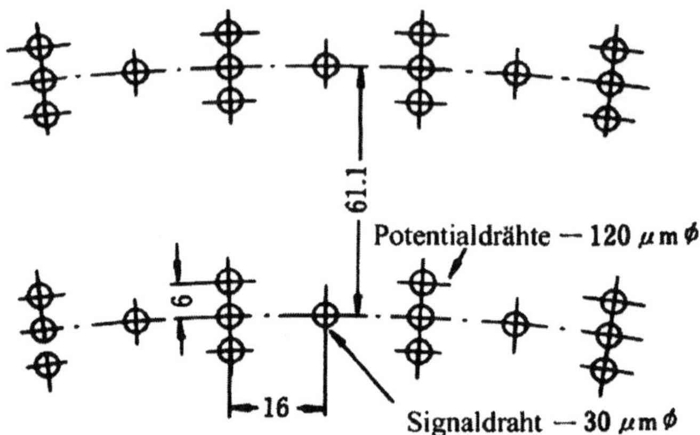

Abb. 3.12. Geometrische Anordnung der axialen Drähte in der TASSO-Driftkammer; Dimensionen in mm [BO 80a]

diale Spurlänge von 85 cm, 6 von diesen Schichten sind mit Signaldrähten unter dem Stereowinkel $\gamma = \pm 4^o$ ausgerüstet. Die erreichte Ortsauflösung in der (r, φ)-Ebene beträgt $\sigma_{r\varphi} \sim 200\ \mu$m und diejenige in z-Richtung $\sigma_{r\varphi}/\sin\gamma \sim 3$ mm. Die Abbildung 3.13 zeigt die (r, φ)-Projektion der Spuren aus einem Ereignis, bei dem in einer Elektron-Positron-Vernichtung bei 30 GeV Schwerpunktsenergie mindestens 12 geladene Teilchen erzeugt werden.

Ein anderes Beispiel für eine zylindrische Driftkammer ist die ARGUS-Kammer [DA 83]. Hier ist die Driftzelle geschlossen (Abb. 3.14), die Anordnung der zehn Potentialdrähte einer Zelle um den Signaldraht erzeugt ein nahezu zylindersymmetrisches elektrisches Feld, so dass die Flächen gleicher Driftzeit jedenfalls in der Nähe des Signaldrahtes Zylindermäntel sind. Dies erleichtert rechentechnisch das Auffinden einer Spur aus den einzelnen Meßpunkten in den radial aufeinander folgenden Driftkammer-Zellen. Die erreichte Auflösung ist hier $\sigma = 190\ \mu$m [DA 83].

Die beiden anderen Typen von zylindrischen Kammern, die Jet-Driftkammer (Abb. 3.11(c)) und die Zeitprojektionskammer (Abb. 3.11(d)) werden in den folgenden Kapiteln behandelt.

Abb. 3.13. Axiale Projektion von Teilchenspuren in der TASSO-Driftkammer; die Teilchen stammen aus einer e^+e^-–Reaktion im Wechselwirkungspunkt (+) bei 30 GeV Schwerpunktsenergie [BO 80a]

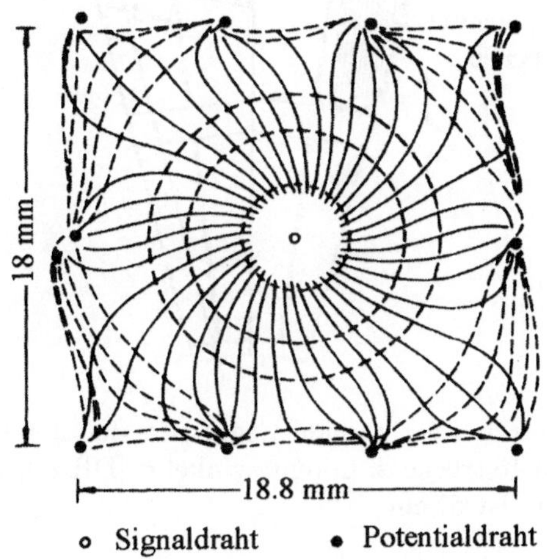

Abb. 3.14. Anordnung der Drähte, Driftwege der Elektronen zum zentralen Anodendraht und Linien mit gleicher Driftzeit (gestrichelt) in einer Zelle der ARGUS-Drahtkammer; Magnetfeld von 0.9 T parallel zu den Drähten [DA 83]

3.4 Die Jet-Driftkammer

Bei diesem Typ von zylindrischen Driftkammern ist die Zahl der Messpunkte entlang einer radial verlaufenden Spur beträchtlich größer ($\sim$ 1 Messpunkt/cm Spur) als bei den vorher beschriebenen Kammern (Kap. 3.3). Dies wird dadurch erreicht, dass die axial verlaufenden Signaldrähte in der Mittelebene einer sektorförmigen Zelle mit transversalem elektrischen Feld angeordnet sind (Abb. 3.11(c)). Die Driftstrecken für die Elektronen im Gas sind bei dieser Anordnung entsprechend länger als in Kap. 3.3, sie betragen bis zu 10 cm.

Die erste solche Jet-Kammer wurde für den JADE-Detektor am Elektron-Positron-Speicherring PETRA gebaut [BA 79, DR 80]. Das zylindrische Volumen der Kammer ist in 24 radiale Segmente mit 15° Öffnungswinkel aufgeteilt. In jedem Segment (Abb. 3.15) befinden sich 64 Signaldrähte parallel zum Magnetfeld, angeordnet zu je 16 Drähten in 4 Zellen. Insgesamt enthält

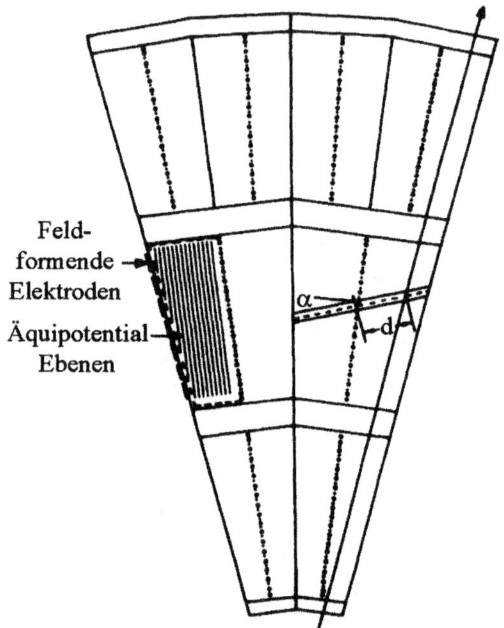

Abb. 3.15. Schnitt durch zwei radiale Segmente der Jet-Kammer des JADE-Detektors. Länge der Driftstrecke d, Lorentzwinkel α [DR 80, WA 81b]; Die radiale Länge der drei Schichten ist 57 cm

die Kammer also 1536 Signaldrähte von 234 cm Länge. Das elektrische Feld in der Kammer steht orthogonal auf der Ebene der Signaldrähte, d.h. auch senkrecht zum Magnetfeld.

Wegen der – verglichen mit normalen Driftkammern – langen Driftstrecken macht sich der Einfluß der Lorentzkraft $e\boldsymbol{v} \times \boldsymbol{B}$ hier bemerkbar. Dadurch weicht die Richtung der driftenden Elektronen von derjenigen des elektrischen Feldes $\boldsymbol{E}$ um den Lorentzwinkel α_L ab. Für eine Driftgeschwindigkeit v_D ist dieser Winkel durch $\tan \alpha_L = k(E) v_D B/E$ gegeben [WA 81b]. In der JADE-Kammer mit B = 0.45 T und einem Gasdruck von 4 bar beträgt der Winkel $\alpha_L = 18.5^o$. Der Faktor $k(E)$ hängt vom Kammer-Gas und dem elektrischen Feld E ab [SC 80]. Wegen der Wirkung der Lorentzkraft ist der Verlauf der Flächen mit gleicher Driftzeit zum Signaldraht in der Umgebung der Signaldrahtebene kompliziert. In unmittelbarer Nähe des Signaldrahtes (Abstand < 5 mm) sind dies Zylinderflächen, bei grösseren Driftstrecken ergeben sich die in Abb. 3.16 abgebildeten verzerrten Flächen.

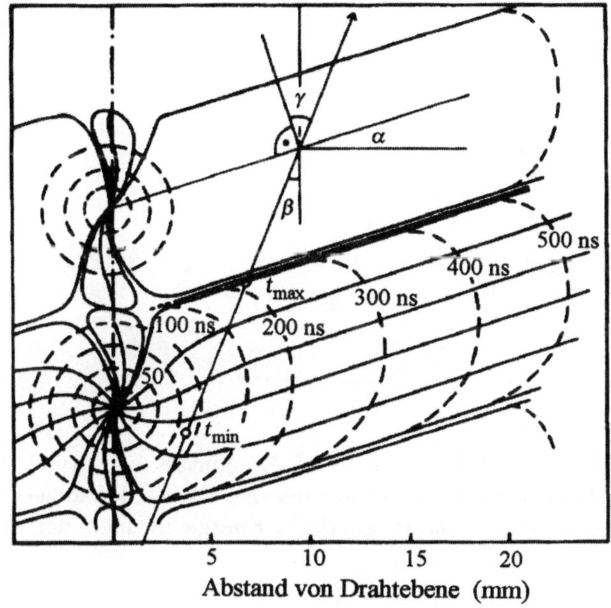

Abb. 3.16. Driftwege der Elektronen (durchgezogene Linien) und Flächen gleicher Driftzeit (gestrichelt) in der Nähe des Anodendrahtes der Jet-Kammer [DR 80, WA 81b]

Die Abbildung 3.17 zeigt die (r, φ)-Projektion eines durch Elektron-Positron-Wechselwirkung bei 35 GeV Schwerpunktsenergie erzeugten Zwei-Jet-Ereignisses. Bis zu 48 Messpunkte entlang der radialen Spuren sind registriert. Diese können auch zur Messung des Energieverlustes durch Ionisation verwendet werden. Die z-Koordinaten der Spuren werden dadurch ermittelt, dass die auf dem Draht induzierte Ladung an beiden Enden gemessen wird. Aus dem Verhältnis dieser beiden Ladungsmessungen lässt sich die Koordinate des Teilchendurchganges in Richtung des Drahtes auf ±1.6 cm genau bestimmen.

Kammern dieses Typs sind auch für die Zentraldetektoren des Axial Field Spectrometer (AFS) [CO 81] und des UA 1-Detektors [BA 80] sowie für den Spurdetektor des OPAL-Experimentes am Speicherring LEP verwendet worden. Eine Zusammenstellung von Eigenschaften solcher Spurdetektoren findet sich in Tabelle 7.1.

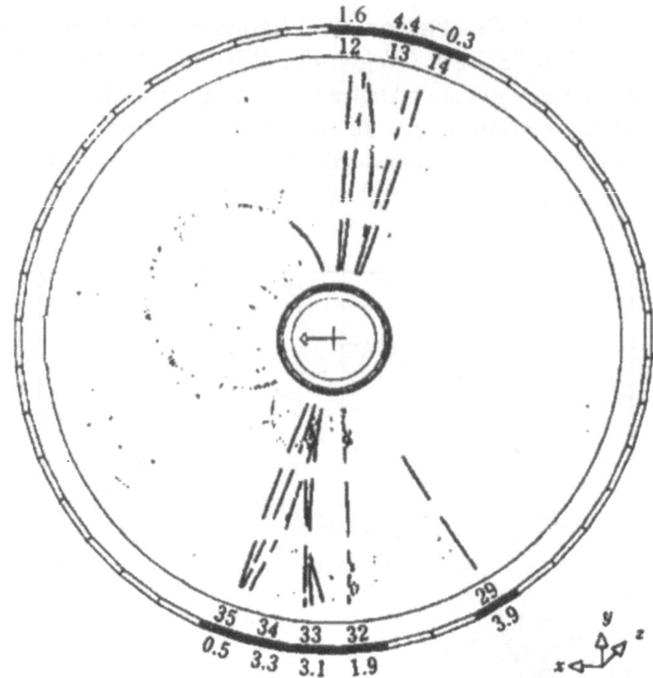

Abb. 3.17. Axiale Projektion eines e^+e^--Ereignisses bei 35 GeV Schwerpunktsenergie in der Jet-Kammer des JADE-Detektors. Die Zahlen außerhalb des Kreises bezeichnen die gemessene elektromagnetische Energie in einem der 42 Bleiglaszähler in GeV

3.5 Zeit-Projektionskammer (TPC)

Ein neuartiger Weg, das Driftkammerprinzip für zentrale Spurdetektoren anzuwenden, wurde von D.R. Nygren beschritten [NY 74, NY 81]. Die Abbildung 3.18 zeigt ein großes (1 m Radius, 2 m Länge) zylindrisches Volumen, das mit einer Argon-Methan Mischung bei 10 Atmosphären Druck gefüllt ist. Die beiden Endkappen sind mit einer Ebene von Proportionalkammern ausgerüstet, die aus sechs Sektoren mit 60° Öffnungswinkel bestehen. Jeder der Sektoren enthält 186 Proportionaldrähte zur Messung des Energieverlustes durch Ionisation, davon 15 Drähte mit Auslese über segmentierte Kathodenflecken ("Pads") zur Messung der radialen Position r und des Azimutalwinkels φ eines Spursegments (Abb. 3.19).

Das Neuartige an diesem Konstruktionsprinzip ist die Parallelität des elektrischen Feldes (150 kV cm^{-1}) und des Magnetfeldes (1.5 T). Durch diese Anordnung verschwinden Lorentzkräfte auf die driftenden Elektronen. Die Driftrichtung ist parallel zu den $\boldsymbol{E}$- und $\boldsymbol{B}$-Feldlinien. Die durch eine ionisierende Spur freigesetzten Elektronen driften auf eine Endkappe zu. Dabei wird das "Bild" der Spur transversal zur Driftrichtung durch die Diffusionsprozesse während des Driftens verbreitert. Diese Verbreiterung des Spurbilds wird

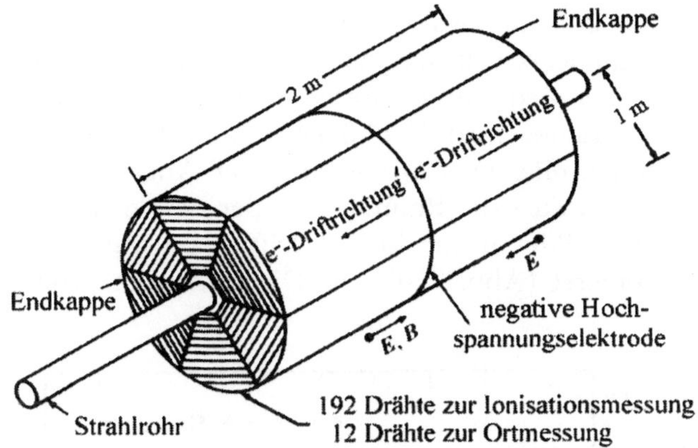

Abb. 3.18. Zeitprojektionskammer (TPC) des PEP4-Experimentes [MA 78]

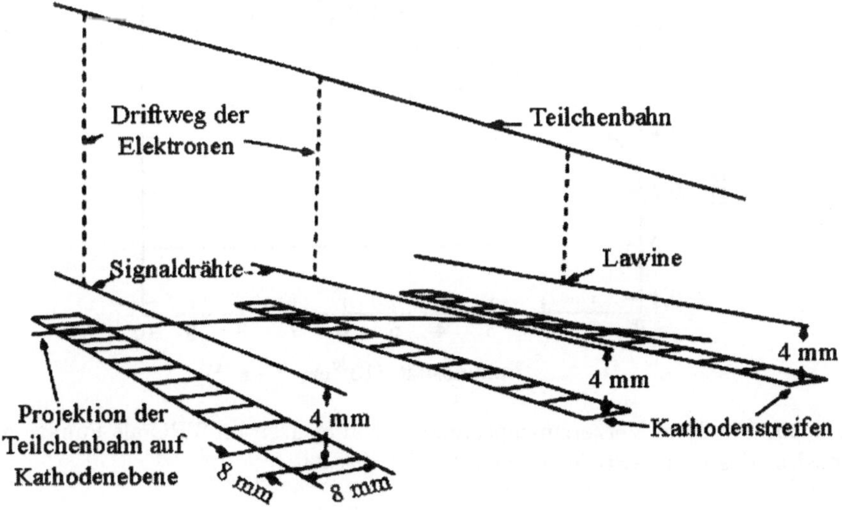

Abb. 3.19. Prinzip der Spurauslese durch segmentierte Kathoden (Pads) im TPC [FA 79]

jedoch durch das starke Magnetfeld reduziert, weil dieses die Elektronen auf schraubenförmige Bahnen um die Magnetfeldrichtung als Achse zwingt. Dadurch wird der transversale Diffusionskoeffizient um den Faktor $1/(1+\omega^2\tau^2)$ reduziert, wobei $\omega = eB/m$ die Zyklotronfrequenz der Elektronen und τ die mittlere Zeitdifferenz zwischen zwei Stößen ist (s. Kap. 1.3.5). Die räumlichen Koordinaten einer Spur werden in der TPC dadurch rekonstruiert, dass auf der Endplatte durch die Proportionaldrähte mit Kathodenauslese sowohl die radiale Position r als auch der Azimutalwinkel φ gemessen werden, und dass zusätzlich die Ankunftszeit der Elektronen an der Endkappe registriert wird. Die so erhaltene Driftzeit ergibt die z-Koordinate der Spur mit einer

Auflösung von $\sigma_z \sim 200\,\mu m$, also weit genauer als bei anderen zylindrischen Detektoren. Die räumliche Auflösung in der (r, φ) Ebene beträgt ca. $180\,\mu m$, wenn die Kammer bei niedriger Zählrate, etwa mit Myonen aus der kosmischen Strahlung, betrieben wird. Bei höheren Zählraten treten Verzerrungen und damit verbunden eine Verschlechterung der Auflösung auf, die darauf zurückgeführt werden, dass die Raumladung der bei der Lawinenbildung an den Signaldrähten gebildeten und in die Driftregion wandernden Ionen das elektrische Feld verzerrt (Abb. 3.20). Die Dichte solcher positiven Ionen ist

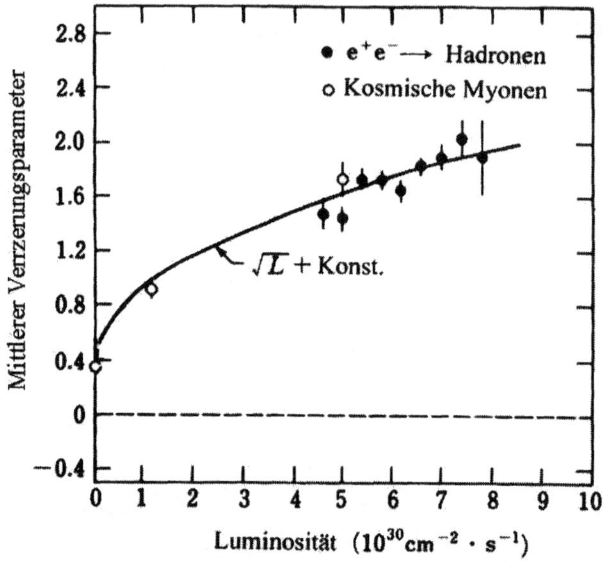

Abb. 3.20. Mittlerer Verzerrungsparameter von Spuren im TPC als Funktion der Luminosität des e^+e^-–Speicherrings [PE 82, LA 83]

$\rho_+ = fAN/(ld\mu_+E_0)$, wobei f den Anteil der erzeugten positiven Ionen bedeutet, die in die Driftregion zurückwandern, A die Gasverstärkung an den Signaldrähten, N die Anzahl der Ionisationselektronen, die einen Signaldraht pro Zeiteinheit erreichen, l die Drahtlänge, d den Drahtabstand, μ_+ die Beweglichkeit der Ionen und E_0 das Driftfeld. Der unerwünschte Effekt besteht darin, dass das Bild einer Spur auf der Endplatte durch die radiale Komponente des durch die positiven Ionen verursachten elektrischen Feldes verzerrt wird. Er kann vermieden werden, wenn durch eine zusätzliche Drahtebene zwischen Driftvolumen und Proportionalkammer das Zurückdriften der Ionen verhindert wird. Dieses Schutzgitter wird nur kurzzeitig für driftende Teilchen geöffnet, wenn durch einen externen Auslöseimpuls (Trigger) die Betriebsbereitschaft der TPC für die Registrierung eines physikalisch relevanten Ereignisses verlangt wird [FA 79, NY 81, PE 82].

Eine kleinere TPC-Kammer wurde im TRIUMF-Laboratorium (Vancouver) zur Untersuchung von seltenen Myon-Zerfällen verwendet [HA 81a]. Hexagonale Endkappen mit 12 Anodendrähten pro Sektor dienen zur Messung der Spuren. Das verwendete Gas ist 80% Ar und 20% CH_4, die Feldstärke des Driftfeldes liegt bei $E = 150\,\mathrm{Vcm}^{-1}$, die reduzierte Feldstärke $E/p = 0.2\,\mathrm{Vcm}^{-1}\mathrm{Torr}^{-1}$ wie beim Berkeley-TPC. Die Anordnung der Anodendrähte und der segmentierten Kathoden zeigt Abb. 3.21, sie erlaubt eine Genauigkeit von $120\,\mu\mathrm{m}$ in der Messung der Ortskoordinate entlang dem Anodendraht. Die anfänglich erreichte räumliche Ortsauflösung betrug ca. $600\,\mu\mathrm{m}$.

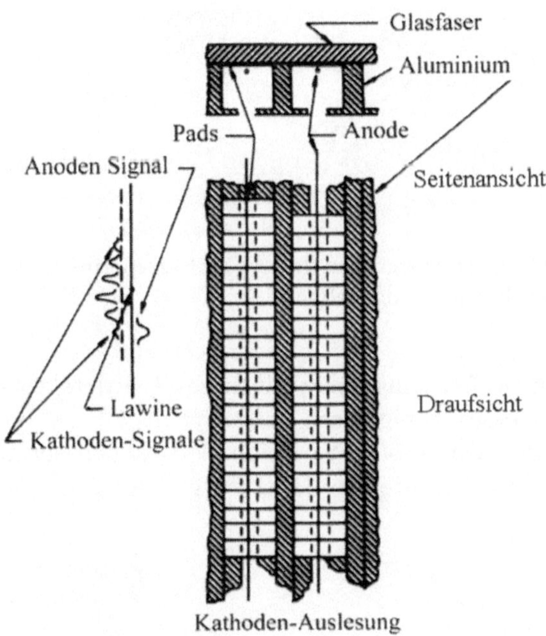

Abb. 3.21. Segmentierte Kathodenebene und Anodendrähte im TPC bei TRIUMF [HA 81a]

Für Experimente am Elektron-Positron-Speicherring LEP bei CERN wird das TPC-Prinzip ebenfalls verwendet. Das Delphi-Experiment benutzt eine TPC-Kammer mit dem Radius R = 1.1 m und der Zylinderlänge L = 2.5 m, während das ALEPH-Experiment mit einer TPC-Kammer des Radius 1.8 m und der Länge 4.4 m ausgerüstet ist. Als Vorstudie für das ALEPH-Experiment diente dabei eine Kammer, deren Solenoid-Feld den Durchmesser 90 cm hat (TPC 90). In dieser Kammer wurden Verzerrungen von Spuren durch Feldinhomogenitäten mit Hilfe von geraden, von UV-Lasern erzeugten Spuren untersucht. Dabei wurden räumliche Auflösungen von $180\,\mu\mathrm{m}$ in der (r, φ)-Ebene und von 1.5 mm in Richtung der Zylinderachse z gemessen, und die Reduzierung der Diffusionsverbreiterung der Spuren durch das Magnetfeld folgte experimentell der Gleichung (1.76). Die grosse TPC-Kammer des ALEPH-Experiments arbeitete von Juli 1989 bis 2001 am LEP-Speicherring (Abb. 3.22). Mit ihr werden räumliche Auflösungen $\delta_{r\varphi} = 160$ bis $230\,\mu$m und $\delta_z = 2\,$mm im gesamten Zylindervolumen erreicht.

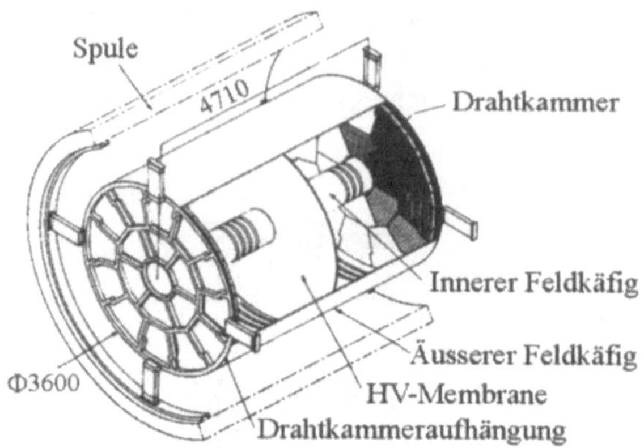

Abb. 3.22. Zeit-Projektionskammer des ALEPH-Experimentes an LEP [AL 90]. Die Dimensionen sind in mm angegeben

Als Beispiel für die Leistungsfähigkeit dieses Spurdetektors zeigt Abb. 3.23 die $r\varphi$-Projektion eines Ereignisses vom Typ $e^+e^- \rightarrow W^+W^-$ bei einer Schwerpunktsenergie von 170 GeV. Beide W-Bosonen zerfallen in Jets von Sekundärteilchen, deren Spuren in der TPC gemessen werden.

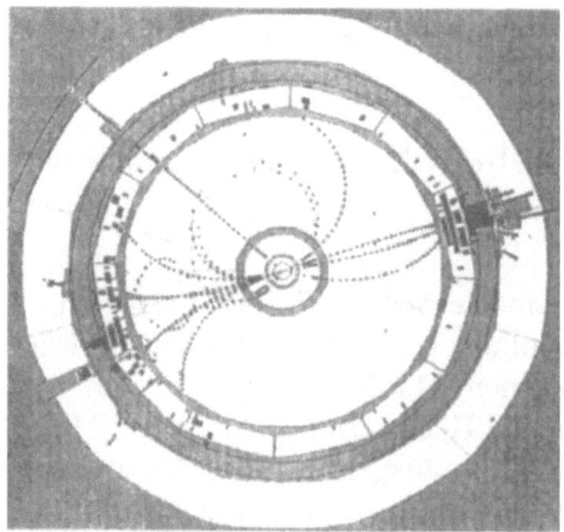

Abb. 3.23. Ein Ereignis am Elektron-Proton-Collider LEP bei ALEPH bei einer Schwerpunktsenergie von 170 GeV; die Reaktion ist $e^+e^- \rightarrow W^+W^-X$, und beide W-Bosonen zeigen sich als Jets von Zerfallsprodukten

3.6 Simulation von Teilchenspuren mit UV-Lasern

Für die Kalibrierung von großen Driftkammern, besonders den in Abs. 3.4 und 3.5 diskutierten, ist es notwendig, gerade Teilchenspuren in den Kammern zu erzeugen. Auf diese Weise können Spurverzerrungen, die auf Inhomogenitäten der elektrischen oder magnetischen Felder in der Kammer zurückgehen, erkannt und korrigiert werden. Da geladene Teilchen durch das Magnetfeld abgelenkt werden, können nur Teilchen mit sehr hohen Impulsen annähernd gerade Spuren erzeugen.

Eine neuartige Möglichkeit, solche geraden Spuren zu erzeugen, wurde durch die Beobachtung eröffnet, dass intensive UV-Laserstrahlen das Gas von Driftkammern ionisieren, obwohl die Ionisationsenergie dieser Gase größer ist als die der betreffenden UV-Photonen [AN 79, BO 80b, HI 80]. Die erzeugte Ionisationsdichte (freigesetzte Elektronen pro mm^3) ist proportional zum Quadrat der Energiedichte des Lasers. Dieses Verhalten ist konsistent mit einem 2-Photonen-Absorptionsmechanismus [DE 82, RA 83, HU 85]. Die Ionisation in den üblichen Zählgasen (Argon/Methan-Gemische) beruht auf kleinen Verunreinigungen im Gas, sie verschwindet, wenn mit geeigneten Reinigungsmechanismen die Verunreinigungen entfernt werden [HU 85]. Um reproduzierbare und kontrollierbare Ionisations-Eigenschaften sicherzustellen, können gasförmige Additive mit niedrigem Ionisationspotential dem Kammergas in Konzentrationen von ppm beigemischt werden.

Für zwei solche Additive, Trimethylamin und Tetramethylphenylendiamin, zeigt Abb. 3.24 die gemessene Beziehung zwischen der Ionisationsdich-

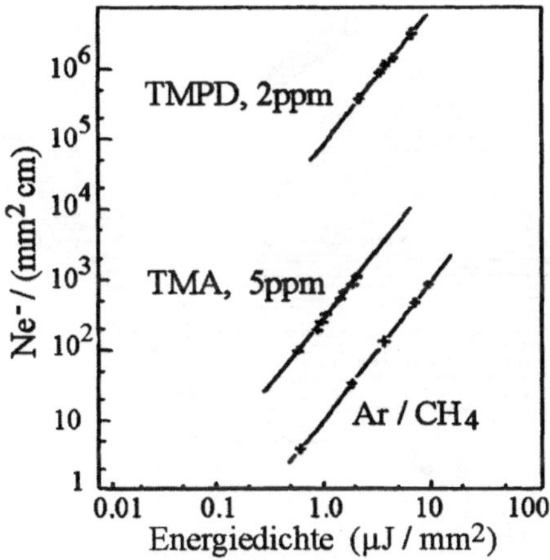

Abb. 3.24. Ionisationsdichte als Funktion der Energiedichte des Laserstrahls bei der Wellenlänge $\lambda = 266\,\text{nm}$ für Argon/Methan (ungereinigt) und dotiert mit 5 ppm TMA (Trimethylamin) bzw. 2 ppm TMPD (Tetramethylphenylendiamin). Die Steigungen der Kurven sind 1.99 ± 0.06(Ar/CH_4), 1.9 ± 0.1 (TMA) und 1.9 ± 0.2 (TMPD) [HU 85]

te und der Energiedichte des Lasers bei einer Wellenlänge von λ= 266 nm. Auch hier besteht ein quadratischer Zusammenhang, der auf einen 2-Photon-Absorptionsprozess hinweist. Die verwendbaren Laser müssen eine kleine Strahldivergenz aufweisen ($<$ 1 mrad). Stickstoff-Laser mit λ = 337 nm und Neodym-YAG-Laser mit Frequenzvervierfacher (λ = 266 nm) werden verwendet.

In den LEP Experimenten wurden solche Laser-Kalibrationssysteme zur Messung von Feldinhomogenitäten und zur Überwachung der Elektronen-Driftgeschwindigkeit v_D verwendet (ALEPH, OPAL). Die Genauigkeit dieser während der Messzeiten ständig wiederholten Messung von v_D bei ALEPH ist 10^{-3}.

3.7 Mikrostreifen-Gaszähler (MSGC)

Die maximalen Teilchenraten, die Vieldraht-Proportionalkammern und Driftkammern registrieren können, sind begrenzt. Der Grund sind Raumladungseffekte, die durch die langsam beweglichen Ionen im Gas verursacht werden. Für Proportionalkammern wird die Nachweiswahrscheinlichkeit für Teilchenflüsse oberhalb $10^4\,\text{mm}^{-2}\text{s}^{-1}$ empfindlich herabgesetzt. Dieser Nachteil kann durch eine neuartige Nachweismethode vermieden werden, den Mikrostreifengaszähler (microstrip gas chamber, MSGC), der von Anton Oed [OE 88] erfunden wurde.

Das Grundprinzip einer MSGC ist in Abb.3.25 skizziert. Die Elektroden

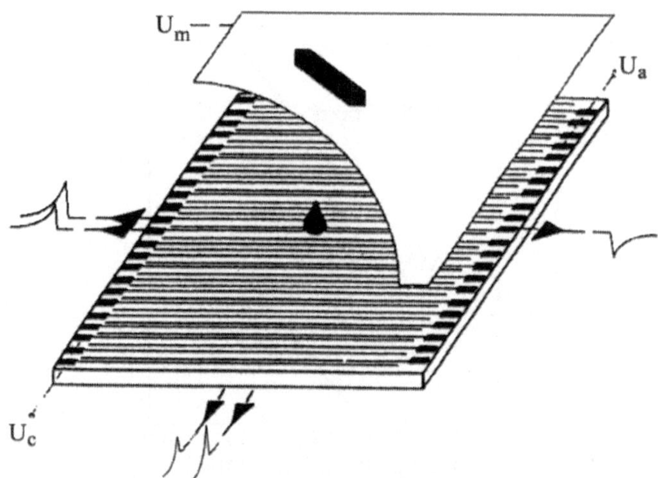

Abb. 3.25. Das Prinzip des Mikrostreifen-Gaszählers. U_a = Anodenpotential; U_c = Kathodenpotential; U_m = mittleres Potential

bestehen nicht aus Drähten, sondern aus dünnen metallischen Streifen, die mit photolithographischen Verfahren auf ein isolierendes Substrat aufgebracht werden. Die Streifen sind abwechselnd mit einem positiven Potential U_a oder einem negativen Potential U_c verbunden. Sie bilden zusammen mit der auf einem mittleren Potential U_m liegende Gegenelektrode eine Serie von Proportionalzählern mit separaten Anoden. Diese Anodenstreifen sind typischerweise 10 μm breit, die Kathodenstreifen sind etwa 100 μm breit, und der Abstand von zwei Anoden ist 120 μm. Durch diese Elektrodenstruktur bildet sich am Anodenstreifen eine hohe elektrische Feldstärke aus, die zur Lawinenbildung und Gasverstärkung führt. Durch diese Townsend–Lawine im Gas bilden sich durch Induktion ein negatives Signal auf dem Anodenstreifen und ein positives Signal auf beiden benachbarten Kathodenstreifen. Das Hauptproblem bei diesem Zähler ist die Wahl des Isolator–Substratmaterials: Glas, Plastik oder andere amorphe Materialien kommen in Frage. Um den Aufbau von Ionenladungen auf dem Isolator zu vermeiden, muss das Material eine kleine Leitfähigkeit zur Ableitung dieser Ladungen besitzen. Ein Oberflächenwiderstand von $10^{15}\,\Omega$ oder weniger pro Fläche hat sich als geeignet gezeigt. Gläser mit "Diamant–artigen" Oberflächen wurden mit chemischer Aufdampfung (chemical vapour deposition) hergestellt [SC 96, BO 94].

Abbildung 3.26 zeigt den Verlust an Gasverstärkung bei hohen Teilchenflüssen für eine Proportionalkammer (MWPC) und MSGC-Zähler mit Substraten mit verschiedenem Oberflächenwiderstand zwischen $10^9\,\Omega$ und $10^{15}\,\Omega$. Bei grossen Teilchenflüssen bis zu 10^7 Teilchen pro mm^2 und Sekunde ist nur noch dieser Kammertyp funktionsfähig. Allerdings gibt es Proble-

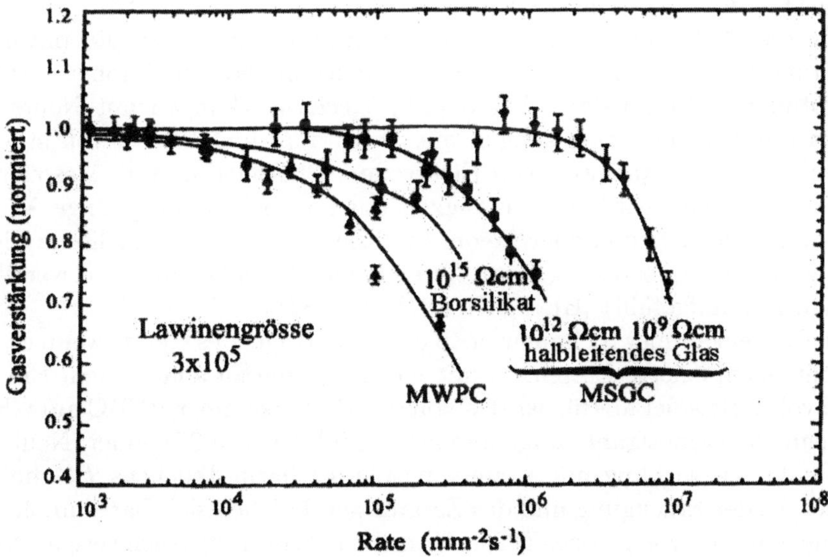

Abb. 3.26. Gasverstärkung als Funktion der Zählrate für MSGC und MWPC-Kammern [SA 94]. Die Leitfähigkeit ist in Ω cm angegeben

me, wenn stark ionisierende Teilchen die dünne leitende Substrat-Oberfläche zerstören. MSGC-Detektoren wurden für Spurdetektoren bei hoher Rate, z. B. beim HERA-B Detektor eingesetzt.

3.8 Blasenkammern

In der Blasenkammer [GL 52, GL 58, FR 55] wird ein Flüssiggas (H_2, D_2, Ne, C_3H_8) in einem Druckbehälter nahe dem Siedepunkt gehalten. Nach dem Durchgang ionisierender Strahlung wird durch schnelle Volumenvergrösserung mit Hilfe eines beweglichen Kolbens der Druck während ca. 1 ms so erniedrigt, dass die Siedetemperatur überschritten wird. Die Blasenbildung setzt dann entlang der Bahn der ionisierenden Teilchen ein, und die Vergrösserung der Blasen wird bei Beendigung der Expansionsphase gestoppt. Mit Blitzlampen und Kameras wird das Bild der entstandenen Spuren durch Fenster in dem Druckbehälter photographiert. Die Kammer wird meistens in einem homogenen Magnetfeld mit der Flussdichte B bis zu 3.5 T betrieben. Dann ergibt sich aus dem Krümmungsradius R einer photographierten Spur der Impuls $P = eBR$ des betreffenden geladenen Teilchens. Außerdem kann die Dichte von Blasen entlang einer Spur gemessen werden. Diese ist proportional zum Energieverlust $\mathrm{d}E/\mathrm{d}x$ des Teilchens durch Ionisation. Befinden sich die Teilchen im Bereich niedriger Impulse, $P/mc < 3$, so fällt der mittlere Energieverlust mit $1/\beta^2$ ab (siehe (1.29) und Abb. 1.1). Die Messung der Blasendichte ermöglicht deshalb eine Bestimmung der Geschwindigkeit $v = \beta c$ und, zusammen mit dem gemessenen Impuls, der Masse $m = \sqrt{(1 - \beta^2)}\, P/(\beta c)$ des Teilchens.

Für die Wahl der Flüssigkeit in der Blasenkammer ist die physikalische Fragestellung entscheidend. Zur Untersuchung von Reaktionen mit freien Protonen dient flüssiger Wasserstoff, Wechselwirkungen mit Neutronen können durch Differenzmessungen mit Deuterium und Wasserstoff studiert werden. Wenn der Nachweis von Elektronen, Photonen und π^o-Mesonen im Vordergrund steht, wird eine Flüssigkeit mit kurzer Strahlungslänge X_0 verwendet, also etwa Xenon oder Freon. In Tabelle 3.1 sind physikalische Eigenschaften und Betriebsbedingungen für einige in Blasenkammern verwendbare Flüssigkeiten aufgeführt [BE 77, HA 81b, WE 81b].

Die Blasenkammer ist immer noch ein hervorragendes Gerät, wenn es darum geht, komplizierte Ereignisse mit vielen Spuren zu analysieren. Ein eindrucksvolles Beispiel hierfür ist das von der Blasenkammer BEBC am CERN in einem Neutrinostrahl aufgenommene Bild (Abb. 3.27) einer Neutrino-Proton-Wechselwirkung mit Erzeugung eines Charm-Teilchens D^*, bei der alle Details der Erzeugung und des Zerfalls der Teilchen sichtbar sind. Jedoch geht die Nutzung von grossen Blasenkammern als isolierte Nachweisgeräte aus folgenden Gründen zurück:

a) die Blasenkammer kann an Speicherringen nicht benutzt werden;

Tabelle 3.1. *Betriebsbedingungen von Blasenkammer-Flüssigkeiten*

Flüssig-gas λ (cm)	Temp. (K)	Dampf-druck (bar)	Dichte (g/cm^3)	Expansions-verhältnis $\Delta V/V$ (%)	Strahlungs-länge X_0 (cm)	Absorp-tionslänge λ_{had} (cm)
He^4	3.2	0.4	0.14	0.75	1027	437
H^1	26	4.0	0.06	0.7	1000	887
D^2	30	4.5	0.14	0.6	900	403
Ne^{20}	36	7.7	1.02	0.5	27	89
Xe^{131}	252	26	2.3	2.5	3.9	60
C_3H_8	333	21	0.43	3	110	176
CF_3Br	303	18	1.50	3	11	73
Ar	35	25	1.0	1.0	20	116

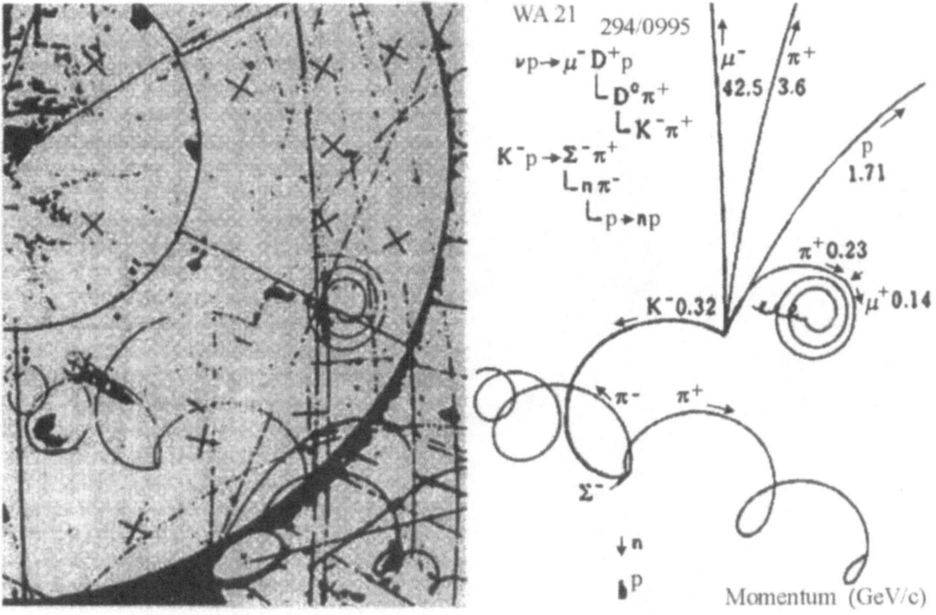

Abb. 3.27. Neutrino-Wechselwirkung in der H_2–Blasenkammer BEBC [WA 21]

b) bei hohen Energien (> 100 GeV) sind auch die größten vorhandenen Blasenkammern mit Durchmessern von ca. 5 m nicht so massiv, dass hadronische Schauer ihre ganze Energie in der Kammer abgeben; ein mit der Primärenergie des Hadrons zunehmender Anteil der Schauerenergie verlässt die Kammer, so daß eine kalorimetrische Energiemessung (s. Kap. 6.2) keine befriedigende Auflösung ergibt;

c) die Identifizierung von Myonen mit Energien oberhalb 2 GeV erfordert zur Absorption von Pionen und anderen Hadronen ein Filter von mindestens fünf Absorptionslängen Dicke, d.h. eine Schichtdicke von ca. $800\,\mathrm{gcm}^{-2}$ oder 1 m Eisen;

d) das erreichbare Feldintegral $\int Bdl \simeq 10\,\mathrm{T\,m}$ genügt bei Impulsen $P > 200\,\mathrm{GeV/c}$ nicht mehr für eine genaue Impulsmessung. Die Sagitta eines Teilchens mit Impuls $P = 400\,\mathrm{GeV/c}$ in einer 3 m langen Kammer mi 3.5 T Magnetfeld ist nur $s = 0.3\,BL^2/(8P) \sim 3\,\mathrm{mm}$ (siehe (7.12)).

Die Schwierigkeit b) könnte überwunden werden, wenn in die Blasenkammer ein Kalorimeter (z.B. mit Flüssig-Argon [HA 82]) eingebaut wird, und das Problem c) wurde gelöst, indem hinter den großen Blasenkammern ein externer Myon-Identifikator (EMI) aus einem Fe-Absorber und Proportionalkammern aufgebaut wurde (s. Abb. 3.28).

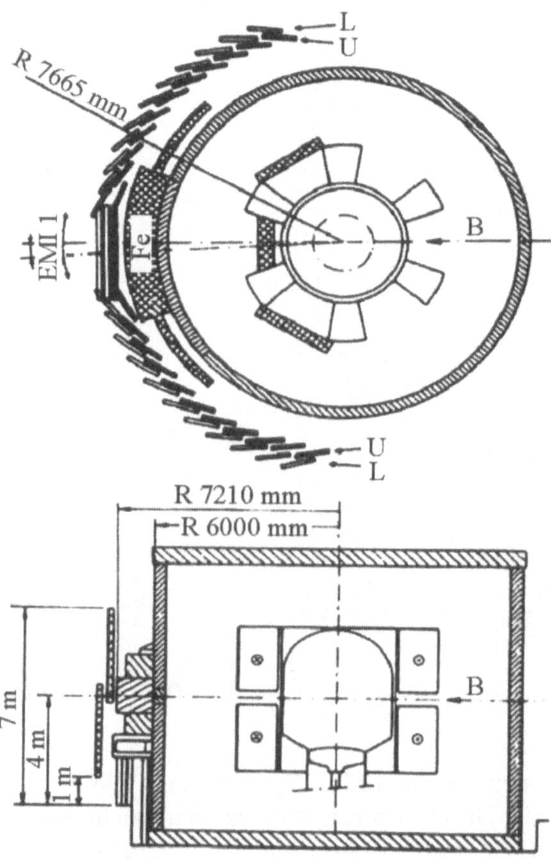

Abb. 3.28. Grundriss (oben) und Seitenriss (unten) der grossen europäischen Blasenkammer BEBC; B, Strahlrichtung, U, obere Hälfte der Myonkammer, L, untere Hälfte [WA 21]

In Zukunft können solche *Hybrid–Systeme* aus Blasenkammern und elektronischen Detektoren verwendet werden, insbesondere können kleine Blasenkammern mit extrem hoher Ortsauflösung als Vertexdetektoren für große Magnetspektrometer dienen. Die besten Auflösungen werden hierbei mit holographischer Auslese erreicht.

Die Registrierung von Blasenkammerspuren mit der Holographie-Technik beruht auf deren früher entwickelten Prinzipien [WE 66, WA 67, EI 79]. Sie ermöglicht eine hervorragende Ortsauflösung und gleichzeitig große Tiefenschärfe der optischen Abbildung. Das Prinzip ist in Abb. 3.29 gezeigt [HE 82]. Ein mit dem Farbstoff Coumarin-307 gefüllter Dye-Laser wird durch

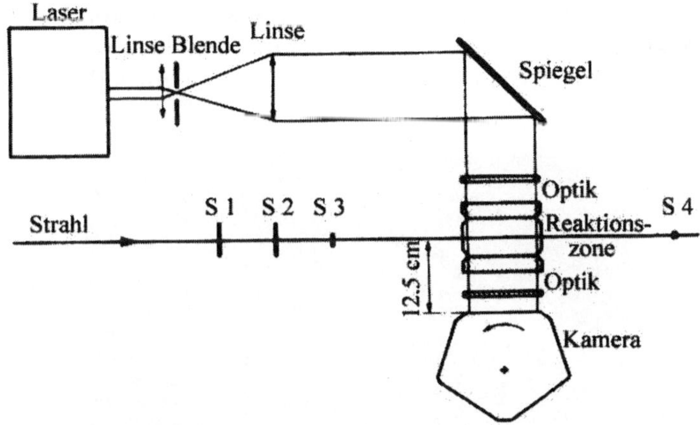

Abb. 3.29. Schematischer Aufbau eines holographischen optischen Systems für die Blasenkammer HOBS [HE 82] mit einem XeCl Excimer-Laser bei $\lambda = 308$ nm. S1 bis S4 sind Zähler zur Festlegung des Teilchenstrahls

einen Excimer-(XeCl)-Laser bei der Wellenlänge $\lambda = 308$ nm mit kurzen (10 ns) Impulsen gepumpt. Der Dye-Laser erzeugt einen parallelen Strahl bei $\lambda = 514$ nm, der durch zwei Linsen auf die transversale Dimension der Blasenkammer aufgeweitet wird. Das Licht tritt durch ein Fenster in die Blasenkammer ein, und der an den Blasen gebeugte Strahl (Objektstrahl) interferiert mit dem ursprünglichen Strahl (Referenzstrahl).

Auf dem Film (Agfa 10E56 Emulsion auf einer 170 μm dicken Polyester-Basis) entsteht das Hologramm. Nach der Entwicklung wird das Hologramm durch Umkehrung des Lichtweges mit einem bei der selben Wellenlänge 514 nm arbeitenden Laser zurückprojiziert. Das rekonstruierte Bild der Spuren in der Blasenkammer wird dann vermessen. Diese *in-line* oder *Gabor-Typ*-Holographie kann durch eine Zweistrahlgeometrie ersetzt werden, bei der ein Strahl durch die Kammer läuft und der andere (Referenzstrahl) um die Kammer herum geleitet wird. Die Interferenz findet wieder hinter der Kammer in der Filmebene statt.

Für die mit dieser Methode erreichbare Auflösung ist die Zeit t zwischen dem Teilchendurchgang und dem Laserblitz ein wichtiger Parameter. Der Blasenradius r in der Kammer wächst mit der Zeit t nach der Beziehung

$$r = A\sqrt{t} \tag{3.4}$$

an, wobei A für die Flüssigkeit C_2F_5Cl zwischen dem Wert $0.35\,\mathrm{cm\,s^{-1/2}}$ bei 48° C und $0.023\,\mathrm{cm\,s^{-1/2}}$ bei 65° C variiert und bei flüssigem Wasserstoff bei 29 K den Wert $0.095\,\mathrm{cm\,s^{-1/2}}$ hat.

Mit einer Verzögerung des Laserpulses von $t = 3\,\mu\mathrm{s}$ in einer Freon-Kammer bei 48° C kann demnach ein Blasenradius von $6\,\mu\mathrm{m}$ erreicht werden. Dies wurde experimentell gezeigt [HE 82].

Als ein Beispiel für die Qualität solcher mit Holographie rekonstruierter Bilder zeigt Abb. 3.30 eines der ersten mit einer kleinen Freon-Kammer (BIBC) aufgenommenen Bilder. Die Wechselwirkung eines Pions von 15 GeV

Abb. 3.30. Holographisch hergestelltes Bild einer π-Wechselwirkung bei 15 GeV in einer kleinen Freon-Blasenkammer BIBC. Der Blasendurchmesser beträgt $8\,\mu\mathrm{m}$ [DY 81]

Energie erzeugt 10 Spuren, deren Blasengröße $8\,\mu\mathrm{m}$ im Durchmesser beträgt [DY 81, MO 80].

3.9 Streamerkammern

Diese Kammern sind gasgefüllte Volumina mit zwei Elektroden (Abb. 3.31). Nach dem Durchgang eines geladenen Teilchens wird kurzzeitig ein elektrisches Feld hoher Feldstärke ($E > 30\,\mathrm{kV/cm}$) senkrecht zur Spurrichtung erzeugt. Die einsetzende Lawinenbildung mit einer Gasverstärkung von ca. 10^8 erzeugt über die Anregung der Gasatome Licht. Wenn der Hochspannungsimpuls auf den Elektroden sehr kurz (einige ns) gemacht wird, bricht die in

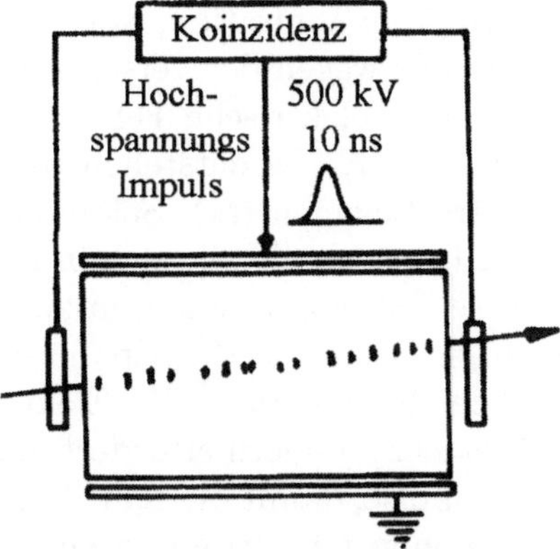

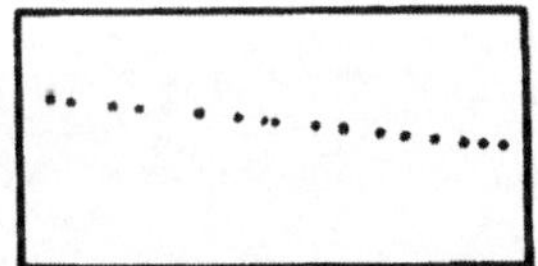

Abb. 3.31. Prinzip der Streamerkammer (schematisch)

Richtung der elektrischen Feldlinien fortschreitende Entladung so ab, dass nur kurze Entladungskanäle ("Streamer") entstehen [RI 74, SC 79]. Diese können photographiert werden und ergeben ein Bild der Spur des ionisierenden Teilchens.

Der Prozess der Streamerbildung ist in Abb. 3.32 dargestellt. Das gelade-

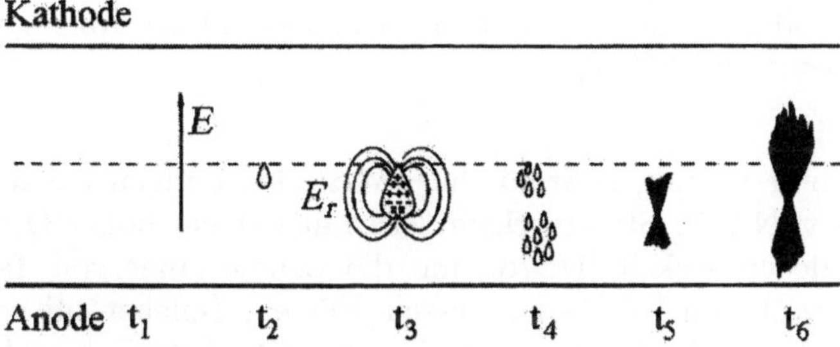

Abb. 3.32. Zeitliche und räumliche Entwicklung eines Streamers. Die zeitliche Abfolge verläuft von links (t_1) nach rechts (t_6) [AL 69]

ne Teilchen tritt parallel zu den Kammerelektroden durch das Kammervolumen und hinterlässt Cluster von Elektron-Ion-Paaren auf seinem Weg (Zeit t_1). Das Teilchen löst den Hochspannungs-Trigger aus. Zur Zeit t_2 entwickelt sich, ausgehend von der primären Ionisation, eine Lawine in Feldrichtung. Sie bildet sich tropfenförmig aus wegen der verschiedenen Beweglichkeit der Elektronen und Ionen (t_3). Das elektrische Feld der Raumladung E_r addiert sich zu dem externen Feld E. Es entstehen durch UV-Photonen aus der Lawine weitere sekundäre Lawinen (t_4). Sekundäre und primäre Lawinen bilden zusammen zwei Plasmakanäle, die sich in Richtung auf die beiden Elektroden ausdehnen. Diese "Streamer" wachsen zusammen mit einer Geschwindigkeit von $\sim 10^8$ cm/s. Wenn die Hochspannung lange genug an den Elektroden anliegt, erreichen die Streamer die Elektroden: es entsteht ein Funke. Der Betrieb von Streamerkammern erfordert aber gerade extrem kurze (≤ 1 ns) Hochspannungsimpulse, damit die Spur "dünn" bleibt. Die hervorragende Qualität der Bilder von gegenwärtig verwendeten Streamerkammern geht aus Abb. 3.33 hervor. Diese Kammer wurde im NA5-Experiment am

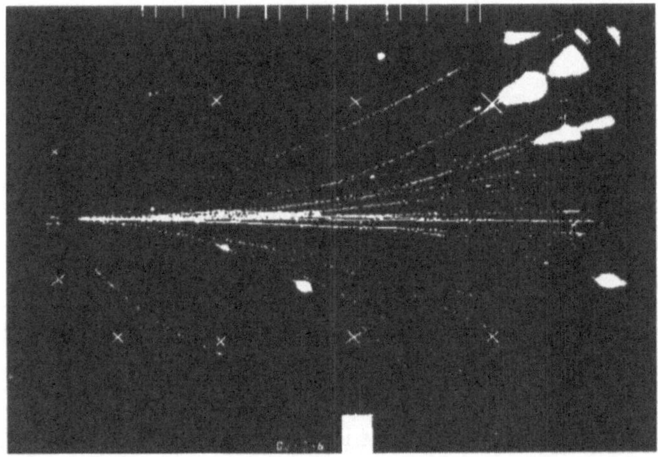

Abb. 3.33. Wechselwirkung eines π^- bei 300 GeV in einem H_2-Target. Die Spuren der Reaktionsprodukte sind in einer Streamerkammer mit den Abmessungen $200 \times 120 \times 72\,\text{cm}^3$ registriert [EC 80]

CERN zur Untersuchung hadronischer Wechselwirkungen bei hohen Energien verwendet [NA 5]. Streamerkammern mit extrem hoher Ortsauflösung wurden in Yale entwickelt [DI 78], um die Lebensdauer von Teilchen mit Charm im Bereich von 10^{-13} s zu messen. Für ein Teilchen mit einer Masse von 2 GeV und einem Impuls von 20 GeV entspricht diese Lebensdauer einem mittleren Zerfallsweg von 300 μm. Die Yale-Kammer arbeitet bei einem Druck von 24 bar, benutzt Spannungsimpulse von 0.5 ns Dauer zur Erzeugung einer elektrischen Feldstärke von 330 kV cm^{-1} und erreicht eine Ortsauflösung von 32 μm [SA 80].

Im Gegensatz zu Blasenkammern können Streamerkammern auch als Spurdetektoren in Speicherringexperimenten verwendet werden. Ein Beispiel ist das Experiment UA5 [UA 5], bei dem Reaktionsprodukte von Proton-Antiproton-Stößen bei einer Schwerpunktsenergie von 540 GeV untersucht wurden.

3.10 Flashkammern

Eine weitere Gasentladungskammer ist die von Conversi u.a. [CO 55, CO 78] entwickelte Flashkammer, die auch in einem Neutrinodetektor am Fermilab und für Protonzerfallsexperimente verwendet wurde [TA 78]. Die Kammer besteht aus einer Reihe parallel zueinander angeordneter rechteckiger Rohre, die aus Polypropylen extrudiert werden (Abb. 3.34). Diese ebene Kammer

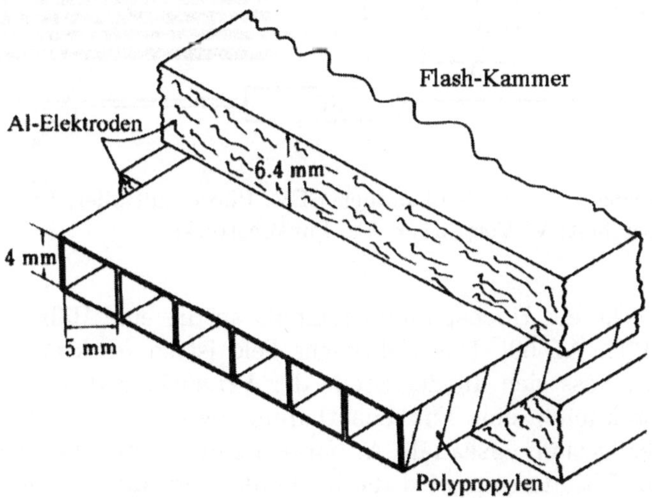

Abb. 3.34. Prinzip einer Flash-Kammer aus extrudiertem Polypropylen [TA 78]

wird zwischen zwei Metall-Elektroden gebracht und mit einem Neon(90%)-Helium(10%)-Gemisch gefüllt. Nach dem Durchgang eines ionisierenden Teilchens wird ein Hochspannungsimpuls an die Elektroden angelegt, der in den vom ionisierenden Teilchen getroffenen Rohren eine Glimmentladung auslöst. Diese kann photographiert oder elektronisch registriert werden. Das Ansprechvermögen dieses Kammertyps liegt bei 80%. Die Kosten pro Fläche für solche Kammern sind im Vergleich zu Driftkammern klein, so daß der Bau von Kalorimetern großen Volumens und großer Masse (1000 t) unter Beibehaltung einer Ortsauflösung von 5-10 mm möglich wird. Beispiele finden sich im Kapitel über Protonzerfallsdetektoren (Kap. 8.7).

3.11 Funkenkammern

Die Funkenkammer war vor der Erfindung der Proportional- und Driftkammer der am weitesten verbreitete auslösbare Spurdetektor. Eine Reihe von parallelen Metallplatten befinden sich als Elektroden in einem Edelgas-Volumen (Helium/Neon bei Normaldruck). Die Platten sind alternierend mit einer gepulsten Hochspannungsquelle oder mit Erdpotential verbunden (Abb. 3.35). Nach dem Durchgang des ionisierenden Teilchens wird über eine Funkenstrecke ein Hochspannungsimpuls an die eine Hälfte der Platten angelegt [CO 55, AL 69]. Das elektrische Feld ist so stark (20 kV cm^{-1} bei Normaldruck), dass sich an der Stelle der Primärionisation innerhalb von einigen Nanosekunden eine Funkenentladung zwischen zwei Platten ausbildet, wobei der Entladungskanal i.A. parallel zum elektrischen Feld verläuft. Zwischen den Entladungen wird die im Funken erzeugte Ladung durch ein schwaches, zeitlich konstantes elektrisches Feld abgesaugt, dessen Richtung derjenigen des gepulsten Feldes entgegengesetzt ist ("Reinigungsfeld"). Das Ansprechvermögen der Funkenkammer hängt wegen des angelegten Reinigungsfeldes und wegen der Diffusion der primären Elektronen von der zeitlichen Verzögerung zwischen dem Teilchendurchgang und dem Zeitpunkt des Hochspannungsimpulses auf den Platten ab. Die Abbildung 3.36 zeigt diese Abhängigkeit für eine mit Neon bei 1.3 bar gefüllte Kammer [RU 64]. Das Ansprechvermögen sinkt gegenüber den dort angegebenen Werten, wenn mehr als ein geladenes Teilchen die Kammer durchquert, weil die vorhandene Ladung dann über mehrere Entladungskanäle abfließt.

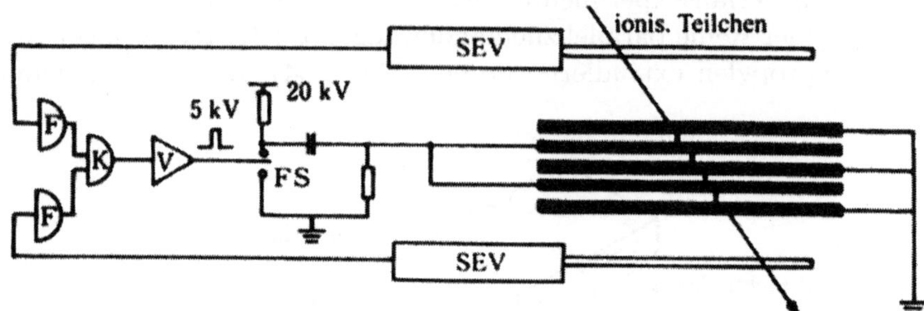

Abb. 3.35. Prinzip der Funkenkammer. SEV: Photomultiplier; F: Impulsformer; K: Koinzidenzeinheit; V: Verstärker; FS: Funkenstrecke

Die Position der Funken in der Kammer wird entweder optisch oder über eine magnetostriktive Auslese registriert. Im letzteren Fall müssen die Elektroden aus Drähten aufgebaut sein, und der Entladungsstrom fließt über diejenigen Drähte, von denen der Funke ausgegangen ist. Ein magnetostriktiver Draht aus einer Co-Ni-Fe-Legierung wird orthogonal zu den Elektrodendrähten entlang einem Rahmen der Kammer angebracht. Der Entladungs-

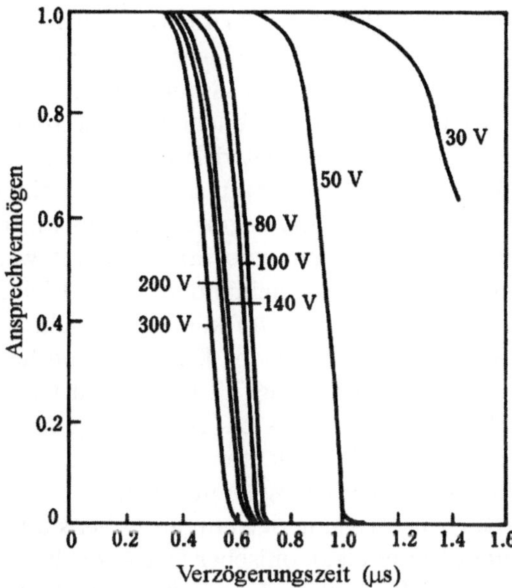

Abb. 3.36. Ansprechvermögen einer Funkenkammer als Funktion der Verzögerungszeit für verschiedene Werte der Reinigungsspannung [RU 64]

strom durch die Elektrodendrähte in der Nähe des Funkens induziert im magnetostriktiven Draht eine mechanische Kompression, die sich wellenartig mit einer Geschwindigkeit von ca. $5\,\mathrm{km\,s^{-1}}$ entlang des Drahtes ausbreitet. Eine um das Ende des magnetostriktiven Drahtes gelegte Spule registriert die Ankunft der Welle als Spannungsimpuls, wodurch deren Laufzeit vom erregenden Draht bis zur Spule gemessen wird. Eine Lokalisierung des Funkens auf ca. $200\,\mu$m genau ist möglich. Die Totzeit der Kammer bis zum vollständigen Absaugen der Ladungen im Plasma des Funkens beträgt einige ms je nach der Stärke des Reinigungsfeldes.

3.12 Kernspuremulsion

In der Frühzeit der Erforschung der kosmischen Strahlung war die Kernspuremulsion ein häufig benutzter Spurdetektor. Wenn geladene Teilchen eine photographische Emulsion durchdringen, erscheinen nach der Entwicklung Spuren [KI 10, RE 11]. Die Kernemulsion besteht aus kleinen (Durchmesser $0.25\,\mu$m) Silberbromid-Kristallen in einer Gelatine-Schicht. In ähnlicher Weise wie das sichtbare Licht verursacht das ionisierende Teilchen entlang seiner Bahn chemische Veränderungen in den Silberbromid-Körnern ("latente Bilder"). Bei der Entwicklung werden die Silber-Ionen des Salzes an diesen Stellen zu Silberatomen reduziert. Die Reihe der entstehenden Silberkörner bildet eine Spur.

Eine einzelne Emulsionsschicht ist $25\,\mu$m bis $200\,\mu$m dick. Für Experimente werden einige hundert solcher Schichten zu einem Paket ("Stack") zusammengepackt. Die Dichte eines Stacks beträgt ca. $3.8\,\mathrm{g\,cm^{-3}}$.

Die räumlichen Koordinaten einer Teilchenspur werden in der Emulsion durch Musterung der transparenten entwickelten Schicht und Messung unter dem Mikroskop bestimmt. Da eine Spur nur in Ausnahmefällen innerhalb einer Schicht verläuft, müssen die Spursegmente aus mehreren bei der Belichtung aufeinander liegenden Schichten zusammengesetzt werden. Dazu muss die relative Position der Schichten zueinander durch Eichmarken festgelegt sein. Räumliche Auflösungen bis zu $1\,\mu$m können erreicht werden.

In neuerer Zeit ist die Bedeutung der Emulsionsmethode wieder gestiegen, weil die Lebensdauern vieler "neuer" Teilchen mit Charm- oder Beauty-Quantenzahlen im Bereich von 10^{-13} s bis 10^{-12} s liegen. Um die Geschwindigkeit der Durchmusterung der Schichten auf geeignete Ereignisse zu steigern, wurden hybride Experimente aufgebaut, bei denen die Emulsion als Target und Vertexdetektor zur Messung der kurzen Lebensdauer dient, während ein strahlabwärts aufgestellter elektronischer Detektor die Spureninformation für besonders ausgewählte Ereignisse des gewünschten Typs speichert. Diese Information wird dann bei der Analyse verwendet, um die Vertices der interessierenden Ereignisse in der Emulsion ungefähr zu lokalisieren, so dass die visuelle Verarbeitung der Emulsion schneller abläuft. Die Vertex-Information wird sodann mit den im elektronischen Detektor gemessenen Impulsen oder Energien der Teilchen kombiniert, um eine möglichst vollständige kinematische Rekonstruktion des Ereignisses zu erhalten.

Ein neues großes Experiment, das die Kernspur-Emulsionstechnik verwendet, ist das OPERA-Experiment im italienischen Untergrundlabor unter dem Gran-Sasso-Massiv. Dort sollen in der Emulsion Tau-Leptonen nachgewiesen werden. Auf diese Weise hofft man, die Umwandlung von μ-Neutrinos in τ-Neutrinos nachzuweisen. Dazu wird ein intensiver Strahl von μ-Neutrinos im Europäischen Labor CERN in Genf erzeugt und über ca 450 km durch die Erde zum Gran-Sasso geschossen. Der τ-Nachweis soll in einem Sandwich-Emulsionsdetektor von etwa 1 t Masse geschehen.

Emulsionen liefern außer der räumlichen Vermessung der Teilchenspuren weitere Messgrössen: die Reichweite von Teilchen, die in der Emulsion stoppen, die Anzahl der Delta-Elektronen n_δ und die Korndichte entlang der Spur, und die Messung der Vielfachstreuung des Teilchens in der Emulsion. Aus diesen Größen können Rückschlüsse auf die Energie, die Ladung und die Masse des Teilchens gezogen werden. Dazu dienen empirische Daten über die Beziehung zwischen Energie und Reichweite und der Abfall des spezifischen Energieverlustes von nichtrelativistischen Teilchen der Geschwindigkeit v proportional zu v^{-2}. Eine vollständige Identifizierung der Teilchen ist nicht immer möglich, weil oft die verfügbare Spurlänge eine hinreichende Messgenauigkeit nicht zulässt.

3.13 Silizium-Streifendetektoren und CCD's

Halbleiterdetektoren mit guter Ortsauflösung wurden erstmals im Rahmen einer CERN-München-Kollaboration [HY 83] für ein Experiment über hadronische Erzeugung kurzlebiger Teilchen mit Charm eingesetzt. Abb. 3.37 zeigt einen Schnitt durch solch einen Detektor.

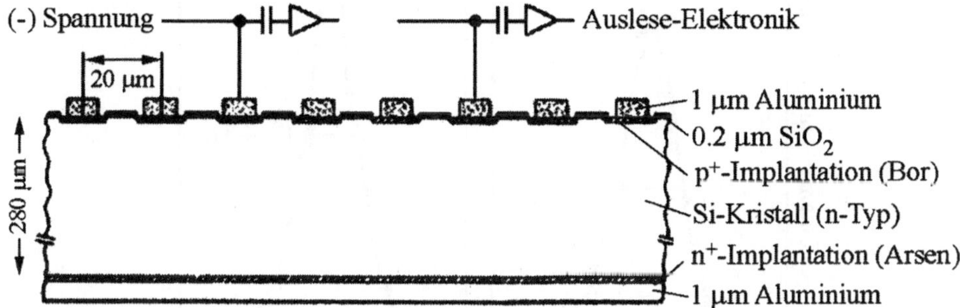

Abb. 3.37. Querschnitt durch einen Silizium-Streifendetektor mit kapazitiver Ladungsteilung [HY 83]

Er ist aus einem n-dotiertem Silizium-Einkristall mit spezifischem Widerstand von 2 kΩ hergestellt. Eine Scheibe von 50 mm Durchmesser und 280 μm Dicke wird auf einer Seite mit Aluminium bedampft; auf der anderen Seite wird auf einer Fläche von 24 mm × 26 mm Bor in Form von Streifen implantiert, wodurch dort p-Si entsteht. Diese Streifen bilden eine p-n-Grenzschicht, wie in Kap. 2.5 diskutiert, wenn eine Spannung in Sperr-Richtung angelegt wird (-160 V in diesem Fall). Ein relativistisches geladenes Teilchen erzeugt beim Durchqueren der Schicht von 280 μm Dicke 2.5×10^4 Elektron-Loch-Paare. Die Elektronen werden innerhalb von 10 ns auf der Anode eines oder mehrerer Streifen gesammelt. Dieses Signal dient zur Lokalisierung des Teilchens mit einer dem Abstand der Streifen entsprechenden Genauigkeit. Der hier verwendete Detektor hat 1200 Streifen der Dimension 12 μm× 36 mm, die im Abstand von 20 μm implantiert sind. Um die Anzahl der auszulesenden Kanäle zu reduzieren, wird nur jeder dritte Steifen (Abstand 60 μm) oder - alternativ - jeder sechste Streifen (Abstand 120 μm) ausgelesen. Die vom durchfliegenden Teilchen freigesetzte Ladung verteilt sich durch kapazitive Kopplung auf mehrere benachbarte Streifen. Der Ort des Teilchendurchgangs wird deshalb als der Schwerpunkt der in den einzelnen Streifen nachgewiesenen Ladungen ermittelt. Die so erreichte Ortsauflösung beträgt 4.5 μm für Auslese im Abstand von 60 μm und 7 μm für Auslese im Abstand von 120 μm.

Ist ein magnetisches Feld parallel zu den Streifen vorhanden, so verschiebt die Lorentzkraft die Ladungsträger seitlich. Für eine Feldstärke von 1.68 T beträgt die mittlere Verschiebung des Ladungsschwerpunktes 10 μm [BE 83]. Ausserdem wird dadurch die Breite der Verteilung der Ladungsschwerpunkte von 5 μm auf 12 μm vergrößert (Abb. 3.38).

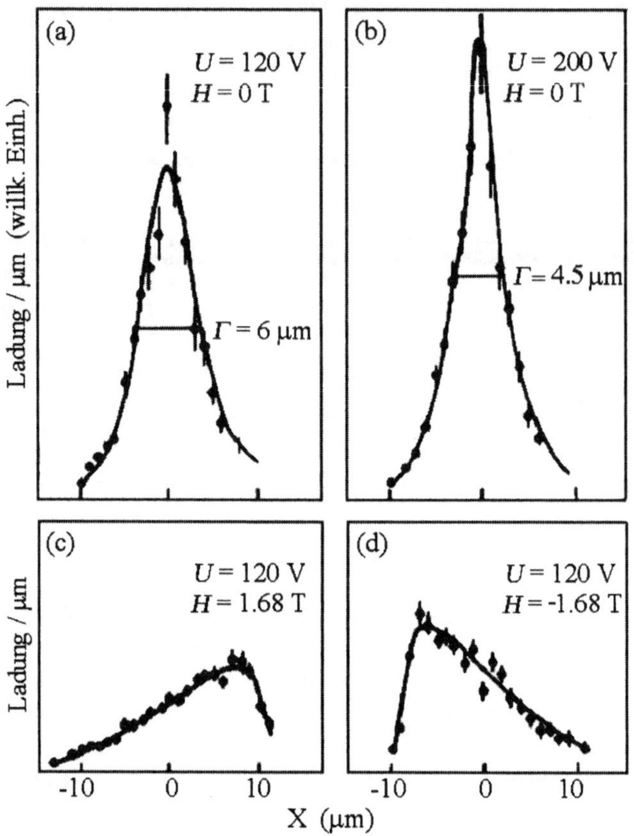

Abb. 3.38. Ortsauflösung eines Streifendetektors für minimal ionisierende Teilchen für verschiedene Sperrspannungen U und äußere Magnetfeldstärken H parallel zu den Streifen [BE 83]

Die erwähnte Ortsauflösung kann noch verbessert werden, wenn jeder Streifen ausgelesen wird. Für diesen Fall berechnen Belau et al. [BE 83] eine Auflösung von 2.8 μm, von der ein Anteil von 1 μm auf die statistische Fluktuation der δ-Elektronen-Emission entlang der Spur zurückzuführen ist. Die Auslese jedes Streifens ist sehr aufwendig. Sie könnte verwirklicht werden, wenn es gelänge, auch die zur Auslese benötigten elektronischen Baugruppen auf dasselbe Silizium-Plättchen zu implantieren, aus dem der Streifendetektor selbst besteht. Mit dieser VLSI-Technik würde dann die von der Elektronik benötigte Fläche gleich groß wie die des Detektors sein, während bei dem besprochenen Beispiel das Verhältnis der Flächen 300 : 1 ist. Ein erster Schritt in dieser Richtung ist die Integration von 128 Verstärkern und Ausleseelektronik auf einem Chip. Allerdings müssen in diesem Fall die Streifen und die Verstärker noch durch gebondete Drähte verbunden werden [LU 84].

Die Größe von Streifendetektoren ist gegenwärtig auf die Fläche $70 \times 70\,\mathrm{mm}^2$ beschränkt, da keine größeren Einkristalle industriell hergestellt werden.

Ein Beispiel für den Einsatz von Streifendetektoren in einem Speicherringexperiment ist der Vertexdetektor für das ALEPH-Experiment am LEP Elektron-Positron-Speicherring (Abb. 3.39). Es wird benutzt für die präzise

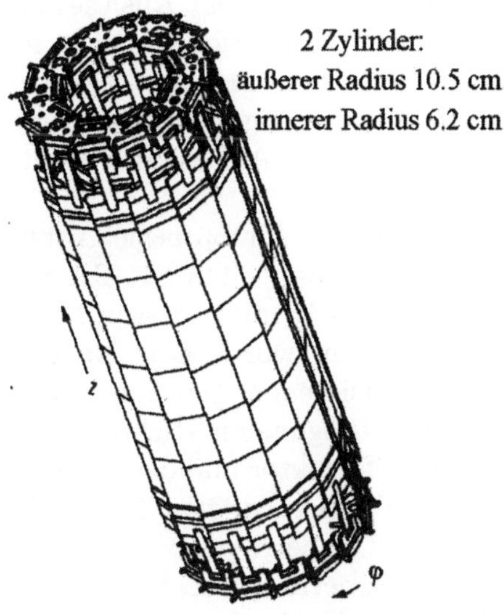

Abb. 3.39. Der Silizium-Streifendetektor für das ALEPH-Experiment bei LEP

Vermessung der Spuren, die im Wechselwirkungspunkt der Elektron-Positron-Kollision im Zentrum des zylindrischen Vertexdetektors entstehen. Zusammen mit der Spurvermessung in anderen, außerhalb befindlichen Detektoren erlaubt es dieser Vertexdetektor, "Knicke" in den Spuren zu finden, die durch den Zerfall kurzlebiger Teilchen nahe am Wechselwirkungspunkt entstehen.

Der Vertexdetektor besteht aus 96 beidseitig mit Streifen ausgelesenen Si-Detektoren von je $51.2 \times 51.2\,\mathrm{mm}^2$ Oberfläche, angeordnet auf zwei Zylinderschalen des Radius 62 mm und 105 mm und der Länge 205 mm, die das Strahlrohr beim Wechselwirkungspunkt umgeben. Der Streifenabstand ist $25\,\mu\mathrm{m}$ in der azimutalen φ-Richtung und $50\,\mu\mathrm{m}$ in der axialen z-Richtung; bei der Auslese werden vier (φ) bzw. zwei (z) Streifen zusammengefasst. Dabei werden jeweils Gruppen von 64 Kanälen sequentiell ausgelesen, so daß nur 576 Ausleseleitungen benötigt werden. Die Gesamtzahl der Kanäle ist 73728. Der Detektor überdeckt 74% des Raumwinkels für Teilchen, die vom Wechselwirkungspunkt ausgehen. Für jede geladene Spur werden 4 Koordinaten gemessen, je 2 auf jeder Zylinderschale. Die Genauigkeit der Messung ist 12 μm in der $(r,\ \varphi)$-Projektion und 12 μm in der z-Richtung.

Eine elegante Art, die Auslese von Siliziumdetektoren zu vereinfachen, wird bei den Charged-Coupled Devices (CCD's) verwendet. Ein CCD [BE 80] ist ein durch Implantierung matrixförmig unterteiltes rechteckiges Silizium-Bauteil (Dicke ca. 200 μm). Durch geeignete Implantierung und angelegte Steuerspannungen sind die Zeilen des CCD's elektrisch durch Potentialwälle gegeneinander abgeschirmt. Ladungen, die etwa durch ionisierende Teilchen in der ca. 15 μm dicken Sperrschicht eines Silizium-Zählers freigesetzt und gesammelt werden, können durch Anlegen von Gate-Spannungen in einer Zeile verschoben werden, nicht jedoch zwischen den Zeilen. Die Verluste beim Ladungstransfer sind kleiner als 10^{-4}. Die Auslese der Ladungen in einer CCD-Matrix kann nun sequentiell so erfolgen, dass mit einer bestimmten Taktfrequenz die Ladungsinhalte der einzelnen Elemente einer Zeile ausgelesen und hintereinander in einem einzigen Analog-Digital-Converter (ADC) digitalisiert werden. Danach folgt die Auslese der zweiten Zeile usw, bis die gesamte Matrix ausgelesen ist.

Die erste solche Anwendung der für optische Abbildungen entwickelten CCD's gelang einer englischen Gruppe [DA 81, BA 83, DA 87]. Mit einem kommerziellen CCD der Größe $8 \times 13\,\text{mm}^2$, dessen 10^5 Matrixelemente ("Pixels") $22\,\mu\text{m} \times 22\,\mu\text{m}$ groß waren, wurde eine Nachweiswahrscheinlichkeit $\varepsilon = 98 \pm 2\%$ für minimal ionisierende Teilchen und Ortsauflösungen von 4.3 μm bzw. 6.1 μm in zwei orthogonalen Richtungen erreicht. Zur Unterdrückung des Dunkelstroms im Detektor und des Rauschens im Vorverstärker musste das Bauteil auf eine Temperatur von 120 K abgekühlt werden. Die Auslesezeit konventioneller CCD's beträgt 10 s. Sie konnte jedoch beim Einsatz dieser CCD's in einem Experiment [DA 87] durch Verwendung einer Taktfrequenz von ca. 2 MHz bei der Auslese auf 15 ms reduziert werden.

Die Vorteile der CCD's liegen auf der Hand: sie ergeben zweidimensionale Abbildungen der Teilchenspuren in einer Ebene senkrecht zur Strahlrichtung; wenn also viele (> 10) Spuren aus einer Reaktion auftreten, ist die Fähigkeit des CCD, diese zu trennen, viel besser als die eines Streifendetektors, der nur eine Zweispurauflösung von 20-40 μm in einer *Projektion* ermöglicht. Weiterhin ist die sequentielle Auslese der ca. 10^5 Elemente eines CCD ein Vorteil gegenüber der teilweise parallelen bei Streifendetektoren. Der Nachteil der CCD's besteht in der für viele Anwendungen nicht ausreichenden Fläche von 1 bis 4 cm^2. Streifendetektoren dagegen können modular aus Si-Scheiben von 3" Durchmesser zusammengesetzt werden.

Als Beispiel für die Verwendung von CCD's in einem Speicherringexperiment kann der für den SLD-Detektor am Stanford Linear Collider (SLC) gebaute Vertexdetektor dienen [DA 86, DA 82, DA 90, ST 92]. Wegen der extrem präzisen Strahlführung und -fokussierung am Wechselwirkungspunkt können die CCD's hier auf 4 Zylinderschalen angeordnet werden, deren innere einen Radius von 29.5 mm hat (Abb. 3.40). Die CCD's sind die eben erwähnten mit $22\,\mu\text{m} \times 22\,\mu\text{m}$–Pixels. Der beiden inneren Zylinder sind mit

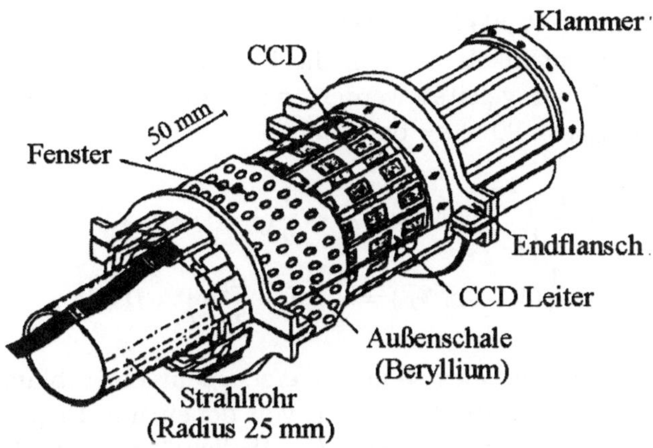

Abb. 3.40. Der Vertex-Detektor für den LSD-Detektor am Stanford Linear Collider (SLC)

13×8 CCD's bestückt, die weiteren mit 17 × 8 CCDs, also insgesamt mit 480 CCD's und insgesamt ca. 1.1 × 10^8 Pixels.

3.14 Szintillierende Fibern

In den letzten Jahren wurden szintillierende Fibern (SCIFI) als Spurdetektoren mit hoher räumlicher und zeitlicher Auflösung untersucht und verwendet. Solche Fibern sind dünne Fasern (Durchmesser 100 bis 500 μm) aus Plastikszintillator (Polystyrol), in denen geladene Teilchen Szintillationslicht erzeugen (s. Kap. 4.2). Dieses Licht liegt entweder im blauen Bereich (Maximum der Emission bei 430 nm) oder im grünen oder orangenen Bereich.

Die szintillierende Fiber ist umgeben von einem Mantel aus Material mit kleineren Brechungsindex (z.B. PMMA). Das Licht pflanzt sich in der Fiber durch Totalreflexion fort und wird am Ende mit photoempfindlichen Detektoren nachgewiesen, und zwar entweder mit Mikrokanal-Multipliern (Kap. 4.1) oder mit Avalanche-Photodioden (APD). Sind Magnetfelder im Detektor vorhanden, können Mikrokanal-Multiplier nicht verwendet werden.

Das große Problem dieses Detektortyps ist die geringe Lichtmenge, die am Ende einer Faser ankommt. Die Zahl der Photonen, die ein minimal ionisierendes Teilchen in einer Fiber des Durchmessers d erzeugt, ist

$$N_\gamma = \frac{\mathrm{d}E}{\mathrm{d}x} d \cdot Y \ , \tag{3.5}$$

wobei Y die Effizienz des Szintillatormaterials (Photonen pro deponierte Ionisationsenergie) ist. Von diesen isotrop emittierten Photonen wird nur ein Bruchteil ε durch Totalreflexion am Mantel der Fiber weitergeleitet. Ist der Brechungsindex des Mantels $\mathrm{n_m} = 1.504$ und der des Faserkerns $\mathrm{n_0} = 1.618$, so ist der minimale Winkel der Totalreflexion $\beta_T = \arcsin(n_m/n_0)$ und der Anteil des Raumwinkels, in dem die Photonen total reflektiert und zu einem Ende der Fiber geleitet werden, wird durch einem Kegel mit dem Öffnungswinkel $\theta_{\max} = 90 - \beta_T$ definiert:

$$\varepsilon = \frac{1}{2}\int_0^{\theta_{\max}}(-\mathrm{d}\cos\theta) = \frac{1}{2}(1-\cos\theta_{\max}) = \frac{1}{2}(1-\sin\beta_T) = \frac{1}{2}\left(1-\frac{\mathrm{n_m}}{\mathrm{n_0}}\right) = 0.035\ . \tag{3.6}$$

Ein minimal ionisierendes Teilchen erzeugt in einer blauen Faser mit 500 μm Durchmesser ca. 10^3 Photonen, von denen nur 15 (8) am Ende einer 1 m (2 m) langen Faser ankommen (im Wellenlängenbereich um 400 nm). Die Quantenausbeute der Detektoren liegt zwischen 15% für Mikrokanal-Multiplier im Grünen und 40% bzw. 90% für APD's im grünen bzw. im orangen Bereich. Die Zahl der nachgewiesenen Photoelektronen ist deshalb beim gegenwärtigen Stand der Entwicklung noch sehr gering.

Deshalb ist noch nicht klar, ob diese Fiberdetektoren als Spurdetektoren bei extrem hoher Zählrate eingesetzt werden können. Das gilt auch, wenn man die Nachweiswahrscheinlichkeit steigert, indem mehrere Schichten von Fibern hintereinander angeordnet werden.

Dagegen ist die Verwendung dieser Fibern in Kalorimetern (s. Kap. 6) möglich, da dort nur die Summe der Signale vieler Einzelfibern gemessen werden muss. Bei diesen Anwendungen werden die Fibern dazu verwendet, um die große Anzahl von geladenen Teilchen (bis zu 10^3) in einem elektromagnetischen oder hadronischen Schauer nachzuweisen. Hier ist nur die Summe von vielen Fibersignalen relevant, und die Lichtausbeute ist hinreichend groß.

Ein Beispiel für diese Anwendung ist ein Hodoskop aus Fibern innerhalb eines elektromagnetischen Kalorimeters aus flüssigem Krypton im NA48-Experiment [NA 48] zum Nachweis von K-Meson-Zerfällen. Jedes Bündel wird in einem Rohr aus Epoxid-Glasfiber des Durchmessers 7 mm geführt. Die Rohre bilden innerhalb des flüssigen Krypton eine Wand in der longitudinalen Position, wo der elektromagnetische Schauer seine maximale Teilchenanzahl erreicht, d.h. hinter einer Schicht der Dicke $10X_0$ der Flüssigkeit. Die zylindrischen Fibern aus extrudiertem Polystyrol mit einer Schutzschicht aus Acryl haben einen Durchmesser von 1 mm, das Szintillationslicht pflanzt sich mit einer Geschwindigkeit von 14.2 ± 1.7 cm/ns fort, und die Abschwächungslänge ist 3.5 m. Die Fibern können ohne Lichtverlust auf einen Kreis mit Radius 3 cm gebogen werden, und es gibt keinen messbaren Lichtverlust (weniger als 2%) durch das Einbringen in das flüssige Krypton. Ein minimal ionisierendes Teilchen, das die Fiber nahe dem Photomultiplier durchquert, produziert 10 Photoelektronen, in 3 m Abstand sind es 4 Photoelektronen. Die Zeitauflösung für einen Elektronen-Schauer mit 10 GeV Energie ist 230 ps, und 140 ps für 50 GeV Energie.

3.15 Vergleich von Ortsdetektoren

Vergleicht man Gütezahlen von Ortsdetektoren, so sind die Ortsauflösung, die Zeitauflösung und die maximale Datenerfassungsrate wichtige Parameter. Einige der hierfür wichtigen Größen sind in Kap. 1.4 definiert, so z.B. Auflösung und Totzeit. In Tabelle 3.2 sind einige dieser Kenngrößen für die besprochenen Detektortypen zusammengestellt. Sie gibt u.a. die Nachweis-

Tabelle 3.2. *Eigenschaften von Ortsdetektoren*

Kammertyp	Ortsauflösung normal (μm)	Ortsauflösung speziell (μm)	Empfindliche Zeit (ns)	Totzeit (ms)	Direkte elektronische Auslese	Auslesezeit (μs)	ε (%)	Vorteile
Proportionalkammer	700	100	50	–	ja	10-10^2	100	Zeitauflösung
Driftkammer	200	50	500	–	ja	10-10^2	100	Ortsauflösung
Blasenkammer	100	8	10^6	10^2	nein	–	100	Analyse komplizierter Ereignisse
Streamer-Kammer	300	30	10^3	0.03-0.1	nein	–	100	Analyse von Ereignissen mit vielen Spuren
Flash-Kammer	4000	2000	10^4	10^2	ja	10^3	80	Preis
Funken-Kammer	200	100	10^3	0.01-1	ja	10^4	95	einfacher Aufbau
Emulsion	5	2	–	–	nein	–	100	Ortsauflösung
Silizium-Streifen-Detektor	7	3	10^3	–	ja	10	100	Ortsauflösung

wahrscheinlichkeit ε an. Die angegebene Totzeit ist diejenige des ganzen Detektors einschließlich der Zusatzgeräte, wie z.B. Hochspannungspulser. Tabelle 3.2 enthält außerdem noch die "empfindliche Zeit" eines auslösbaren Detektors, d.h. die Zeit, während derer weitere in den Detektor einlaufende Teilchen registriert werden unabhängig davon, ob sie mit dem auslösenden Ereignis korreliert sind oder nicht. Eine zeitliche Überlagerung von verschiedenen Ereignissen kann nur vermieden werden, wenn die mittlere Zeitspanne zwischen zwei Ereignissen groß gegenüber der empfindlichen Zeit des Detektors ist.

Proportional- und Driftkammern sind am besten für präzise Spurregistrierung bei hohen Zählraten geeignet, während Blasen- und Streamerkammern bei geringer Zählrate für die Analyse komplizierter Ereignisse mit vielen Spuren eingesetzt werden können. Die Flash-Kammer wird wegen ihrer einfachen Bauweise und des niedrigen Preises bei großen kalorimetrischen Detektoren mit kleinen Zählraten (Protonzerfallsexperimente, Neutrinoexperimente) benutzt. Silizium-Streifendetektoren und Halbleiter-CCD's finden als Vertexdetektoren wegen ihrer unübertroffenen Ortsauflösung bei hohen Zählraten in zunehmendem Maße Verwendung.

4 Zeitmessung

4.1 Photomultiplier

Eines der gebräuchlichsten Instrumente zur Registrierung des Zeitpunktes eines Teilchendurchgangs ist der Photomultiplier (PM) oder Sekundärelektronenvervielfacher (SEV). Sichtbares Licht aus einem Szintillator (Kap. 4.2) löst durch Photoeffekt Elektronen aus einer Alkali-Metall-Photokathode heraus. Für Kathoden aus einem Gemisch von zwei Alkalimetallen (Cs-K mit Sb, "Bialkali-Kathoden") erreicht die Quantenausbeute, d.h. die Anzahl von ausgelösten Photoelektronen pro 100 einfallende Photonen, einen Wert von 25% bei einer Wellenlänge des Lichts von ca. 400 nm (Abb. 4.1).

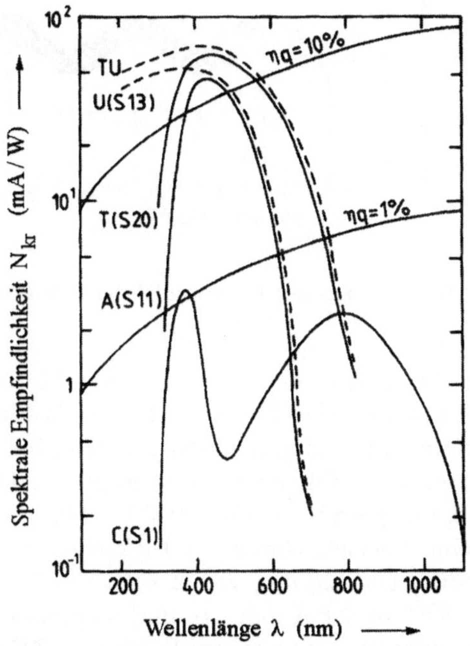

Abb. 4.1. Spektrale Empfindlichkeit N_{kr} (mA/W) und Quantenausbeute n_q (%) von Photokathoden als Funktion der Wellenlänge λ; Röhren vom TU- und U-Typ haben Quarzfenster, andere Glasfenster [VA 70]

Tabelle 4.1 enthält einige Eigenschaften von Photokathoden-Materialien.

Tabelle 4.1. *Eigenschaften von Photokathoden-Material*

Material	Wellenlängen-bereich (nm)	λ_{max} (nm)	Quanten-ausbeute $n_q(\lambda_{max})$	Name
AgOCs	300 - 1100	800	0.004	S1
BiAgOCs	170 - 700	420	0.068	S10
Cs_3Sb-O	160 - 600	390	0.19	S11
Na_2KSb-Cs	160 - 800	380	0.22	S20
K_2CsSb	170 - 600	380	0.27	Bialkali

Verschiedene Anordnungen von Elektroden zur Fokussierung und Beschleunigung der Photoelektronen werden in industriell hergestellten Photomultipliern verwendet. Eine davon zeigt Abb. 4.2. Die Elektronen treffen

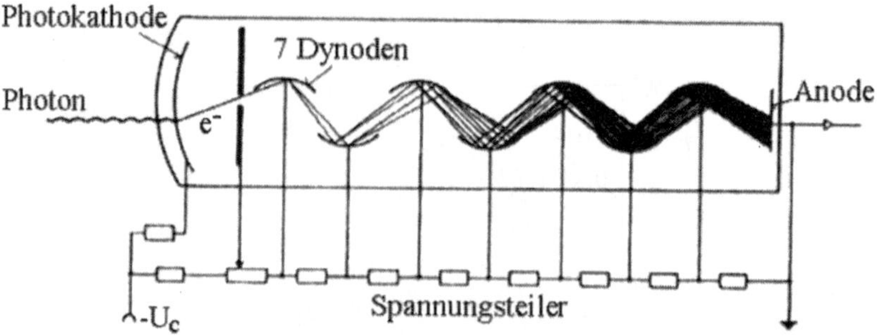

Abb. 4.2. Das Prinzip der Photomultiplier - Vakuumröhre

zunächst auf die erste "Dynode", eine Elektrode aus Material mit hohem Sekundäremissionskoeffizienten, wie z.B. BeO oder Mg-O-Cs. Die Emission von 3 bis 5 Sekundärelektronen pro einfallendem Elektron bei 100 – 200 eV kinetischer Energie ist erreichbar. Für eine Anordnung von 14 solcher aufeinanderfolgender Dynoden mit jeweils ca. 150 – 200 V Potentialdifferenz zwischen den Dynoden kann eine Vervielfachung der Elektronenzahl ("Verstärkung") von 10^8 erreicht werden. Die Ladung von 2×10^{-11} Cb kommt während so entstehende negative 5 ns an der Anode an, und an einem Arbeitswiderstand von 50 W ergibt dies einen Spannungsimpuls von ca. 200 mV. Die Anstiegszeit dieses Impulses ist ca. 2 ns, die gesamte Laufzeit im Photomultiplier von der Kathode zur Anode ca. 40 ns.

Die Variation der Laufzeiten im Photomultiplier ("jitter") ist hauptsächlich durch die unterschiedliche Flugzeit der Photoelektronen von der Kathode zur ersten Dynode verursacht. Dabei tragen zwei Effekte bei, nämlich die Variation der Geschwindigkeit der Photoelektronen beim Austritt aus der Kathode und die unterschiedlichen Wegstrecken von dem Emissionspunkt auf der Photokathode zur ersten Dynode. Das Spektrum der kinetischen Energien der Photoelektronen aus einer mit Licht der Wellenlänge 400 – 430 nm bestrahlten Bialkali-Kathode reicht von 0 bis 1.8 eV, wobei der häufigste Wert 1.2 eV ist [NA 70]. Bei einer elektrischen Feldstärke von $E = 150$ V/cm beträgt die Differenz δ_1 der Laufzeiten eines ursprünglich ruhenden und eines mit der kinetischen Energie $T_k = 1.2$ eV emittierten Photoelektrons $\delta_1 = (2mT_k)^{1/2}/(eE) \simeq 0.2$ ns. Der Beitrag δ_2 des zweiten Effekts zum Jitter aufgrund der verschiedenen Wegstrecken von der Kathode zur ersten Dynode hängt wesentlich vom Durchmesser der Kathode ab. Für einen Durchmesser von 44 mm ist $\delta_2 = 0.25$ ns bzw. 0.7 ns für die Röhrentypen XP 2020 bzw. XP 2232 [PH 78]. Dieser Beitrag zur Schwankung der Laufzeit begrenzt im wesentlichen die Zeitauflösung von Photomultipliern.

Die Durchmesser von ebenen Kathoden liegen bei Photomultipliern im Bereich von 5 bis 125 mm, die größten Abmessungen hat eine Röhre (Hamamatsu R 1449) mit gekrümmter Photokathode des Durchmessers 508 mm (Abb. 4.3, Abb. 4.4). Sie wurde für Experimente zur Suche nach dem Zer-

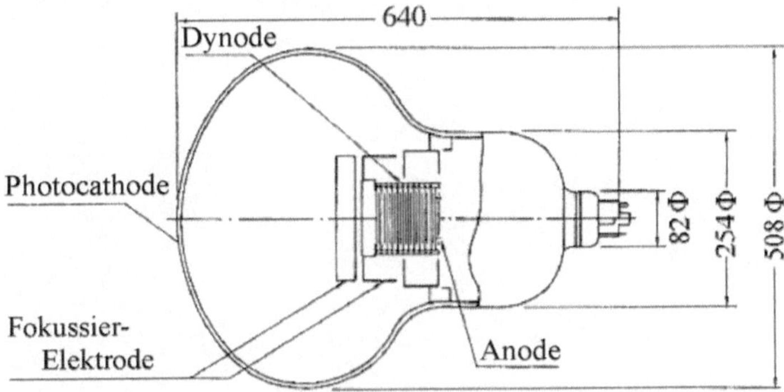

Abb. 4.3. Schnittzeichnung des Photomultipliers R 1449 mit einer Photokathode des Durchmessers 508 mm [KU 83]

fall des Protons entwickelt [KU 83]. Diese Röhre hat eine Bialkali-Kathode mit dem Maximum der Quantenausbeute bei 420 nm und eine Verstärkung von 10^7 bei 2 kV Potentialdifferenz zwischen Kathode und Anode. Die Anstiegszeit der Anodenpulse ist $\tau_R = 18$ ns, die Schwankung der Laufzeit für Impulse, die auf der Emission *eines* Photoelektrons beruhen, beträgt $\tau_s = 7$ ns. Tabelle 4.2 enthält einige Meßdaten über die Zeitauflösung von neuent-

Abb. 4.4. Bild des Photomultipliers R 1449 [KU 83]

wickelten Photomultipliern, die durch Laufzeitschwankungen verursacht ist.

Stark verringert werden diese Laufzeitschwankungen in einem alternativen Typ von Elektronenvervielfachern, dem Mikrokanal-Multiplier (Abb. 4.5). Dieses Gerät besteht aus einer Anordnung von $10^4 - 10^7$ parallelen Kanälen des Durchmessers 10 bis 100 μm, deren Längen 40 bis 100 mal größer sind

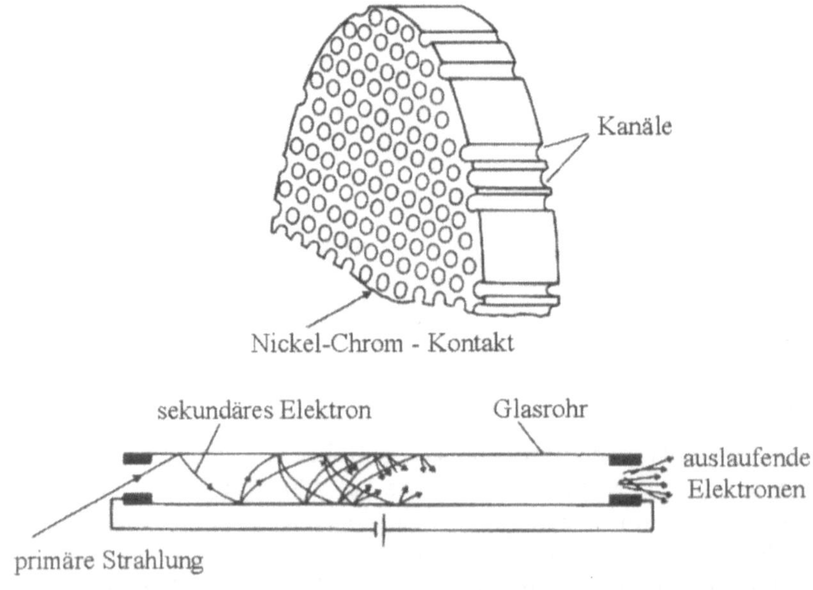

Abb. 4.5. Prinzip eines Mikrokanal-Multipliers [DH 77]

Tabelle 4.2. *Kenndaten von neuentwickelten Photomultipliern und Mikrokanal-Multipliern*

	Amperex XP 2020	RCA 8854	Hamamatsu R 647-01	ITT F 4129	Hamamatsu R1564U
Verstärkung	$> 3.0 \times 10^7$	3.5×10^8	$> 1.0\times10^6$	1.6×10^6	5.0×10^5
Hochspannung Anode-Kathode (V)	2.2×10^3	2.5×10^3	1.0×10^3		
Mikrokanal-Spannung (V)				2.5×10^3	3.4×10^3
Anstiegszeit τ_R (ns)	1.5	3.2	2.0	0.35	0.27
Elektronen-laufzeit τ_T (ns)	28.0	70.0	31.5	2.5	0.58
Laufzeitschwankung (HWB) für ein Photo-elektron τ_s (ns)	0.51	1.55	1.2	0.20	0.09
Laufzeitschwankung (HWB) für viele Photo-elektronen τ_s' (ns)	0.12		0.40	0.10	
Anzahl Photoelektronen bei Messung von τ_s'	2.5×10^3		1.0×10^2	8.0×10^2	
Quantenausbeute (%)	26.0	27.0	28.0	20.0	15.0
Photokathoden-durchmesser (mm)	44.0	1.14×10^2	9.0	18.0	18.0
Dynodenmaterial	CuBe	GaP/BeO			

als die Durchmesser. Die Kanäle sind Löcher in einer Bleiglasplatte. Eine geeignete Bedampfung der Glasoberfläche in den Kanälen erlaubt es, einen konstanten Potentialgradienten in den Kanälen zu erzeugen. In diesem longitudinalen elektrischen Feld werden die Elektronen beschleunigt, die am einen Ende des Kanals einfallen. Bei ihrem Weg durch den Kanal können die Elektronen auf die Wand auftreffen und dabei Sekundärelektronen auslösen. Diese werden ebenso beschleunigt und können ihrerseits tertiäre Elektronen aus der Wand des Kanals auslösen. Die bedampfte Oberfläche des Kanals wirkt so wie eine kontinuierliche Dynode. Der Multiplikationsfaktor für ein individuelles primäres Elektron hängt davon ab, wie oft das Elektron selbst und die von ihm ausgelösten Sekundärelektronen auf die Wand auftreffen, d.h. er hängt von der ursprünglichen Richtung der Bahn des primären Elektrons ab. Der Multiplikationsfaktor ist durch Sättigungseffekte auf ca. 10^7 begrenzt.

Der hauptsächliche Vorteil der Mikrokanal-Multiplier ist die Reduktion der Laufzeitschwankungen gegenüber dem Photomultiplier. Da die gesamte Laufzeit nur wenige Nanosekunden beträgt, kann deren Schwankung auf weniger als 0.1 ns reduziert werden [LE 78b, LE 83a]. Die Kenndaten von zwei Mikrokanalmultipliern sind in Tabelle 4.2 angegeben. Die Röhre ITT F4129 hat eine Photokathode mit der spektralen Empfindlichkeit vom Typ S20 und drei Mikrokanalplatten mit Kanälen des Durchmessers 12 μm und der Länge 500 μm, die hintereinander angeordnet sind. Zwischen Photokathode und erster Mikrokanalplatte ist ein 7 nm dicker Film aus Aluminium angebracht, um das Eindringen von positiven, sich entgegengesetzt zu den Elektronen bewegenden Ionen in die Photokathode zu verhindern. Ohne diesen Film ist die Lebensdauer solcher Photomultiplier durch die Zerstörung der Photokathode begrenzt.

Ein anderer Typ von Mikrokanalmultipliern (Hamamatsu R 1564U) besitzt zwei Mikrokanalplatten in Serie. Auch hier ist die Photokathode durch einen 13 nm dicken Al-Film vor Zerstörung durch positive Ionen geschützt. Die Kanäle der beiden Platten sind relativ zueinander um einen Winkel verdreht, um das Rückdriften der Ionen zu verhindern ("Chevron-Anordnung", Abb. 4.6).

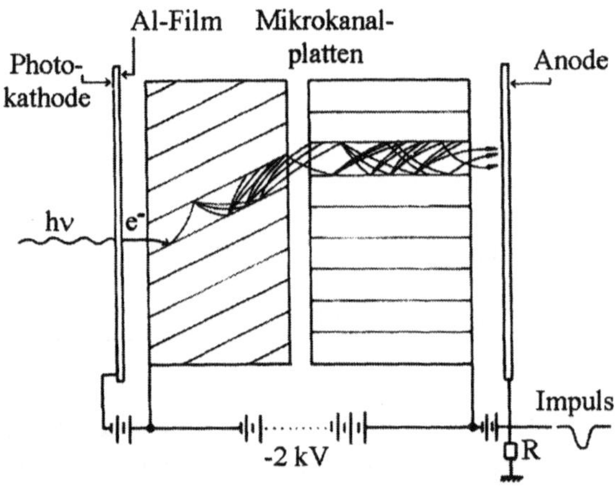

Abb. 4.6. Schematischer Aufbau eines zweistufigen Mikrokanal-Vervielfachers in Winkel-Form ("Chevron")

4.2 Szintillatoren

Ein Szintillationszähler hat zwei Funktionen: er konvertiert die durch das ionisierende Teilchen verursachte Anregung eines Festkörpers in sichtbares Licht und leitet dieses Licht einer Photokathode zu. Der Mechanismus der Szintillation [BI 64] ist vollständig verschieden für anorganische Kristall-Szintillatoren einerseits und für organische Szintillatoren andererseits, die als Kristall, Flüssigkeiten oder polymerisierte Festkörper verwendet werden.

Anorganische Szintillatoren sind Kristalle, die mit Aktivator-Zentren (Farbzentren) dotiert sind. Das Energie-Niveauschema ist dann das in Abb. 4.7 gezeigte. Ionisierende Teilchen erzeugen in diesem Festkörper freie Elektro-

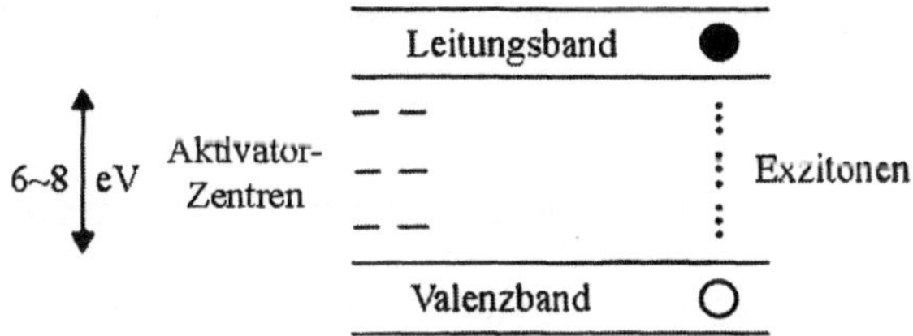

Abb. 4.7. Bandstruktur in anorganischen Kristallen

nen, freie Löcher und Exzitonen (Elektron-Loch-Paare). Diese Anregungszustände wandern im Gitter, bis sie auf ein Aktivator-Zentrum A treffen. Dieses wird in einen angeregten Zustand A* versetzt, der unter Emission von sichtbarem Licht in den Grundzustand A zerfallen kann. Die Abklingzeit des Szintillationslichtes ist durch die Lebensdauer des instabilen Zustandes A* gegeben, sie hängt von der Temperatur T wie $\exp(-E_1/kT)$ ab, wobei E_1 die Anregungsenergie von A* ist. Typische Daten für solche Szintillatoren sind in Tabelle 4.3 angegeben. Dabei ist als Lichtausbeute die Anzahl der Photonen pro Energieverlust des ionisierenden Teilchens bezeichnet.

Im Gegensatz zu diesen Kristall-Szintillatoren haben *organische Szintillatoren* sehr kurze Abklingzeiten des Szintillationslichtes, und zwar im Bereich von Nanosekunden. Der Mechanismus der Szintillation ist hier kein Effekt des Gitters, sondern er beruht auf der Anregung von Molekülzuständen in einem primären Fluoreszenzstoff, die beim Zerfall UV-Licht emittieren. Da die Absorptionslänge dieses UV-Lichts in den meisten durchsichtigen organischen Materialien sehr kurz ist (einige mm), gelingt die Extraktion eines Lichtsignals nur dadurch, dass ein zweites fluoreszierendes Material beigemischt wird, in dem das UV-Licht in sichtbares Licht umgewandelt wird ("Wellenlängen-Schieber"). Dieser zweite Fluoreszenzstoff wird so ausgewählt, dass seine Absorption an die Wellenlänge des emittierenden primären Szintillators und seine Emission an den Wellenlängenbereich der Empfindlichkeit der Photokathode angepasst ist. Die beiden aktiven Komponenten des Szintillators

Tabelle 4.3. *Eigenschaften anorganischer Szintillatoren*

Szintillator	NaI(Tl)	CeF_3	CsI(Tl)	$Bi_4Ge_3O_{12}$	BaF_2	$PbWO_4$
Dichte (g/cm^3)	3.67	6.16	4.51	7.13	4.9	8.3
Schmelzpunkt (^oC)	650	1443	620			
Abklingzeit (ns)	230	5 20	1000	350	620 0.6	10
λ_{max}Emission (nm)	410	300 340	550	480	310 225	470
Ausbeute ($\frac{\text{Photonen}}{\text{MeV}}$)	40000	1000	52000	8200	6500 2000	100
Strahlungslänge X_0 (cm)	2.59	1.70	1.86	1.12	2.1	0.89
Kritische Energie (MeV)	12.5	13.6	10.2	8.8	12	8.5
Molièreradius (cm)	4.3	2.63	3.8	2.7	3.4	2.2
Brechungsindex n	1.85	1.68	1.80	2.15	1.56	2.16
$(\mathrm{d}E/\mathrm{d}x)_{\min}$ ($\frac{\text{MeV}}{\text{cm}}$)	4.2	7.7	5.1	8.07	5.72	13.0
Temperaturkoeffizient der Ausbeute ($\%K^{-1}$)	-0.5		< 0.2	-1.7	-0.6	
Strahlungsschäden	mittel	klein	mittel	mittel	sehr klein	klein
Hygroskopisch	ja	nein	schwach	nein	nein	nein

werden entweder in einer organischen Flüssigkeit gelöst oder mit dem Monomer einer zu polymerisierenden Substanz vermischt. Die Polymerisierung kann dann in jeder für praktische Anwendungen gewünschten Form erfolgen. Die häufigste Form sind Platten, wobei Dicken von 0.5 bis 30 mm und Flächen bis zu 2 × 2 m^2 herstellbar sind. Als Kenngrößen für die Qualität eines Szintillators dienen die Lichtausbeute und charakteristische Länge der Selbstabsorption im Szintillator.

In Tabelle 4.4 sind die chemischen Strukturen, die Wellenlängen maxi-

Tabelle 4.4. *Organische Fluoreszenzstoffe und Wellenlängenschieber*

<table>
<tr><th>Primärer Fluoreszenz-stoff</th><th>Struktur</th><th>λ_{max} Emission (nm)</th><th>Ab-kling-zeit (ns)</th><th>Ausbeute/ Ausbeute (NaI)</th></tr>
<tr><td>Naphthalen</td><td>/\ /\
| | |
\/ \/</td><td>348</td><td>96</td><td>0.12</td></tr>
<tr><td>Anthracen</td><td>/\ /\ /\
| | | |
\/ \/ \/</td><td>440</td><td>30</td><td>0.5</td></tr>
<tr><td>p-Terphenyl</td><td>_ _ _
/ _/ _/ \
_/ _/ _/</td><td>440</td><td>5</td><td>0.25</td></tr>
<tr><td>PBD</td><td>_ N−N _ _
/ _| |_/ _/ \
_/ O _/ _/</td><td>360</td><td>1.2</td><td></td></tr>
<tr><td>Wellenlängen-schieber</td><td></td><td></td><td></td><td></td></tr>
<tr><td>POPOP</td><td>_ _N _ N_ _
/ _| |_/ _| |_/ \
_/ O _/ O _/</td><td>420</td><td>1.6</td><td></td></tr>
<tr><td>bis-MSB</td><td>_/CH₃ _ \CH₃
/ _ CH=CH _/ _ CH=CH _/ \
_/ _/ _/</td><td>420</td><td>1.2</td><td></td></tr>
</table>

maler Emission und die Abklingzeiten für einige primäre Fluoreszenzstoffe und zwei Wellenlängenschieber angegeben [BE 71]. Als Grundmaterial für Plastik-Szintillatoren dienen Polymere aus aromatischen Verbindungen (Poly-Styrol (PST), Poly-Vinyltoluol (PVT)) oder aus alifatischen Stoffen (Acryl-Glas, Plexiglas, PMMA). Die aromatischen Szintillatoren ergeben eine etwa zweimal größere Lichtausbeute als alifatische, jedoch sind alifatische billiger und mechanisch viel leichter zu bearbeiten.

Plastikszintillatoren werden vielfach in großen Kalorimetern eingesetzt (Kap. 6), und zwar in Form von langen (m) und dünnen (mm) Streifen. Es ist dann wichtig, eine möglichst uniforme Lichtausbeute über die ganze Länge des Szintillators zu erreichen, auch wenn das Licht nur an einem Ende des Streifens von einer Photokathode registriert wird. Die beobachtete Abschwächung des Szintillationslichts durch Selbstabsorption findet hauptsächlich am kurzwelligen Ende des Emissionsspektrums statt. Die Abbildung 4.8 zeigt dies für einen Szintillator mit POPOP als Wellenlängenschieber. Man kann also eine gleichförmigere Lichtausbeute über die Länge des Szintillators erhalten, wenn der kurzwellige Teil des POPOP-Emissionsspektrums durch ein Gelbfilter vor der Photokathode entfernt wird. Der Effekt eines solchen Filters bei $\lambda = 430\,\text{nm}$ ist in Abb. 4.8 gezeigt: die Lichtausbeute an dem der Photokathode zugewandten Ende des Szintillators wird stark reduziert, diejenige am fernen Ende kaum.

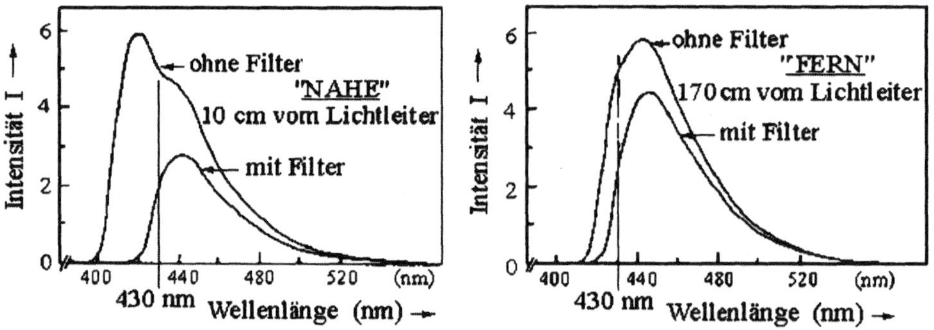

Abb. 4.8. Wellenlängenspektrum am nahen und fernen Ende eines organischen Szintillators der Abmessungen $1800 \times 150 \times 5\,\text{mm}^3$ (Typ Plexiglas 1922) mit und ohne Gelbfilter vor der Photokathode. Die Intensität ist in beliebigen Einheiten angegeben [KL 82b]

Natürlich reduziert die Verwendung eines Filters die insgesamt registrierte Lichtausbeute, und je nach den experimentellen Bedingungen wird man mehr Wert auf eine große Abschwächungslänge oder auf die Lichtausbeute legen. Auf die Optimierung der Absorptionslänge abgestellt ist z.B. ein neu entwickelter Szintillator [KL 82b], bei dem 3% Naphthalen, 1% PBD und 0.01% bis-MSB in Plexiglas gelöst sind. Abschwächungskurven für einen

Szintillator der Abmessungen $1800 \times 150 \times 5\,\text{mm}^3$ sind in Abb. 4.9 gezeigt. Die Abschwächungslänge bei Benutzung des Gelbfilters und bei geschwärztem

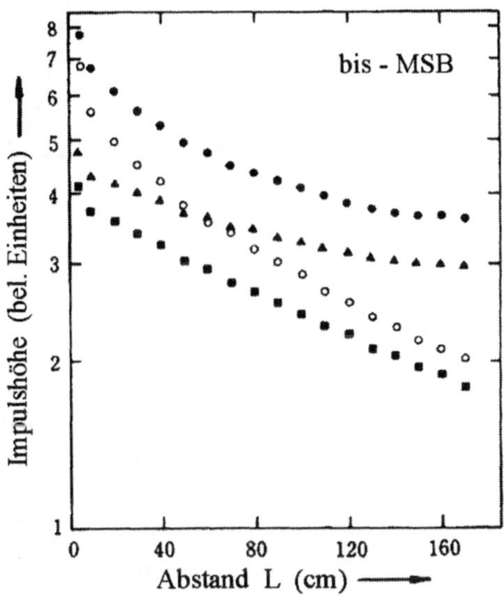

Abb. 4.9. Abschwächungskurven in einem Plastikszintillator der Abmessungen $1800 \times 150 \times 5\,\text{mm}^3$. L ist der Abstand des ionisierenden Teilchens von dem dem Photomultiplier zugewandten Ende des Szintillators. •, Messpunkte ohne Filter, fernes Ende des Szintillators reflektierend; ○, ohne Filter, Ende schwarz; △ (schwarz Dreiecke), mit Gelbfilter bei 430 nm, Ende reflektierend; □ (schwarze Quadrate), mit Gelbfilter, Ende schwarz [KL 82b]

fernen Ende des Szintillators beträgt $\lambda_{\text{abs}} = 210\,\text{cm}$, und die Lichtausbeute in 160 cm Entfernung von der Photokathode ist um 20% höher als bei dem Typ Plexiglas 1921 (1% Naphthalen, 1% PBD, 0.01% POPOP). Der Szintillator wird in einem Neutrino-Detektor verwendet. Die Abbildung 4.10 zeigt eine Häufigkeitsverteilung der Abschwächungslänge λ_{abs} für ca. 6000 Streifen aus diesem Material. Diese gibt Aufschluss über die Reproduzierbarkeit der Materialeigenschaften bei der Massenproduktion von Plexiglasszintillatoren. Als weitere Beispiele von Plastik-Szintillatoren seien zwei Materialien erwähnt, die für Experimente am Proton-Antiproton-Collider des CERN entwickelt wurden [BO 81]:

a) der Typ KSTI aus extrudiertem Polystyrol; er liefert 80–100% der Lichtausbeute des PVT-Szintillators NE 110, hat eine Abschwächungslänge von 80 cm für Platten des Querschnitts $3 \times 200\,\text{mm}^2$ und eine Abklingzeit von 3 ns; wie bei anderen aromatischen Polymeren ist eine sorgfältige Behandlung der Oberflächen erforderlich;

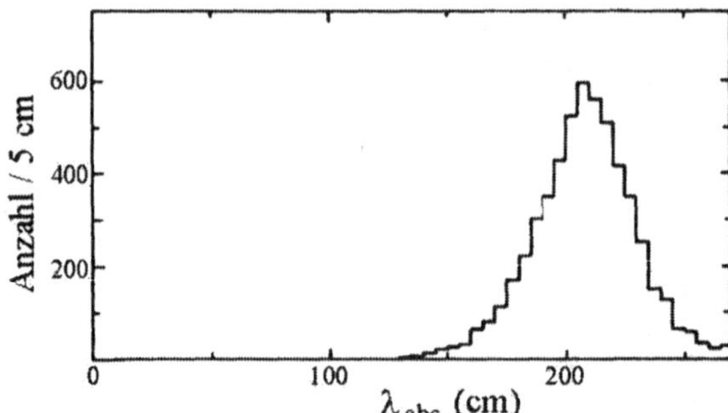

Abb. 4.10. Häufigkeitsverteilung der gemessenen Absorptionslänge λ_{abs} für eine Großproduktion von etwa 6000 Szintillatorstreifen des Querschnitts $150 \times 5\,\mathrm{mm}^2$. Die Varianz der Verteilung beträgt $\sigma = 18\,\mathrm{cm}$, der Mittelwert 210 cm

b) der Typ Altustipe auf der Basis von Acrylglas (PMMA) mit ähnlichen Eigenschaften wie Plexipop, d.h. 20-50% der Lichtausbeute von NE 110 und Abschwächungslängen von 1.0 bis 1.5 m.

Eine neue Anwendung von Plastik-Szintillatoren sind die szintillierenden Fibern (s. Kap.3.14). Es sind dies dünne Fasern aus extrudiertem oder gezogenem Polystyrol (Durchmesser $10^2 - 10^3\,\mu\mathrm{m}$) mit einem Mantel aus PMMA. Der Brechungsindex des Mantels (1.504) ist kleiner als der des Kerns (1.618), sodass ein Bruchteil von ca. 3.5% des im Szintillator durch geladene Teilchen erzeugten Lichts sich durch Totalreflexion in der Fiber fortpflanzt. Solche Fibern können entweder als Spurdetektoren in Magnetfeldern (Kap. 3.13) oder als Ionisationsdetektoren in Kalorimetern (Kap. 6) Verwendung finden ("Spaghetti-Kalorimeter").

4.3 Lichtsammlung

Zum Transport des Szintillationslichts vom Szintillator zur Photokathode benutzt man meistens adiabatische Lichtleiter. Das blaue Szintillationslicht pflanzt sich im Plastikszintillator durch mehrfache Totalreflexion an den Oberflächen fort. Für Polystyrol ist der Brechungsindex $n = 1.581$, d.h. es werden Strahlen außerhalb des Winkelbereichs von $\pm 39^o$ relativ zur Normalen reflektiert. Die üblicherweise rechteckige Stirnfläche des Szintillators mit Querschnitt F wird mit Hilfe gebogener Streifen aus transparentem Plastikmaterial so auf die Photokathode der Fläche f abgebildet, dass der Krümmungsradius der Streifen groß gegen deren Dicke ist. Auf diese Weise kann vermieden werden, dass Licht auf eine Oberfläche unter einem Winkel gegen die Normale auftrifft, der kleiner als der Grenzwinkel für Totalreflexion α_g ist. Für Plexiglas ist $n = 1.49$ und $\alpha_g = 42^o$. Wegen des Liouville'schen Theorems über den Phasenraum von Lichtbündeln ist der Anteil der Lichtmenge, der die Photokathode erreicht, kleiner als f/F.

Die Zeitauflösung eines so gekoppelten Szintillationszählers hat zwei Ursachen: die zeitliche Schwankung der Elektronenlaufzeit im Photomultiplier ("Jitter", s. Kap. 4.1) und die Zeitdifferenz der Lichtwege im Szintillator und im Lichtleiter. Der letztere Beitrag hängt hauptsächlich von den Abmessungen der Szintillatoren ab, für große Zähler ($\leq 2\,\mathrm{m}$) ist er der entscheidende. Dies ist durch die Meßergebnisse in Abb. 4.11 belegt. Für lange Szintillatoren liegt die beste erreichte Zeitauflösung bei $\sigma_t = 200\,\mathrm{ps}$.

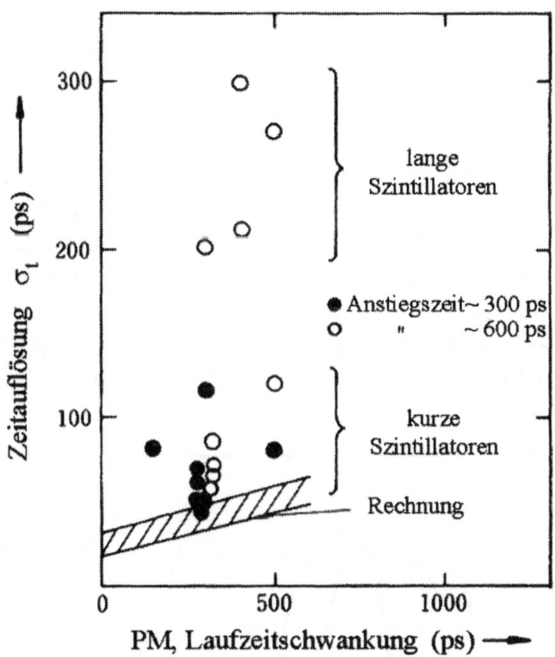

Abb. 4.11. Gegenüberstellung der Zeitauflösung σ_t von Szintillationszählern mit der Laufzeitschwankung im verwendeten Photomultiplier. Kleine Szintillatoren mit Dimensionen unter 1 cm sind mit langen Szintillatoren (Länge $\sim 2\,\mathrm{m}$, Dicke 2–5 cm, Breite 20–40 cm) verglichen [CA 81b]

Eine alternative Methode zur Lichtsammlung beruht auf einer Idee von Garwin [GA 60, SH 51]. Sie wurde erstmals für eine Anwendung in Hadron-Kalorimetern entwickelt [BA 78, SE 79]. Das Prinzip der Methode ist in Abb. 4.12 illustriert: blaues Licht vom Wellenlängenschieber (z.B. POPOP) verläßt den Szintillator und tritt durch einen Luftspalt in einen mit einem zweiten Wellenlängenschieber dotierten Plexiglasstab. Dieses fluoreszierende Material (z.B. BBQ) absorbiert blaues Licht und emittiert isotrop grünes Fluoreszenzlicht mit Wellenlängen um 480 nm. Ein Teil (10–15%) des grünen Lichts verbleibt durch Totalreflexion im Plexiglasstab und erreicht dadurch die an seiner Stirnseite angebrachte Photokathode. Die Hauptprobleme bei der Entwicklung dieser Technik waren a) die Suche nach einem geeigneten

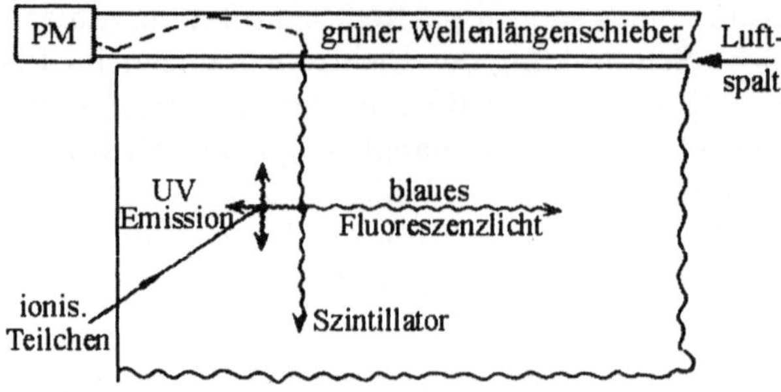

Abb. 4.12. Prinzip der Lichtsammlung beim Szintillator mit Wellenlängenschieber-Auslese

Wellenlängenschieber, dessen Absorptionsbereich an die Emission des POPOP bzw. bis-MSB angepasst ist, und b) die Optimierung der Selbstabsorption des grünen Lichts im Fluoreszenzstab. Die Lösung [BA 78] besteht in einer Beimischung von 90 mg/l BBQ in Plexiglas Typ 218. Diese Grünstäbe sind jetzt kommerziell erhältlich und haben weite Verbreitung in Hochenergieexperimenten gefunden. Absorptions- und Emissionsspektren von BBQ gehen aus Abb. 4.13 hervor (BBQ = Benzimidazo-benzisochinolin-7-on).

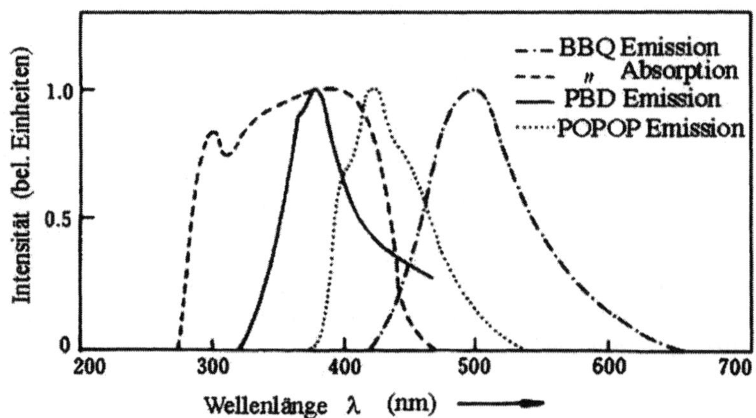

Abb. 4.13. Absorptions- und Emissionsspektren von BBQ, PBD und POPOP

Die benötigte Dicke D eines solchen Grünstabes zur Absorption von POPOP-Licht kann aus Abb. 4.14 entnommen werden: für $D = 15\,\text{mm}$ wird mehr als 90% des POPOP-Lichts absorbiert. Die relevante Absorptionslänge bei einer BBQ-Dotierung von 90 mg/l beträgt $\lambda = (5.2 \pm 0.2)\,\text{mm}$ [KL 81].

Diese Grünstab-Methode kann dazu verwendet werden, um das Licht aus großen Zählern mit wenigen (≤ 4) Photomultipliern auszulesen. Ein Beispiel ist das Neutrino-Kalorimeter der CFR-Kollaboration [BA 78], bei dem

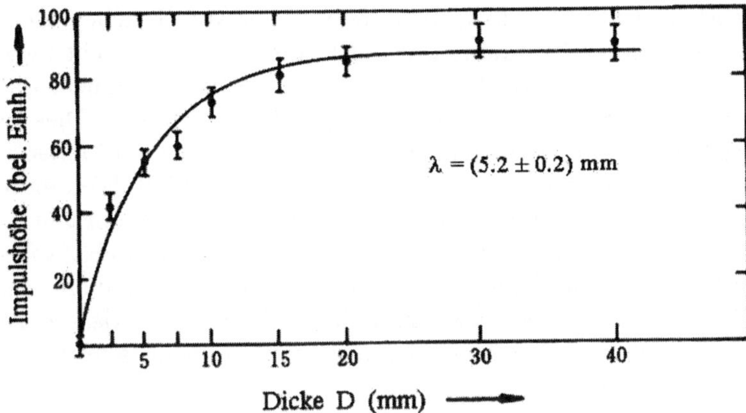

Abb. 4.14. Messung der Absorptionslänge von POPOP-Licht in BBQ [KL 81]

Zähler einer Fläche von $3 \times 3\,\mathrm{m}^2$ mit 4 Photomultipliern bestückt sind. Diese vier Impulshöhen können dazu dienen, den Schwerpunkt eines Schauers von Teilchen zu berechnen. Die Abbildung 4.15 zeigt solche Messungen für einen Zähler der Dimension $150 \times 300 \times 1.5\,\mathrm{cm}^3$ [KL 81]. Die Position eines Schau-

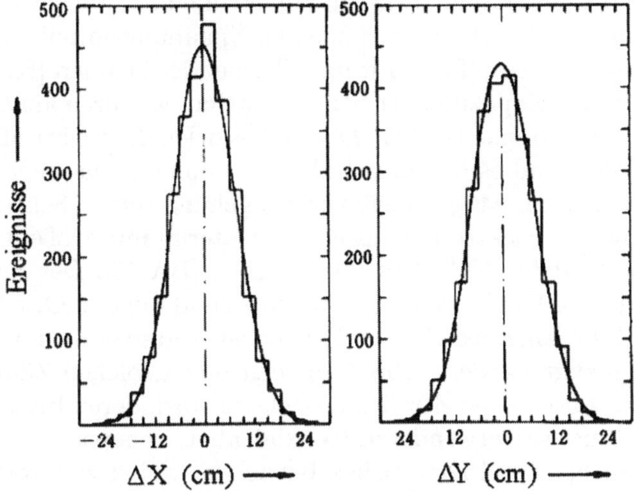

Abb. 4.15. Abweichung der aus 4 Impulshöhen berechneten Schauerposition für einen Schauer mit 100 Teilchen von der wirklichen Position; $\sigma_x = (7.3 \pm 0.1)\,\mathrm{cm}$, $\sigma_y = (7.6 \pm 0.1)\,\mathrm{cm}$; Zählergrösse $300 \times 150 \times 1.5\,\mathrm{cm}^3$ [KL 81]

ers mit 100 Teilchen kann mit einer Genauigkeit von $\sigma = 8\,\mathrm{cm}$ rekonstruiert werden. Diese Methode hat also den Vorteil, dass die Anzahl der Photomultiplier reduziert werden kann. Außerdem ist der Aufwand für die mechanische Konstruktion der Grünstäbe weit geringer als der für den Bau von adiabatischen Lichtleitern. Sind jedoch mehrere Schauer von Teilchen gleichzeitig vorhanden, so ist deren Trennung mit der Grünstabauslese nicht möglich.

Eine weitere Anwendung der Grünstabauslese besteht darin, das Licht aus Blei-Szintillator-Sandwich-Zählern (Kap. 6.1) zu sammeln. Dies kann bei rechteckigen Schauerzählern durch Anbringung einer grünen Fluoreszenzplatte an einer Seitenfläche des Zählers erreicht werden [HO 79]. Werden mehrere solche Platten unterschiedlicher Länge an einem Zähler angebracht, so kann die Lichtmenge im vorderen und hinteren Teil des Sandwich-Zählers, also die longitudinale Entwicklung des elektromagnetischen Schauers, gemessen werden. Ein Nachteil der Fluoreszenzauslese mit BBQ ist dessen Abklingverhalten mit zwei Komponenten, deren mittlere Lebensdauern 18 ns bzw. 620 ns betragen [KL 81].

4.4 Ebene Funkenzähler

Diese Zähler bestehen aus zwei ebenen Elektroden, zwischen denen eine Gleichspannung oberhalb der statischen Durchbruchspannung anliegt, d.h. dass die reduzierte Feldstärke $E/p \sim 30$ bis $60\,\mathrm{Vcm^{-1}Torr^{-1}}$ beträgt. Aus der primären Ionisation eines geladenen, den Zähler durchquerenden Teilchens entwickelt sich bei dieser Feldstärke ein Funke, und der dabei entstehende Anodenstrom kann als ein schnell ansteigender Spannungsimpuls nachgewiesen werden. In Zählern diesen Typs mit metallischen Elektroden [KE 48] entlädt der Funke die ganze Kapazität der beiden Platten, wodurch am Ort des Funkens hohe Temperaturen entstehen. Dadurch werden die Elektroden an diesen Stellen beschädigt, und es bilden sich dort spontane Entladungen auch ohne Primärionisation. Eine Möglichkeit zur Umgehung dieser Schwierigkeit besteht darin, eine der Elektroden aus einem Material mit großem spezifischen Widerstand ($\sigma \sim 10^9 - 10^{10}\,\Omega\mathrm{cm}$) herzustellen [BA 56]. Der Funke entlädt dann nur eine kleine Fläche des Kondensators rund um den Ort der primären Ionisation, und die Energiedichte im Funken ist begrenzt, so daß die Elektroden nicht beschädigt werden. Abb. 4.16 zeigt einen solchen Zähler, bei dem die halbleitende Anode über Streifen ausgelesen wird, deren Impedanz an diejenige des zur Auslese verwendeten Koaxialkabels angepasst ist. Der Zähler wird mit Argon bei 5 – 10 bar Druck betrieben, wobei zur Vermeidung sekundärer Funkenbildung höhere Kohlenwasserstoffe (Isobutan, Äthan, 1.3-Butadien) mit Absorptionsbanden im UV-Bereich beigemischt sind [BR 81].

Die zeitliche Schwankung δ des Spannungsimpulses ist umso kürzer, je höher die elektrische Feldstärke E und die Anzahl der primären Ion-Elektron-Paare ist, d.h. $\delta \sim 1/(E\sqrt{N})$. Gemessene Werte für δ betragen $\delta \sim 30$ – 80 ps für Zähler einer Fläche $10 \times 10\,\mathrm{cm}^2$. Die Ansprechwahrscheinlichkeit dieser Zähler beträgt $\varepsilon > 95\%$ [BR 81]. Die Verteilung der Zeitdifferenz zweier Parallelplattenzähler entspricht nicht vollkommen einer Gauß-Verteilung, sondern zeigt breite Ausläufer (Abb. 4.17).

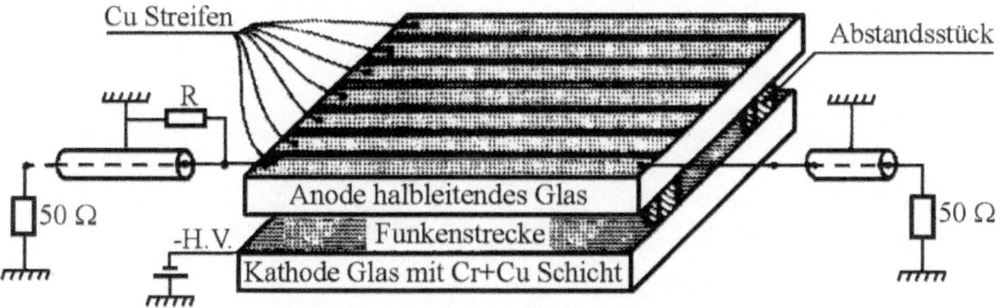

Abb. 4.16. Schematische Ansicht eines ebenen Funkenzählers [BR 81]

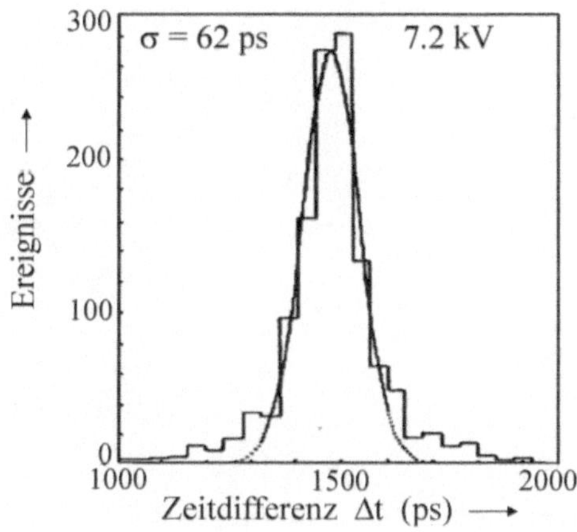

Abb. 4.17. Verteilung der Zeitdifferenz von Signalen zweier vom selben Teilchen durchquerter Funkenzähler; im zentralen Teil ist eine Gaußkurve eingezeichnet [BR 81]

Trotz der hervorragenden Zeitauflösung der Parallelplattenzähler werden sie in Experimenten selten verwendet, da die Herstellung und Erhaltung der für eine reproduzierbare Funktionsweise erforderlichen Oberflächenqualität sich als schwierig erweist. Ein Beispiel für den erfolgreichen Einsatz bildet die Verwendung von zwei solchen Zählern an einem Experiment in einem Elektron-Positron-Speicherring [AT 83]. Die Fläche der Zähler betrug $9 \times 9\,\mathrm{cm}^2$, der Abstand der Elektroden $185\,\mu\mathrm{m}$, der spezifische Widerstand der halbleitenden Glas-Anode $3 \times 10^{10}\,\Omega\,\mathrm{cm}$ bzw. $6 \times 10^{10}\,\Omega\,\mathrm{cm}$. Die Zähler wurden eine Woche lang unter langsam ansteigender Spannung mit einer γ-Quelle von $250\,\mu\mathrm{Ci}$ bestrahlt, so dass während dieser Zeit ca. 10^6 Funken/cm^2 gebildet wurden. Dadurch wurden die Elektroden mit einem dünnen Film aus polymerisierten Kohlenwasserstoffen überzogen. Die während des Betriebs im Experiment erreichten Zeitauflösungen waren 76 ps bzw. 148 ps. Diese blieben während eines Betriebs über 150 Stunden (entsprechend 10^7 Funken/cm^2) konstant.

5 Teilchenidentifizierung

5.1 Neutronenzähler

Ein direkter Neutronennachweis ist nicht möglich, da die ungeladenen Neutronen keine Ionisation der Materie verursachen. Deshalb werden sie über Kernreaktionen mit geladenen Sekundärteilchen nachgewiesen. Es sind hauptsächlich vier Methoden, mit denen Neutronen gezählt und ihre kinetische Energie gemessen wird.

(1) Bei thermischen Energien werden Kernreaktionen mit Bildung eines instabilen angeregten Kerns verwendet, der anschließend verzögert ein γ-Quant emittiert, das nachgewiesen wird. Die Lebensdauern der angeregten Zustände liegen zwischen 10^{-9} s und mehreren Jahren. Beispiele dieser "Neutronenaktivierung" sind die Reaktionen $^{63}\mathrm{Cu}(\mathrm{n},\gamma)^{64}\mathrm{Cu}$, $^{107}\mathrm{Ag}(\mathrm{n},\gamma)^{108}\mathrm{Ag}$, und $^{55}\mathrm{Mn}(\mathrm{n},\gamma)^{56}\mathrm{Mn}$.

(2) Bei Energien bis 20 MeV werden prompte Kernreaktionen mit geladenen Sekundärprodukten für die Energiemessung verwendet.

(3) Bei Energien bis 1 GeV kann die elastische Streuung von Neutronen an Protonen, Deuteronen oder Tritonen mit Nachweis des Rückstoßteilchens angewandt werden.

(4) Bei Energien oberhalb 5 GeV ist der Nachweis des bei inelastischen Neutron-Kern-Stößen erzeugten Schauers von stark wechselwirkenden Teilchen (Hadronen) in einem Hadron-Kalorimeter die übliche Methode. Detektoren der letzteren Art werden in Kap. 6.2 behandelt.

Der Neutronennachweis über prompte Kernreaktionen nach (2) kann über folgende Reaktionen geschehen:

(I) $\mathrm{n} + {}^{6}\mathrm{Li} \to \alpha + {}^{3}\mathrm{H}$,

(II) $\mathrm{n} + {}^{10}\mathrm{B} \to \alpha + {}^{7}\mathrm{Li}$,

(III) $\mathrm{n} + {}^{3}\mathrm{He} \to \mathrm{p} + {}^{3}\mathrm{H}$.

Der Neutronen-Nachweis beruht dann auf den in Abb. 5.1 gezeigten Wirkungsquerschnitten für die Reaktionen (I), (II) und (III). Diese Reaktionen sind exothermisch, d.h. die kinetische Energie der Reaktionsprodukte beträgt bei Reaktionen des Typs (I) 4.76 MeV, bei Reaktionen des Typs (II) 2.78 MeV und bei (III) 0.77 MeV zusätzlich zur kinetischen Energie des einfallenden Neutrons.

Für *thermische* Neutronen ist dieser Wirkungsquerschnitt σ sehr groß, $\sigma > 100\,b$, und es genügt zum Nachweis, eine Ionisationskammer oder einen

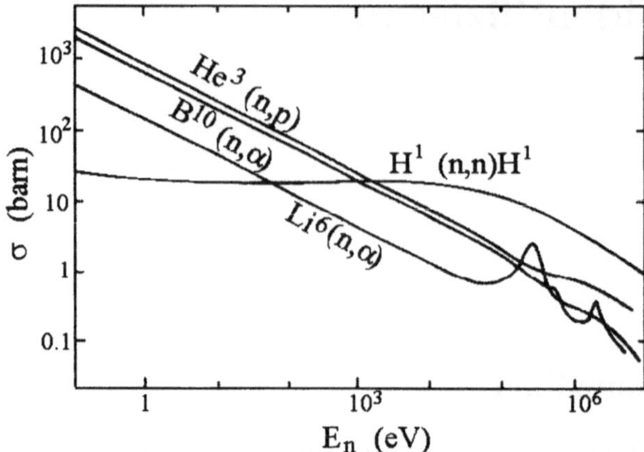

Abb. 5.1. Wirkungsquerschnitte für neutroneninduzierte Kernreaktionen als Funktion der Neutronenenergie E_n [NE 66]

Proportionalzähler mit BF_3-Gas zu betreiben. Die Nachweiswahrscheinlichkeit ε ist dann für thermische Neutronen der Energie $E_n = 2.5 \times 10^{-2}\,\mathrm{eV}$ und für einen Zähler bei Normaldruck (Moleküldichte $N = 2.69 \times 10^{19}\,\mathrm{cm}^{-3}$):

$$\varepsilon = 1 - \exp(-\sigma N L) \simeq \sigma N L \simeq 2 \cdot 10^{-2} \mathrm{L/cm} \ , \quad \sigma N L << 1 \ , \qquad (5.1)$$

(d.h. für $L << 10\,\mathrm{cm}$), für einen Zähler der Länge L mit BF_3 der natürlichen Isotopenhäufigkeit (19% ^{10}B).

Für den Nachweis von Neutronen im MeV-Energiebereich wird der Gaszähler mit einem Mantel aus Wasserstoff-haltigem Material (z.B. Paraffin) umgeben, um die Energie der Neutronen durch elastische Streuung herabzusetzen ("Moderation"). Ein solcher "long counter" ist in Abb. 5.2 abgebildet. Durch die geometrische Anordnung wird erreicht, dass die Nachweiswahrscheinlichkeit im Bereich der Neutronenenergie zwischen 10 keV und 10 MeV nahezu konstant ist und etwa 0.4% beträgt.

Die Reaktion (I) ist die Grundlage des LiI(Eu)-Szintillationszählers, bei dem die ionisierenden α-Teilchen und Tritonen aus der Reaktion (I) im dotierten anorganischen Szintillator Licht erzeugen, das in einem Photomultiplier registriert wird. Dieser Zähler ist für die Messung des Flusses thermischer Neutronen und den Nachweis monoenergetischer Neutronen einer Energie bis zu ca. 20 MeV verwendbar. Für Neutronen der Energie 5.3 MeV zeigt Abb. 5.3 ein Impulshöhenspektrum, das mit einem Kristall der Dimension 24 mm × 2 mm aufgenommen wurde. Das Maximum bei grossen Impulshöhen stammt von den ionisierenden α-Teilchen und Tritonen. Im Bereich kleinerer Impulshöhen tragen thermische Neutronen und γ-Strahlen zum Spektrum bei. Die relative Breite der von ($\alpha + {}^3$H)-Teilchen verursachten Spitze in der Verteilung verbessert sich bei Abkühlung des Kristalls von 20° C auf -142^oC von 18% auf 10%.

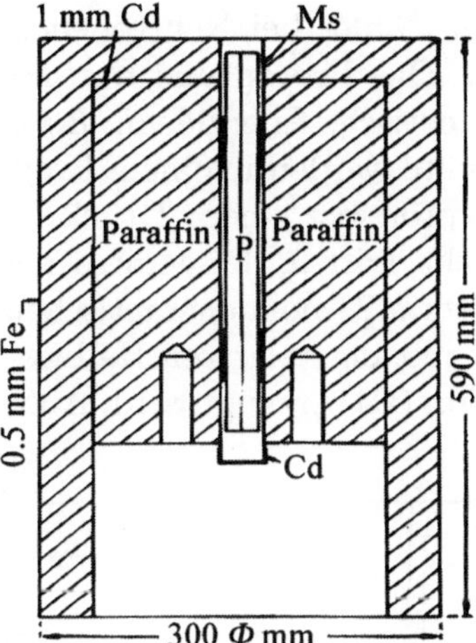

Abb. 5.2. Long counter, ein Neutronenmonitor für den Energiebereich von 10 eV bis 10 MeV; die Neutronen treten von oben in den Zähler ein, werden in Paraffin gestreut und in dem mit BF_3 gefüllten Proportionalzählrohr P nachgewiesen [NE 66]

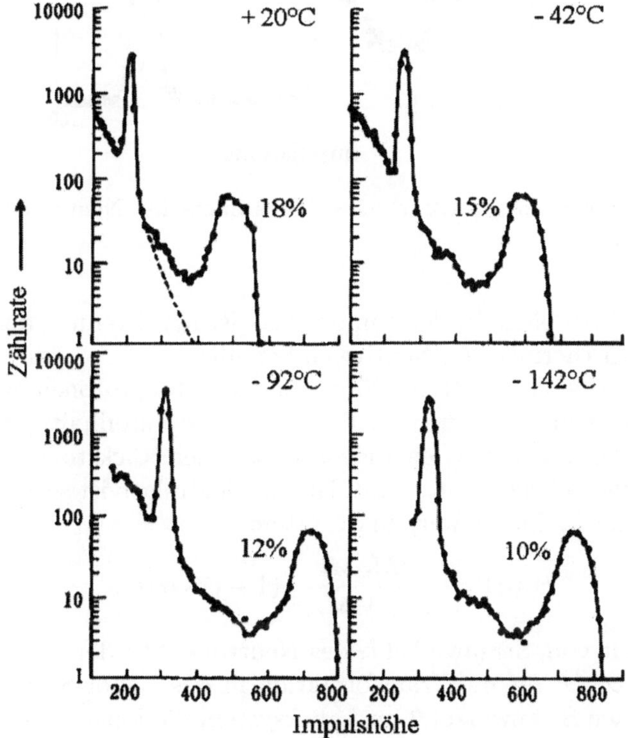

Abb. 5.3. Impulshöhenspektren eines LiI(Eu)-Szintillators bei Beschuss mit Neutronen der Energie 5.3 MeV [MU 58]

Ein häufig verwendeter Zähler bei Neutronenenergien E_n bis zu 1 MeV beruht auf Reaktion (III). Das Proton und das Triton aus dieser Reaktion besitzen zusammen eine kinetische Energie von $E_n + 0.77\,\mathrm{MeV}$. Diese beiden geladenen Reaktionsprodukte werden in einem Proportionalzählrohr nachgewiesen, das ^{3}He und Krypton bei einem Druck von 1 bis 10 bar enthält. Wie aus Abb. 5.4 hervorgeht, tritt in der gemessenen Impulshöhenverteilung bei Bestrahlung des Zählers mit monoenergetischen Neutronen der Energie $E_n = 2.5\,\mathrm{MeV}$ eine Spitze mit der relativen Halbwertsbreite 5% auf, die von den Produkten der Reaktion (III) erzeugt wird. Außerdem wird im Spektrum

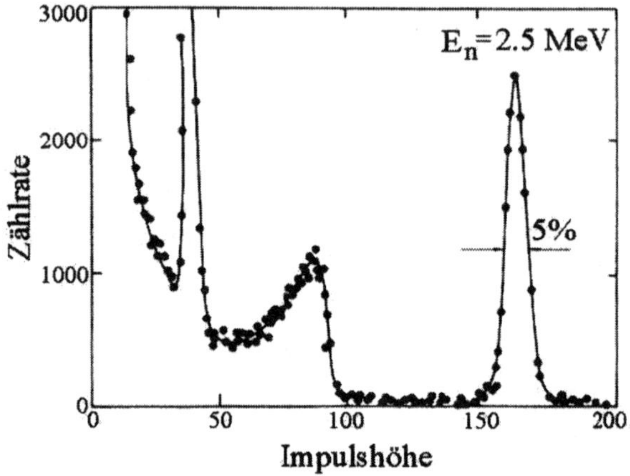

Abb. 5.4. Impulshöhenspektrum eines ^{3}He-Zählers für Neutronen der Energie 2.5 MeV [SA 64]

ein Untergrund beobachtet, der von der elastischen Streuung der Neutronen an ^{3}He und von thermischen Neutronen herrührt.

Beim Nachweis der Neutronen über die Rückstoßprotonen aus der elastischen Streuung von Neutronen an Protonen wasserstoffhaltiger Substanzen benutzt man die kinematischen Eigenschaften der Rückstoßteilchen. Ist die Masse des Targetteilchens M_r, dann ist für nichtrelativistische Energien die Rückstoßenergie E_r im Schwerpunktssystem

$$E_r(\alpha) = \frac{2M_nM_r}{(M_n + M_r)^2}\,(1 - \cos\alpha)E_n \ , \tag{5.2}$$

in Abhängigkeit vom Streuwinkel α des Neutrons. Mit der Beziehung $1 - \cos\alpha = 2\cos^2\theta$ für die Transformation in das Labor-System haben die Protonen je nach Streuwinkel θ im Laborsystem die kinetische Energie

$$E_p^\theta = \frac{4M_nM_p}{(M_n + M_p)^2}\,E_n\cos^2\theta \ , \tag{5.3}$$

d.h. die maximale Rückstoßenergie ist $E_p^{\max} \simeq E_n$ für n-p-Streuung, 0.889 E_n für n-d-Streuung und 0.75 E_n für n-t-Streuung. Die Verteilung der kineti-

schen Energie dieser Rückstoßprotonen ist für n-p-Streuung isotrop, d.h. flach in $\cos\alpha$. Das Energiespektrum der Rückstoßprotonen ist daher flach zwischen den Werten 0 und E_n. Man kann bei $E_n < 5\,\mathrm{MeV}$ Ionisationskammern oder Proportionalzähler mit wasserstoffhaltigen Gasen (z.B. CH_4) verwenden, wobei die Dimension des Gasvolumens größer als die maximale Reichweite der Protonen sein sollte.
Bei Neutronenenergien zwischen 1 und 100 MeV finden organische Szintillatoren, insbesondere Flüssig- und Plastik-Szintillatoren, Verwendung. Die Anzahl der in einem Zähler der Dicke L nicht nachgewiesenen Neutronen folgt der Beziehung $N_n(L) = N_0 \exp(-aL)$, wobei sich die Absorption in den Wasserstoff- und Kohlenstoff-Anteilen des organischen Szintillators addiert:

$$a(E_n) = n_\mathrm{H}\sigma_\mathrm{H}(E_n) + n_\mathrm{C}\sigma_\mathrm{C}(E_n)\ . \tag{5.4}$$

Hier sind n_H und n_C die Anzahlen der H- und C-Atome pro Volumeneinheit, σ_H und σ_C die Wirkungsquerschnitte für n-p-Streuung und n-C-Streuung. Wegen $n_\mathrm{C}\sigma_\mathrm{C} << n_\mathrm{H}\sigma_\mathrm{H}$ ist die Nachweiswahrscheinlichkeit für Neutronen der Energie E_n:

$$\varepsilon(E_n) = n_\mathrm{H}\sigma_\mathrm{H}\frac{1-\exp(-aL)}{a}\ . \tag{5.5}$$

$\varepsilon(E_n)$ fällt mit E_n ab und beträgt z.B. bei $E_n = 10\,\mathrm{MeV}$ ca. $\varepsilon = 20\%$ für einen Plastikszintillator der Dicke $L = 5\,\mathrm{cm}$.

5.2 Flugzeitmessung

Die Identifizierung geladener Teilchen durch die Messung ihrer Flugzeit zwischen zwei Szintillationszählern erfordert bei Impulsen oberhalb 1 GeV/c sehr gute Zeitauflösung der Zähler und beträchtliche Flugstrecken zwischen ihnen. Die Differenz der Flugzeiten zweier Teilchen mit den Massen m_1 und m_2 und mit demselben Impuls p beträgt für eine Flugstrecke L

$$\Delta t = \frac{L}{\beta_1 c} - \frac{L}{\beta_2 c} = \frac{L}{c}\left[\sqrt{1+\frac{m_1c^2}{p^2}} - \sqrt{1+\frac{m_2c^2}{p^2}}\right]. \tag{5.6}$$

Für relativistische Teilchen mit $p >> mc$ wird $\Delta t \sim Lc(m_1^2 - m_2^2)/(2p^2)$. Die Abbildung 5.5 zeigt solche Flugzeitdifferenzen für Paare von jeweils zwei Teilchenarten, z.B. Elektron und π-Meson, π-Meson und K-Meson und K-Meson und Proton. Benutzt man Plastik-Szintillationszähler (Abs. 4.2) mit einer Zeitauflösung von $\sigma_t = 300\,\mathrm{ps}$, dann benötigt man zur Trennung von π- und K-Mesonen mit 4 Standardabweichungen, d.h. $\Delta t = 4\sigma_t$, eine Flugstrecke von 3.4 m bei einem Impuls von 2 GeV/c. Bei Verwendung von Parallelplattenzählern mit einer Zeitauflösung von $\sigma_t = 50\,\mathrm{ps}$ würde sich die benötigte Strecke auf 0.6 m bzw. 2.2 m verringern. Da die notwendige Länge der Flugstrecke quadratisch mit dem Impuls der Teilchen zunimmt, ist diese Methode nur bei Impulsen unterhalb ca. 2 GeV/c praktikabel.

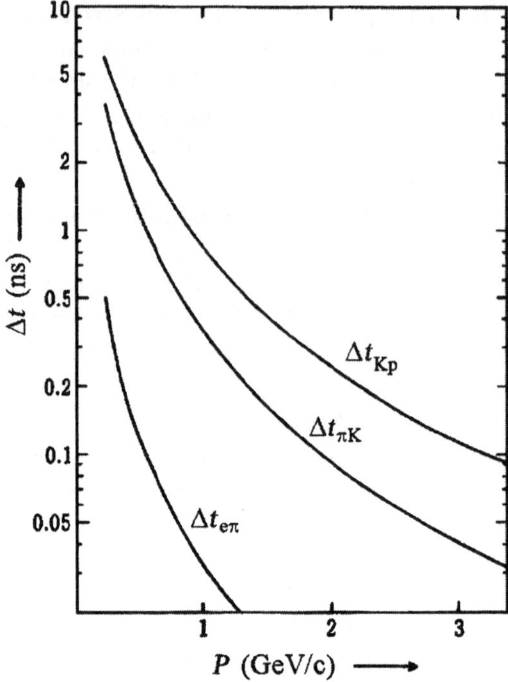

Abb. 5.5. Flugzeitdifferenzen für drei Paare von geladenen Teilchen für eine Flugstrecke von 1 m

5.3 Cherenkov-Zähler

Die bei der Diskussion der Wechselwirkung geladener Teilchen in Materie in Kap. 1.2 erwähnte Cherenkov-Strahlung [CH 37] ist elektromagnetische Strahlung, die von geladenen Teilchen emittiert wird, wenn ihre Geschwindigkeit $v = \beta c$ größer ist als die Lichtgeschwindigkeit c/n im durchquerten Medium ("Radiator") mit Brechungsindex n. Die klassische Theorie des Effekts [CH 64] führt die Strahlung auf die asymmetrische Polarisation des Mediums vor und hinter dem bewegten geladenen Teilchen zurück, die ein zeitlich veränderliches elektrisches Dipolmoment darstellt. Wie bei einer akustischen Kopfknallwelle kann die Ausbreitungsrichtung der erzeugten Wellenfront aus der Superposition der entlang der Teilchenspur entstandenen Huygensschen Elementarwellen berechnet werden: im Zeitintervall t legt die Welle die Strecke tc/n und das Teilchen die Strecke $t\beta c$ zurück. Daraus ergibt sich:

$$\cos\theta_c = \frac{ct/n}{\beta ct} = \frac{1}{\beta n} , \qquad (5.7)$$

wobei θ_c der Winkel der emittierten Strahlung relativ zur Flugrichtung des Teilchens ist. Nach dieser Betrachtung wird also Cherenkov-Strahlung nur erzeugt, wenn $\beta > 1/n$ ist, und zwar unter dem Winkel θ_c relativ zur Flugrichtung. Die minimale Geschwindigkeit $v_s = \beta_s c = c/n$, bei der Cherenkov-Emission stattfindet, wird Schwellengeschwindigkeit genannt, der Winkel θ_c der Cherenkov-Winkel. Der Schwellengeschwindigkeit entspricht ein Schwellenwert des relativistischen Dilatationsfaktors für das Teilchen

$$\gamma_s = \frac{1}{\sqrt{1 - 1/n^2}} . \tag{5.8}$$

In Abb. 5.6 ist der Cherenkov-Winkel θ_c als Funktion der Teilchengeschwindigkeit für verschiedene Werte des Brechungsindex dargestellt. Genauere

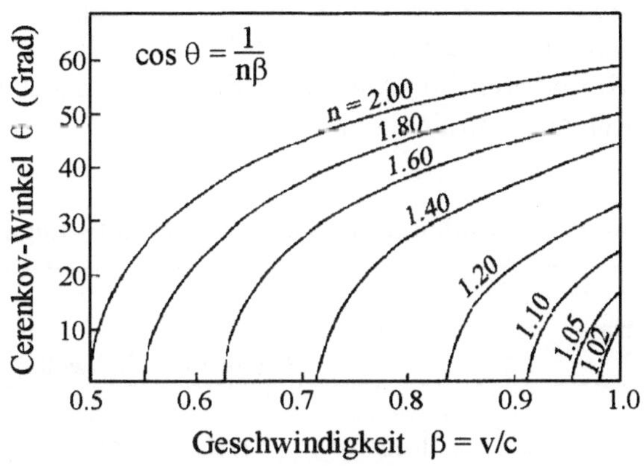

Abb. 5.6. Cherenkov-Winkel θ_c in Abhängigkeit von der Teilchengeschwindigkeit $\beta = v/c$ für die angegebenen Brechungsindices n

Betrachtungen für Radiatoren endlicher Länge L zeigen [JA 66], daß die Strahlung nicht nur unter *einem* Winkel θ_c emittiert wird, sondern mit einer Intensitätsverteilung im Emissionswinkel θ, die derjenigen bei Beugungsphänomenen gleicht. Diese Verteilung hat ein Maximum bei $\theta = \theta_c$, und der Abstand zwischen Diffraktionsmaxima beträgt $\Delta\theta = (\lambda/L)\sin\theta_c$, wobei λ die Wellenlänge des Cherenkov-Lichts ist. Die Anzahl der abgestrahlten Photonen pro Wellenlängenintervall ist danach

$$\frac{\mathrm{d}^2 N}{\mathrm{d}\lambda\,\mathrm{d}\cos\theta} = \frac{2\pi\alpha}{\lambda}\left(\frac{L}{\lambda}\right)^2\left(\frac{\sin x}{x}\right)^2 \sin^2\theta , \tag{5.9}$$

mit $x(\theta) = (\pi L/\lambda)[1/(n\beta) - \cos\theta]$. Für den Grenzwert sehr langer Zähler ($L >> \lambda$) wird aus $(\sin x/x)^2 L/\lambda$ eine $\delta-$Funktion bei $x = 0$, so dass nach Integration über $\cos\theta$ sich die Beziehung ergibt (s. (1.14)):

$$\frac{\mathrm{d}N}{\mathrm{d}\lambda} = \frac{2\pi\alpha}{\lambda^2} L \sin^2\theta_c . \tag{5.10}$$

Im Wellenlängenintervall von λ_1 bis λ_2 ist dann die Anzahl der emittierten Photonen

$$N = 2\pi\alpha L \int_{\lambda_2}^{\lambda_1} \frac{\sin^2\theta_c}{\lambda^2}\,\mathrm{d}\lambda\ . \tag{5.11}$$

Für einen im sichtbaren Wellenlängenbereich empfindlichen Detektor ist $\lambda_1 = 400\,\mathrm{nm}$ und $\lambda_2 = 700\,\mathrm{nm}$, und die Anzahl der nachweisbaren Photonen wird

$$\frac{N}{L} = 490\ \sin^2\theta_c\ \text{Photonen/cm}\ . \tag{5.12}$$

Eine Ausdehnung des verwendbaren Wellenlängenbereichs auf das UV-Gebiet kann diese Ausbeute um einen Faktor 2-3 erhöhen. Dies kann durch Verwendung von Quarzfenstern austelle normalen Glases vor der Photokathode erreicht werden (Photomultiplier vom Typ DUVP).

Gebräuchliche Radiatoren für Cherenkov-Strahlung nebst Brechungsindices und Schwellenwerten γ_s finden sich in Tabelle 5.1.

Tabelle 5.1. Cherenkov-Radiatoren, Gase bei Normalbedingungen (STP)

Material	n - 1	γ_s (Schwelle)	β_s (Schwelle)
Diamant	1.42	1.10	0.41
ZnS (Ag)	1.37	1.10	0.42
Bleifluorid	0.80	1.20	0.56
Glas	0.46 - 0.75	1.22 - 1.37	0.57 - 0.68
Szintillator	0.58	1.29	0.63
Plexiglas	0.48	1.36	0.68
Wasser	0.33	1.52	0.75
Aerogel	0.025 - 0.075	4.5 - 2.7	0.93 - 0.976
Pentan (STP)	1.7×10^{-3}	17.2	0.99830
CO_2 (STP)	4.3×10^{-4}	34.1	0.99960
He (STP)	3.3×10^{-5}	123	0.99997

Zwischen den höchsten mit Gasen erreichbaren Brechungsindices (z.B. Pentan) und den niedrigsten Werten für durchsichtige Festkörper klafft eine Lücke, die erst mit der Entwicklung der Silica-Aerogele [CA 74] geschlossen werden konnte.

Diese bestehen aus $m \times (SiO_2)$ und $2m \times (H_2O)$, wobei m eine natürliche Zahl ist, und die erzeugten Materialien haben Werte für $n-1$ zwischen 0.025 und 0.075, so dass eine Geschwindigkeitsmessung im Bereich von $\gamma \sim 3$ bis 5 möglich wird. Die praktische Herstellung von Silica-Aerogel mit Brechungsindex $n = 1.03$ oder $n = 1.05$ in Blöcken von $18 \times 18 \times 3\,\mathrm{cm}^3$ ist in [HE 81] beschrieben. Das Cherenkov-Licht wird in diesem Fall mit zylindrischen Spiegeln [CA 81a] oder mit einem an der Innenseite diffus reflektierenden Hohlleiter [AR 81] hinter dem Aerogel-Radiator gesammelt, bevor es auf die Photokathode trifft (Abb. 5.7). Mit einem 15 bis 18 cm langen Aerogel-Block wurde auf diese Weise eine Ausbeute von 6 bis 12 Photoelektronen erreicht.

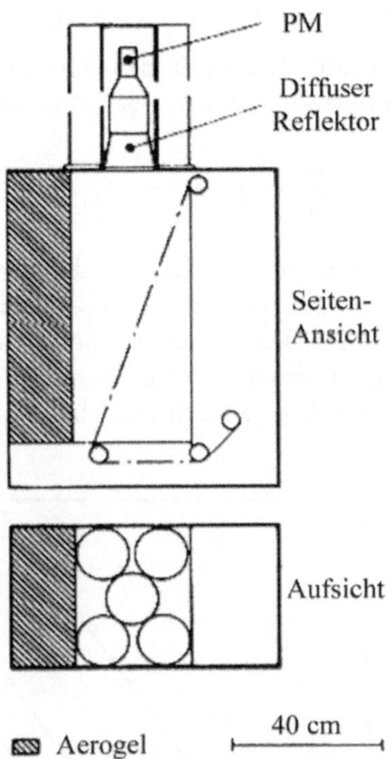

Abb. 5.7. Cherenkov-Schwellenzähler mit Silica-Aerogel als Radiator; die Teilchen treten von links in den Zähler ein, das Cherenkov-Licht wird durch eine spiegelnde Folie in Richtung der fünf Photomultiplier (PM) abgelenkt [AR 81]

Die erforderliche Länge von Cherenkov-Radiatoren für den Nachweis von Teilchen des Impulses P steigt mit P^2 an, wenn eine bestimmte Anzahl von Photonen (und Photoelektronen) benötigt wird. Nehmen wir an, daß zwei Teilchen der Massen m_1 und $m_2 > m_1$ mit Hilfe eines Schwellen-Cherenkov-Zählers unterschieden werden sollen. Dann kann der Brechungsindex des Radiators so gewählt werden, daß das schwere Teilchen mit Masse m_2 gerade noch nicht strahlt, d.h. sich knapp unterhalb der Schwelle befindet, $\beta_2^2 \simeq 1/n^2$ oder $n^2 = \gamma_2^2/(\gamma_2^2 - 1)$. Dann ist die Intensität des Cherenkov-Lichts für das Teilchen mit Masse m_1 proportional zu

$$\sin^2 \theta_c = 1 - \frac{1}{\beta_1^2 n^2} , \tag{5.13}$$

und für $\gamma >> 1$

$$\sin^2\theta_c \simeq \frac{c^2(m_2^2 - m_1^2)}{P^2} \,. \tag{5.14}$$

Hat der Radiator die Länge L, und ist die mittlere Quantenausbeute der Photokathode im sichtbaren Bereich 20%, dann ist die Anzahl N_p der Photoelektronen

$$N_p \simeq 100Lc^2(m_2^2 - m_1^2)/(P^2 L_0) \,, \tag{5.15}$$

mit $L_0 = 1\,\text{cm}$. Werden zum Nachweis des schnelleren Teilchens 10 Photoelektronen benötigt, so beträgt die notwendige Länge des Radiators

$$\frac{L}{L_0} = \frac{P^2}{10(m_2^2 - m_1^2)c^2} \,. \tag{5.16}$$

Dies gilt allerdings nur, wenn der Brechungsindex des Radiators genau so eingerichtet werden kann, dass sich das langsamere Teilchen knapp unterhalb der Cherenkov-Schwelle befindet. Die Länge L, die für die Trennung verschiedener Paare von geladenen Teilchen benötigt wird, ist in Abb. 5.8 als Funktion des Teilchenimpulses angegeben. Für praktische Zwecke verwendet man eine

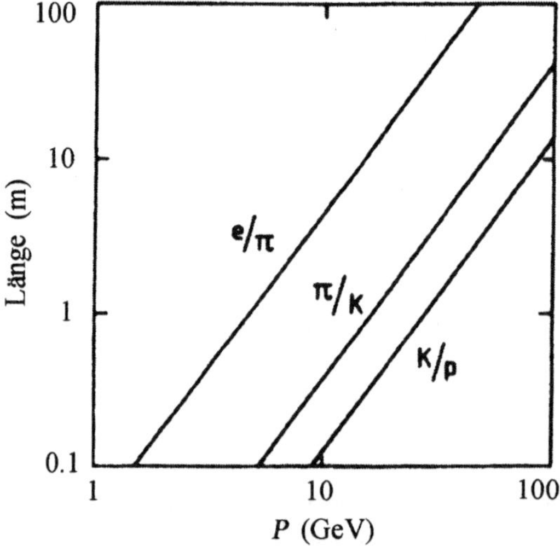

Abb. 5.8. Notwendige Länge eines Radiators zur Trennung eines Teilchenpaars mittels eines Schwellen-Cerenkov-Zählers, nach (5.16)

Kombination von mehreren Schwellen-Cherenkov-Zählern mit verschiedenen Brechungsindices, wie sie etwa in Tabelle 5.2 angegeben sind.
Durch die Verwendung von 2 oder mehr dieser 5 Schwellenzähler gleichzeitig können π-Mesonen, K-Mesonen und Protonen in den Impulsbereichen identifiziert werden, die Abb. 5.9 graphisch darstellt.

Tabelle 5.2. *Eine Auswahl von Cherenkov-Schwellenzählern* [LE 81c]

Zähler	Brechungs-index n	Radiator Material	Länge des Radiators (cm)	Länge des Zählers (cm)	Ausbeute (Photoelektronen)
A	1.022	Aerogel	20	50-100	5-6
B	1.006	?(Aerogel)	?	50-100	?
C	1.00177	Neopentan	30	50	$\simeq 10$
D	1.00049	$(N_2O - CO_2)$ oder Fr 14	100	$\simeq 120$	$\simeq 10$
E	1.000135	(Ar-Ne) oder H_2	185	$\simeq 200$	$\simeq 5$

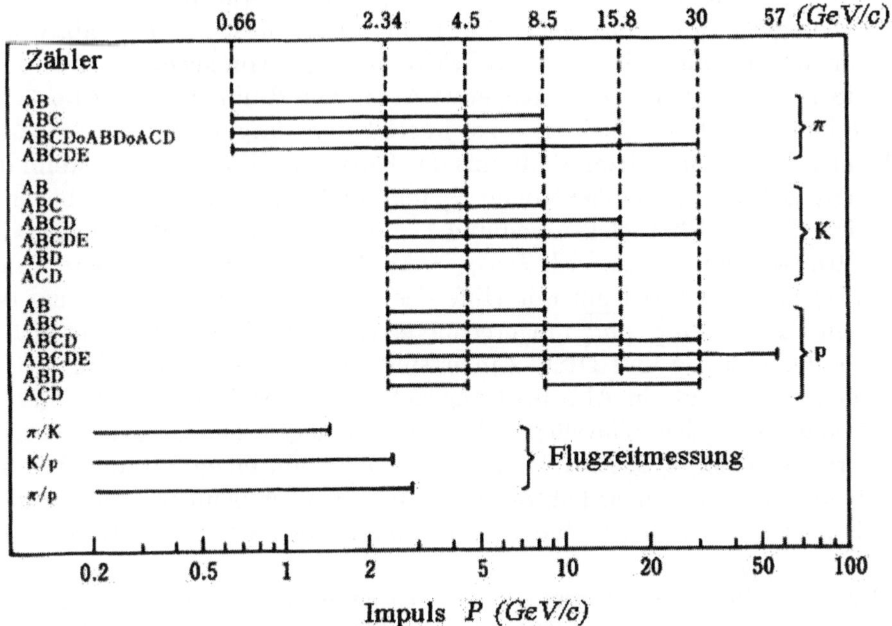

Abb. 5.9. Impulsbereiche, in denen die drei Teilchen π-Meson, K-Meson und Proton durch Kombination von Schwellen-Cherenkovzälern aus Tabelle 5.2 positiv identifiziert werden können [LE 81c]. Die Bereiche für Trennung durch Flugzeitmessung entsprechen einer Flugstrecke von 3 m, einer Zeitauflösung von $\sigma_t = 0.15$ ns und einer Trennung von $3\sigma_t$

Während diese Zähler das Schwellenverhalten des Cherenkov-Effekts ausnutzen, wird in anderen Detektoren auch der Emissionswinkel der Cherenkov-Strahlung *und damit* die Geschwindigkeit der Teilchen gemessen. Der vom Teilchen abgestrahlte Lichtkegel kann zu einem ringförmigen Bild fokussiert werden. Mit einer veränderlichen Ringblende am Fokus wird Cherenkov-Licht aus einem kleinen Bereich des Emissionswinkels ausgewählt und gelangt zur Photokathode. Durch Veränderung des Radius der Ringblende können verschiedene Bereiche des Emissionswinkels θ_c und damit der Geschwindigkeit βc des Teilchens überstrichen werden ("Differentieller Cherenkov-Zähler"). Wird die Optik des Zählers so ausgelegt, dass chromatische Aberrationen korrigiert werden, so nennt man die Zähler DISC-Zähler [LI 73]. Mit solchen Geräten sind relative Geschwindigkeitsauflösungen von $\Delta\beta/\beta \simeq 10^{-7}$ erreicht worden.

Die Länge solcher Zähler ist auf einige Meter beschränkt. Die Trennung zweier Teilchensorten bei bestimmter Länge L ist bis zu einem maximalen Impuls der Teilchen möglich; für Schwellenzähler ergibt sich dieser aus (5.14). Entscheidend ist dabei die Anzahl N der Photonen, die das schnellere Teilchen mit Masse m_1 abstrahlt, wenn das langsamere mit Masse m_2 gerade noch nicht strahlt. Wegen $N/L \sim 490 \sin^2 \theta_c$ ist diese Anzahl durch den Cherenkovwinkel θ_c bestimmt. Nach (5.14) fällt $\sin \theta_c$ linear mit P^{-1} ab, wobei sich für π-K-Trennung bei $P = 10\,\mathrm{GeV/c}$ ein Wert von $\sin \theta_c = 0.048$ oder $\theta_c = 48\,\mathrm{mrad}$ ergibt. Der entsprechende Abfall von θ_c mit p ist in Abb. 5.10 durch die mit "Schwellenzähler" bezeichnete Kurve dargestellt. Der Grenzimpuls für π-K-Trennung kann dann aus der Kurve abgelesen werden, wenn die verlangte Zahl von Photoelektronen N_p und die Länge L des Zählers bekannt sind. Für $P \geq 10$ Photoelektronen und $L = 100\,\mathrm{cm}$ muss $\sin^2 \theta_c \geq 0.001$ oder $\theta_c \geq 30\,\mathrm{mrad}$ sein, woraus sich $P_{\mathrm{Grenz}} \sim 16\,\mathrm{GeV/c}$ ergibt. Für andere Paare (m_1, m_2) von Teilchen kann mit Hilfe des unteren Teils der Zeichnung der mit dem Faktor $\sqrt{m_2^2 - m_1^2}$ umgerechnete Grenzimpuls ermittelt werden.

Für differentielle und DISC-Zähler sind die entsprechenden Kurven für θ_c gegen den Impuls in Abb. 5.10 angegeben. Die Auflösung dieser Geräte ist derjenigen für den Schwellenzähler weit überlegen. Die Grenzimpulse für π-K-Trennung liegen beim differentiellen Zähler um einen Faktor 10 höher und beim DISC um einen Faktor 30 bis 40 höher als beim Schwellenzähler. Mit letzteren Geräten ist eine π-K-Trennung noch bei einem Impuls von 500 GeV/c möglich.

Ein mit einem DISC gemessenes Geschwindigkeitsspektrum geladener Hyperonen in einem kurzen Sekundärstrahl an einem externen Protonenstrahl zeigt Abb. 5.11; die Trennung dieser Hyperonen bei einem Impuls von 15 GeV/c ist deutlich sichtbar.

Während bei den bisher betrachteten differentiellen Zählern der Radius der Ringblende verändert wurde, um einen Geschwindigkeitsbereich zu überstreichen, kann man alternativ hierzu auch die Blende bei festem Winkel lassen und den Gasdruck variieren. Ein solcher Zähler [BO 83] ist in Abb. 5.12 abgebildet, die Zählrate in Abhängigkeit vom Druck für einen durch primäre Protonen der Energie 400 GeV erzeugten Sekundärstrahl zeigt Abb. 5.13. Der Zähler wurde dazu verwendet, die Flüsse von π- und K-Mesonen zu messen; aus diesen können die Flüsse von Neutrinos und Antineutrinos berechnet werden, die aus den Mesonen beim Zerfall entstehen.

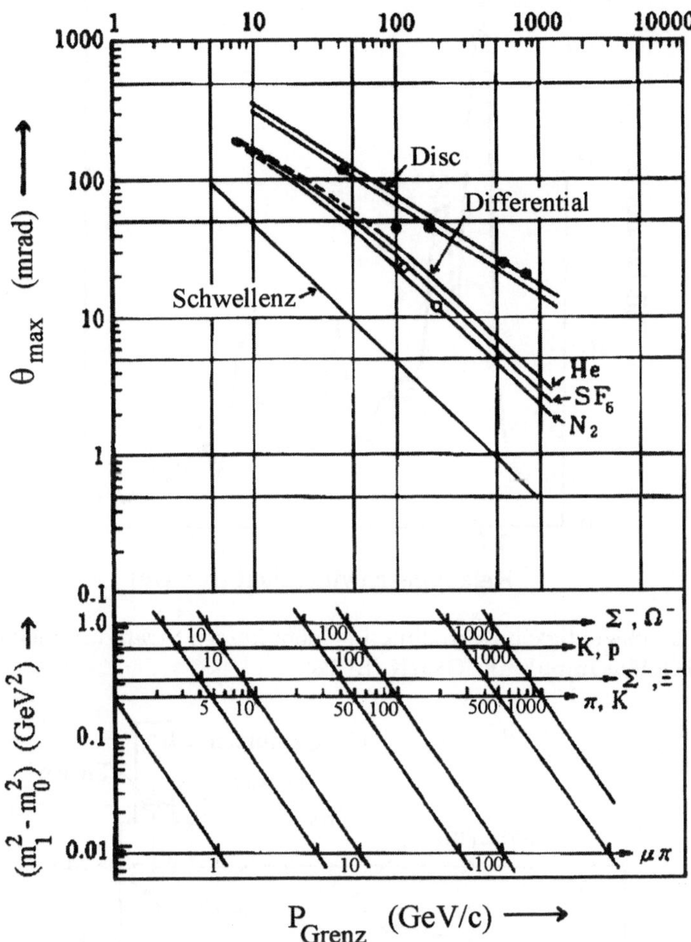

Abb. 5.10. Cherenkov-Winkel beim Grenzimpuls für π-K-Separation für Schwellenzähler, differentielle und DISC-Cherenkovzähler [LI 73]

Da die differentiellen Cherenkov-Zähler nur für Teilchen nutzbar sind, die parallel zu ihrer optischen Achse einfallen, muss für ein divergierendes Teilchenbündel, das vom Wechselwirkungspunkt eines Speicherrings ausgeht, ein anderes Verfahren verwendet werden. Seguinot und Ypsilantis [SE 77] schlugen dazu einen Cherenkov-Ringbild-Zähler ("Ring Imaging Cherenkov Counter", RICH) vor (Abb. 5.14). Ein sphärischer Spiegel mit Radius R_S, dessen Mittelpunkt im Wechselwirkungspunkt liegt, fokussiert den Kegel des im Radiator erzeugten Cherenkov-Lichts in ein ringförmiges Bild auf der Oberfläche des kugelförmigen Detektors mit Radius R_D. Der Radiator füllt das Volumen zwischen den beiden Kugelschalen, und im allgemeinen ist $R_D = R_S/2$. Die Cherenkov-Lichtkegel haben einen Öffnungswinkel

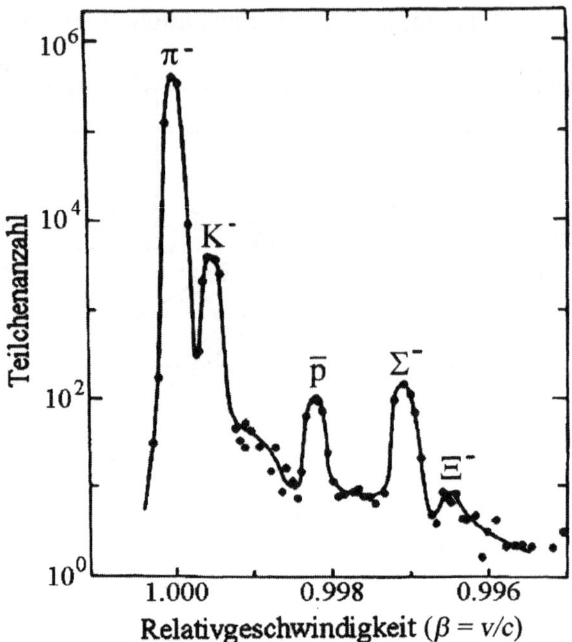

Abb. 5.11. Geschwindigkeitsverteilung in einem kurzen Strahl für geladene Hyperonen mit 15 GeV/c Impuls am CERN [LI 73]

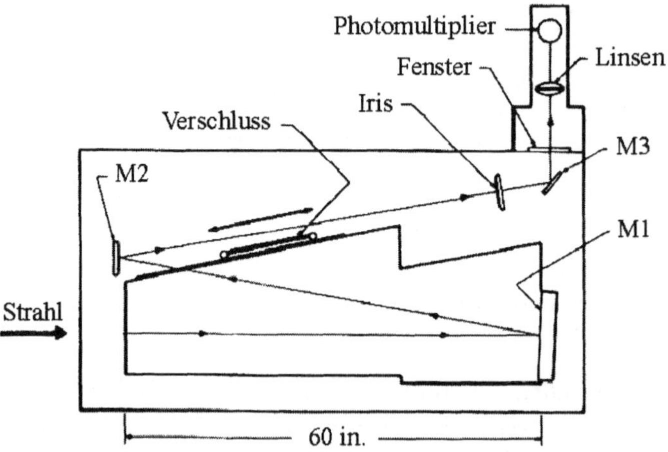

Abb. 5.12. Differentieller integrierender Cherenkov-Zähler zur Messung der Zusammensetzung hochenergetischer Strahlen [BO 83]

von $\theta_c = \arccos[1/(\beta n)]$. Da die Brennweite des Spiegels $R_S/2$ ist, werden diese auf einem Ring des Radius r auf der Detektorkugel fokussiert. Für $R_D = R_S/2$ ist der Öffnungswinkel θ_D dieses Ringbildes in erster Näherung $\theta_D = \theta_c$. Wird der Radius des Ringbildes gemessen, so ergibt

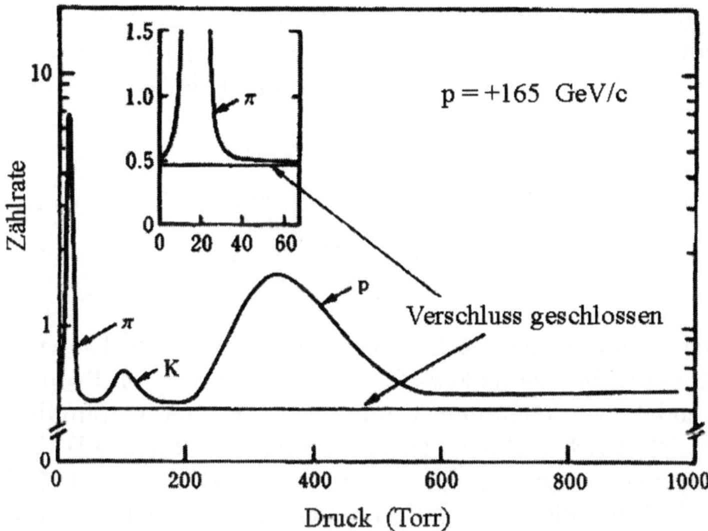

Abb. 5.13. Zählrate des Cherenkov-Zählers nach Abb. 5.12 bei Druckvariation; der Zähler befand sich im geladenen Sekundärstrahl eines externen Protonenstrahls von 400 GeV Energie; die Maxima entsprechen π-Mesonen, K-Mesonen und Protonen von 165 GeV/c Impuls im Sekundärstrahl [BO 83]

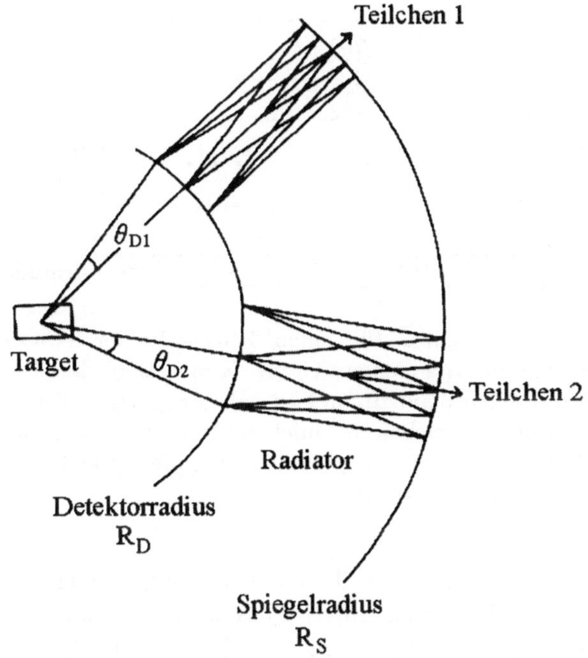

Abb. 5.14. Prinzip des Ringbild-Cherenkov-Zählers (RICH) [SE 77]

sich $\theta_c = \theta_D = 2r/R_S$ und daraus $\beta = 1/(n\cos\theta_c)$. Der relative Fehler der Messung von β ist $\Delta\beta/\beta = [\tan^2\theta_c(\Delta\theta_c)^2 + (\Delta n/n)^2]^{1/2}$. Wenn wir den von der Unsicherheit in n stammenden Fehler vernachlässigen, erhalten wir

$$\Delta\gamma/\gamma = \gamma^2\beta^3 n \sin\theta_c \Delta\theta_c \ , \tag{5.17}$$

und der Fehler im Impuls $P = m\beta\gamma$ des registrierten Teilchens ist [YP 81]:

$$\frac{\Delta P}{P} = \frac{\Delta\gamma}{\gamma\beta^2} \ . \tag{5.18}$$

Der kritische Punkt eines solchen RICH-Zählers ist die Entwicklung eines Ortsdetektors für die Cherenkov-Photonen. Dabei werden Proportionalkammern verwendet, bei denen dem Kammergas ein photoempfindlicher Dampf beigemischt ist [EK 81]. Als ionisierbare Substanz wurde z.B. Triäthylamin (TEA) untersucht. Solch ein Photonendetektor ist in Abb. 5.15 dargestellt. Hinter dem UV-durchlässigen CaF_2-Fenster befinden sich drei durch Elektro-

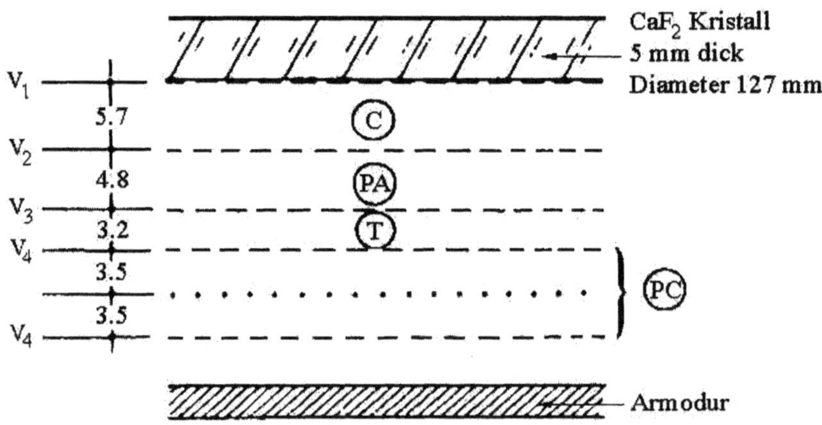

Abb. 5.15. Photonendetektor für einen Ringbild-Cherenkovzähler mit CaF_2 Fenster und vier Kammerbereichen: C für Konversion der Photonen, PA für Verstärkung, T für Elektronendrift und PC als Proportionalkammer. Abmessungen in mm [EK 81]. Die gestrichelten Linien sind Fe-Drahtnetze mit Drahtabstand 500 μm und 81% Transparenz. Die gepunktete Linie bezeichnet eine Ebene aus 20 μm W–Drähten mit 2 mm Abstand

den abgetrennte Räume und eine Proportionalkammer (PC). Im Teil C der Kammer werden die Photonen durch TEA zu Photoelektronen konvertiert, der Teil PA dient zur Vorverstärkung, der Teil T zum Transfer der Elektronen und der Teil PC zur Lawinenbildung um die Drähte. In einem Versuch mit π-Mesonen vom Impuls 10 GeV/c wurde diese Kammer hinter einem 1 m langen Radiator aus Argon bei 1.2 bar Druck betrieben. Dabei konnten 3 Photoelektronen pro π-Meson in der Kammer nachgewiesen werden.

Mögliche Verbesserungen des Photonennachweises liegen in der Verwendung von noch leichter ionisierbaren photoempfindlichen Gasen, wie z.B. Tetrakis-dimethylaminoäthylen (TMAE) mit einem Ionisationspotential von 5.4 eV gegenüber 7.5 eV bei TEA [NA 72]. Die Verteilung der Abstände von Photonen von den gemessenen Ringmittelpunkten ist in Abb. 5.16 für einen RICH-Detektor der CERN Heidelberg-Gruppe (BE 92) gezeigt. Man sieht die

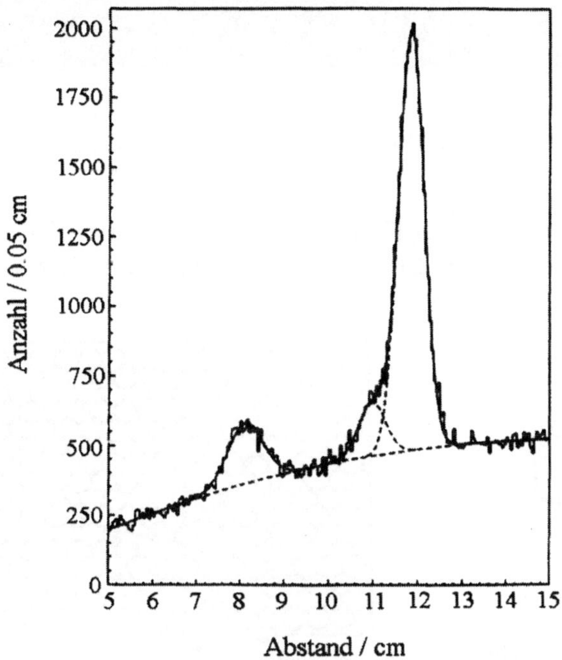

Abb. 5.16. Abstand der Auftreffpunkte von Cherenkov-Photonen vom vorhergesagten Ringmittelpunkt für Teilchen im Impulsbereich von 50 bis 55 GeV/c. Radiator 5 m Stickstoff; Detektorgas Ethan mit TMAE. Die Signale von Protonen, K- und π-Mesonen sind von links nach rechts zu sehen [BE 92]

Signale für Protonen, K und π-Mesonen. Einen optischen Eindruck des Rings von Cherenkov-Photonen um den Durchgangspunkt des geladenen Teilchens vermittelt Abb. 5.17.

Bei einem der vier Experimente am Elektron-Positron-Speicherring LEP (Delphi) waren RICH-Zähler dieser Art ein wesentlicher Bestandteil des Apparats. Sie dienten dazu, π- und K-Mesonen in einem Jet von Teilchen aus einer e^+e^--Kollision zu identifizieren.

Eine Variante des Ringbild-Cherenkovzählers RICH ist der vom BaBar-Experiment an der B-Fabrik im SLAC verwendete DIRC-Zähler ("detection of internally reflected Cherenkov light"), der von Ratcliffe [RA 92] vorgeschlagen wurde. Das Cherenkov-Licht, das geladene Teilchen in einem recht-

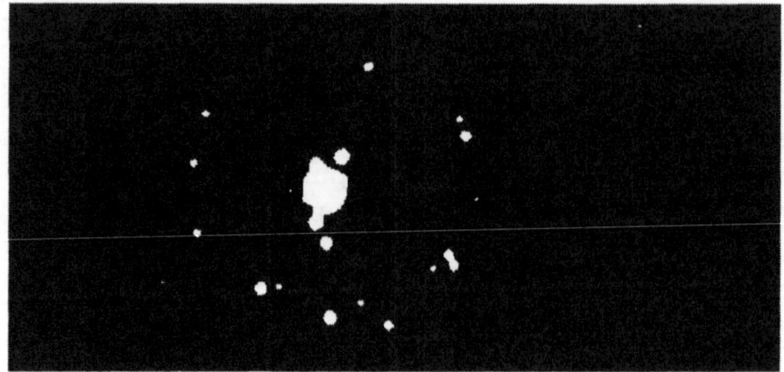

Abb. 5.17. Kreisformige Verteilung von Cerenkov-Photonen um den Ort des geladenen Teilchendurchgangs. Die Photonen haben in TMAE Elektronen ausgelöst

eckigen Quarz-Radiator der Dimension $2 \times 4 \times 500\,\mathrm{cm}^3$ erzeugen, gelangt durch Totalreflexion zum Ende des Radiators (Abb. 5.18). Der Kegel des

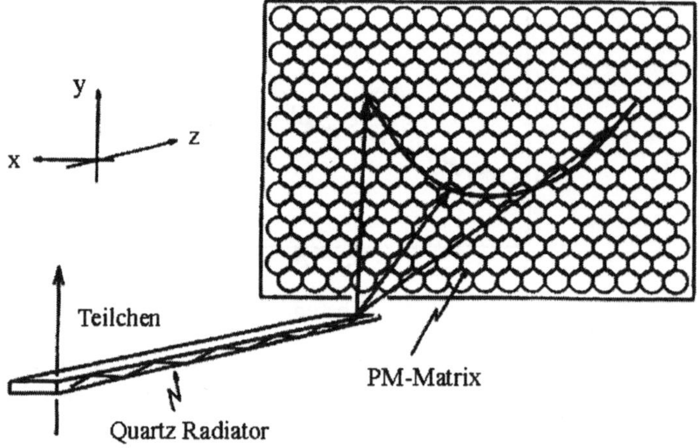

Abb. 5.18. Das Prinzip des DIRC Cherenkov-Zählers [RA 92]

Cherenkov-Lichtes tritt am schmalen Ende des Radiators aus und wird dann auf eine große Matrix von 15000 Photomultipliern (PM) fokussiert. Das ellipsenförmige Bild des Kegelschnittes wird dann aus den PM-Signalen rekonstruiert. Der Vorteil dieses Systems ist sein kleiner Platzbedarf im Detektorinneren und die geringe Materialdicke des Radiators. Dieser DIRC hat innerhalb des BaBar-Detektors die Aufgabe, die π- und K-Mesonen aus Zerfällen des schweren B-Mesons zu identifizieren. Bei einem Impuls von 3 GeV/c können π- und K-Mesonen mit einer Signifikanz von 4 Standardabweichungen voneinander getrennt werden.

5.4 Übergangsstrahlungs-Detektoren

Betrachtet man die Meßkurve für Cherenkov-Lichtemission als Funktion des Gasdrucks in Abb. 5.13, so sieht man, daß auch bei verschwindendem Druck im Cherenkov-Zähler noch Licht emittiert wird, d.h. unterhalb der Cherenkov-Schwelle [BO 83]. Dieser Effekt kann erklärt werden als Strahlung, die beim Übergang der Teilchen vom dichteren Medium ins Vakuum und wieder aus diesem zurück ins dichtere Medium emittiert wird. Dies ist die in Kap. 1.2 erwähnte "Übergangsstrahlung" ("Transition radiation", TR). Sie tritt immer dann auf, wenn ein geladenes Teilchen ein Material mit veränderlicher Dielektrizitätskonstante, also z.B. eine Anordnung von Folien und Luftspalten, durchquert. Die Strahlung wird an den Grenzflächen zwischen den verschiedenen Medien emittiert. Man kann sich ihre Entstehung so vorstellen, daß das geladene Teilchen im Vakuum zusammen mit seiner Bildladung im dichten Medium einen elektrischen Dipol bildet, dessen Feldstärke sich bei Annäherung des Teilchens an die Grenzfläche verändert und bei seinem Eintritt in das dichte Medium verschwindet. Diese zeitlich variierende Dipolfeldstärke erzeugt Strahlung. Für ein relativistisches Teilchen mit dem Dilatationsfaktor $\gamma = E/(mc^2)$ wird die Strahlung in einem Kegel mit Öffnungswinkel $\theta \sim \gamma^{-1}$ konzentriert. Wie Ginzburg und Frank [GI 46] berechneten, steigt die Intensität der Übergangsstrahlung mit γ an, und die Strahlung hat ein scharfes Maximum auf dem Kegel mit Öffnungswinkel $\theta \sim \gamma^{-1}$. Wird eine periodische Anordnung von vielen Folien mit gleichen Zwischenräumen verwendet, so treten Interferenzeffekte auf [AR 75, FA 75], die ein Schwellenverhalten der TR-Emission bei einem bestimmten Wert von γ verursachen. Zähler, die diese Übergangsstrahlung registrieren, können also dazu verwendet werden, Teilchen unterschiedlicher Masse, aber gleichen Impulses aufgrund ihres γ−Faktors zu unterscheiden (s. Kap. 1.2).

Praktische Anwendungen gibt es, seit Garibian [GA 73] zeigen konnte, dass Übergangsstrahlung im Röntgenbereich emittiert wird. Zähler für TR bestehen dann aus einem Radiator und einer Proportionalkammer, die die Röntgenstrahlung aus diesem nachweist. Da die Absorption von Röntgenstrahlung mit der Ordnungszahl Z des Elements stark ansteigt, muss für die Folien des Radiators ein Material mit möglichst niedrigem Z gewählt werden. Die praktische Verwendbarkeit für den TR-Zähler wurde erreicht, als es Willis, Fabjan et al. [CO 77] gelang, die Technik dünner Lithium-Folien (Z = 3) zu beherrschen. Als Zählgas und gleichzeitig Absorber für die Röntgen-TR-Strahlung wurde Xenon (Z = 54) verwendet.

Das Impulshöhenspektrum in einer solchen Xenon-Kammer hinter einem Radiator aus 1000 Folien der Dicke 51 μm ist in Abb. 5.19 gezeigt ("e^- mit Li"). Diese Impulshöhe stammt sowohl aus der Ionisation durch das durchlaufende Elektron als auch von den TR-Photonen. Elektronen aus diesen beiden Prozessen liegen räumlich in dieser Kammer sehr nahe zusammen und können deshalb nicht getrennt werden. Ausserdem enthält die Darstellung das Impulshöhenspektrum, das durchlaufende π-Mesonen erzeugen ("π^-

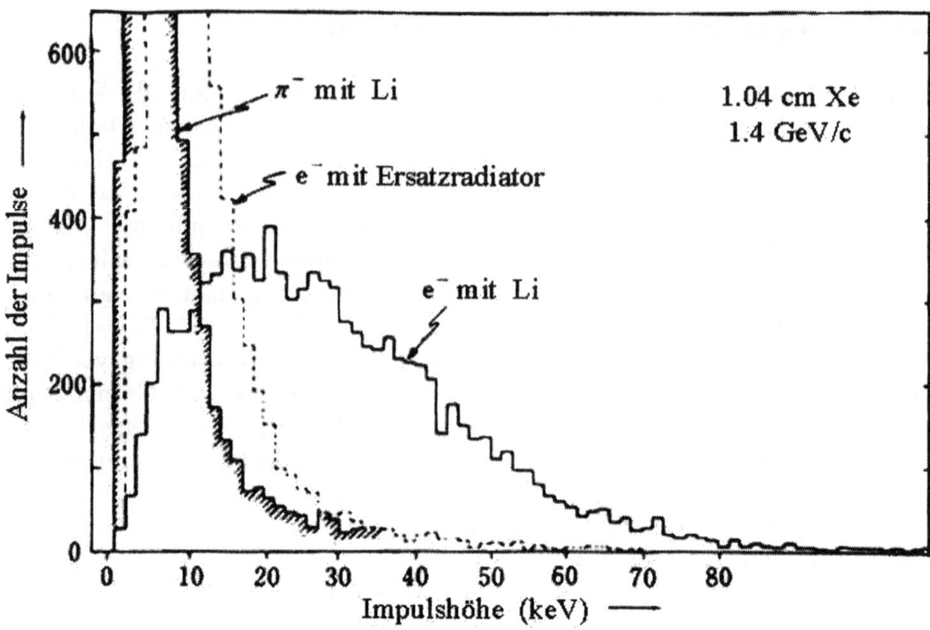

Abb. 5.19. Impulshöhenspektrum eines Detektors für Übergangsstrahlung (Dicke 1.04 cm Xenon) in einem Strahl von Elektronen und π-Mesonen vom Impuls 1.4 GeV/c [FA 80]

mit Li"). Diese Impulshöhen sind deutlich niedriger als die von Elektronen stammenden, sie entsprechen dem Energieverlust nur durch Ionisation und zeigen die Landau-Verteilung mit dem charakteristischen Ausläufer zu hohen Impulshöhen hin. Die dritte Kurve ("e- mit Ersatzradiator") zeigt, daß Elektronen in einem Radiator ohne variierende Dielektrizitätskonstante (aber mit gleicher Masse wie der zuerst verwendete) keine Übergangsstrahlung erzeugen.

Die Zunahme der insgesamt beim TR-Prozess abgestrahlten Energie mit γ beruht hauptsächlich auf dem Anwachsen der mittleren Energie der Röntgenquanten, wie dies Abb. 5.20 zeigt. Dargestellt sind hier Messergebnisse mit Elektronen, die in verschiedenen Li-Folien-Radiatoren Übergangsstrahlung erzeugen. Der Detektor für die Röntgenstrahlung ist jeweils eine mit Xe/CO_2 (80%/20%) gefüllte Proportionalkammer. Der Anstieg der mittleren Röntgenenergie mit dem Impuls P_e des Elektrons hängt von der Anordnung der Folien im Radiator ab. Diese Impulse P_e entsprechen Werten von $\gamma \sim 10^3$ bis $6 \cdot 10^3$. Aus diesen experimentellen Ergebnissen kann gefolgert werden: a) Übergangsstrahlungdetektoren können für Werte oberhalb von $\gamma \sim 10^3$ verwendet werden, d.h. für Elektronen mit Impulsen über 0.5 GeV/c und π-Mesonen über 140 GeV/c; b) eine Ausdehnung des Messbereichs auf Teilchen mit $\gamma < 10^3$ erfordert den Nachweis von Röntgenstrahlung im Energiebereich von 1 bis 5 keV.

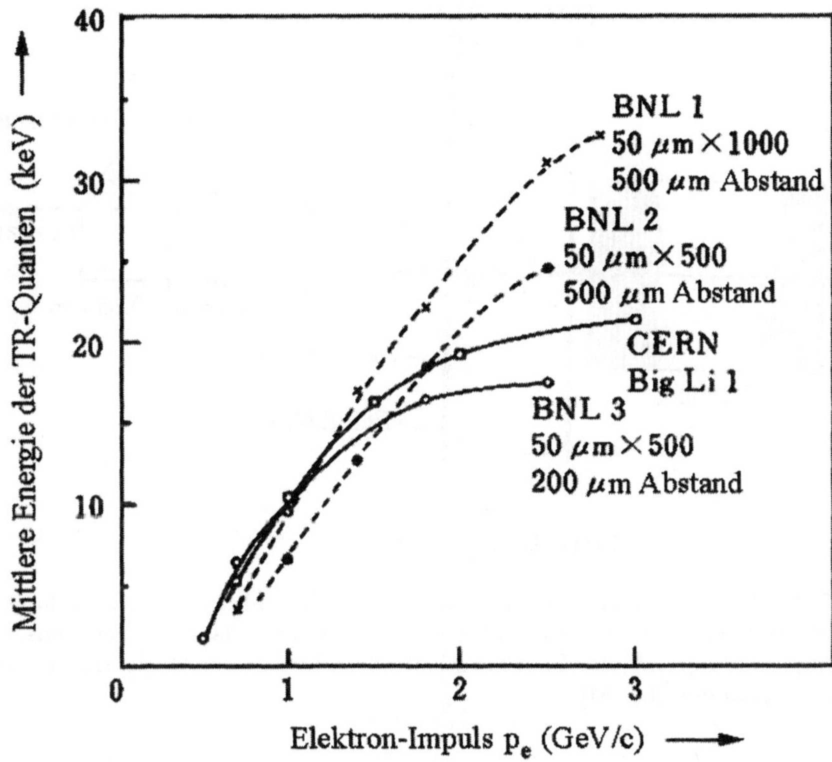

Abb. 5.20. Mittlere registrierte Röntgenenergie in einem Xenon-Übergangsstrahlungs-Detektor in Abhängigkeit vom Elektronenimpuls p_e. Verschiedene Lithium-Folien-Radiatoren wurden verwendet [CO 77]

Bei der Trennung eines TR-Signals von den durch Ionisation eines nicht strahlenden Teilchens verursachten Impulsen macht sich das obere Ende der Landau-Verteilung beim Energieverlust durch Ionisation störend bemerkbar.

Eine Verbesserung der Trennschärfe kann erreicht werden, wenn nicht nur die in der Xenon-Proportionalkammer freigesetzte Ladung Q, sondern auch die Verteilung dieser Ladungsdichte entlang der Spur des nachgewiesenen Teilchens gemessen wird [LU 81]. Es wird dann die Anzahl N der "Cluster" von Elektronen aus dem Ionisationsprozess gezählt. Die Häufigkeitsverteilung dieser Anzahl N ist eine Poisson-Verteilung, deren Ausläufer bei großen N weniger stark mit dem Bereich der durch TR-Strahlung verursachten Signale überlappt als bei der Messung der Ladung Q. Die Abbildung 5.21 zeigt das Prinzip der Messung und Abb. 5.22 die Verteilung der Cluster-Anzahl N und der Gesamtladung Q für $\pi-$Mesonen und Elektronen des Impulses 15 GeV/c [FA 81]. Im unteren Teil der Abb. 5.22 ist der Pion-Unterdrückungsfaktor gegen die Nachweiswahrscheinlichkeit für Elektronen aufgetragen, wenn durch eine Schwelle in N (entsprechend einem Energiever-

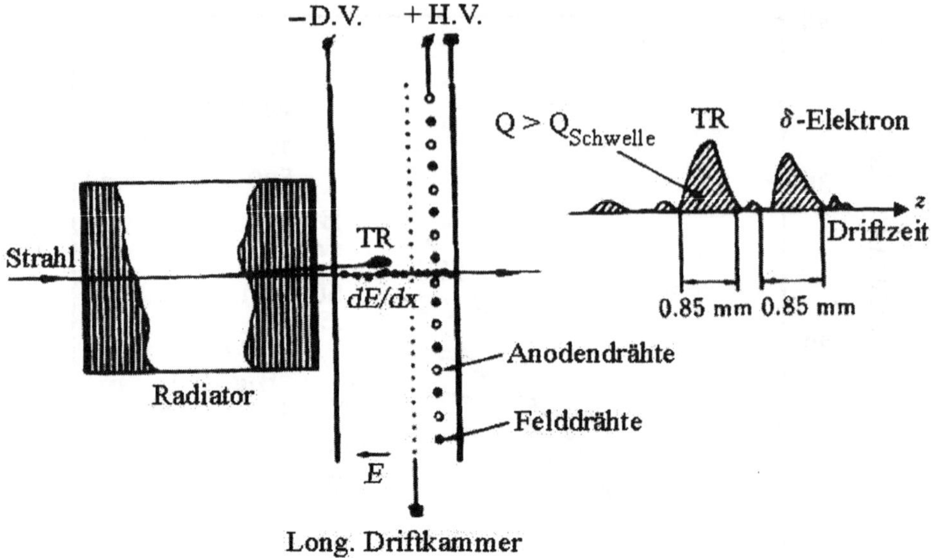

Abb. 5.21. Prinzip des Nachweises von Übergangsstrahlung mittels Zählung der "Cluster" von Ionisationsenergie entlang der Spur des geladenen Teilchens. TR, Übergangsstrahlung; $\mathrm{d}E/\mathrm{d}x$, Energieverlust durch Ionisation; E, elektrisches Feld; D.V., Driftspannung [LU 81]

lust von 4 keV) oder in Q Elektronen mit TR von Pionen ohne TR getrennt werden.

Die Ergebnisse in Abb. 5.22 sind mit einem Detektor aus 12 hintereinander angeordneten Radiatoren mit je einer Proportionalkammer gemessen. Die Li-Folien sind 35 μm dick, der gesamte Detektor hat eine Länge von 66 cm, und sein Material entspricht 0.04 Strahlungslängen. Will man eine Nachweiswahrscheinlichkeit von 90% für Elektronen erhalten, so können Pionen mit dem Faktor 8×10^{-4} unterdrückt werden. Die entsprechende Zahl für Radiatoren aus 7 μm dicken Kohlenstoff-Fasern ist 2×10^{-3}. Mit einem doppelt so langen Detektor (132 cm) aus Li-Folien konnten π-Mesonen von 140 GeV/c Impuls durch Nachweis ihrer TR-Strahlung auf 10^{-2} ihrer Häufigkeit reduziert werden, während die nicht strahlenden K-Mesonen mit 90% Wahrscheinlichkeit nachgewiesen wurden. Diese Messung ist in Abb. 5.23 mit N(Exp.A) bezeichnet. Ein anderer Detektor mit Mylar-Folie als Radiator (Q Exp.B) konnte diese Werte nahezu erreichen, obwohl hier zur Diskriminierung zwischen π- und K-Mesonen nur die Ladungsmessung verwendet wurde [CO 80].

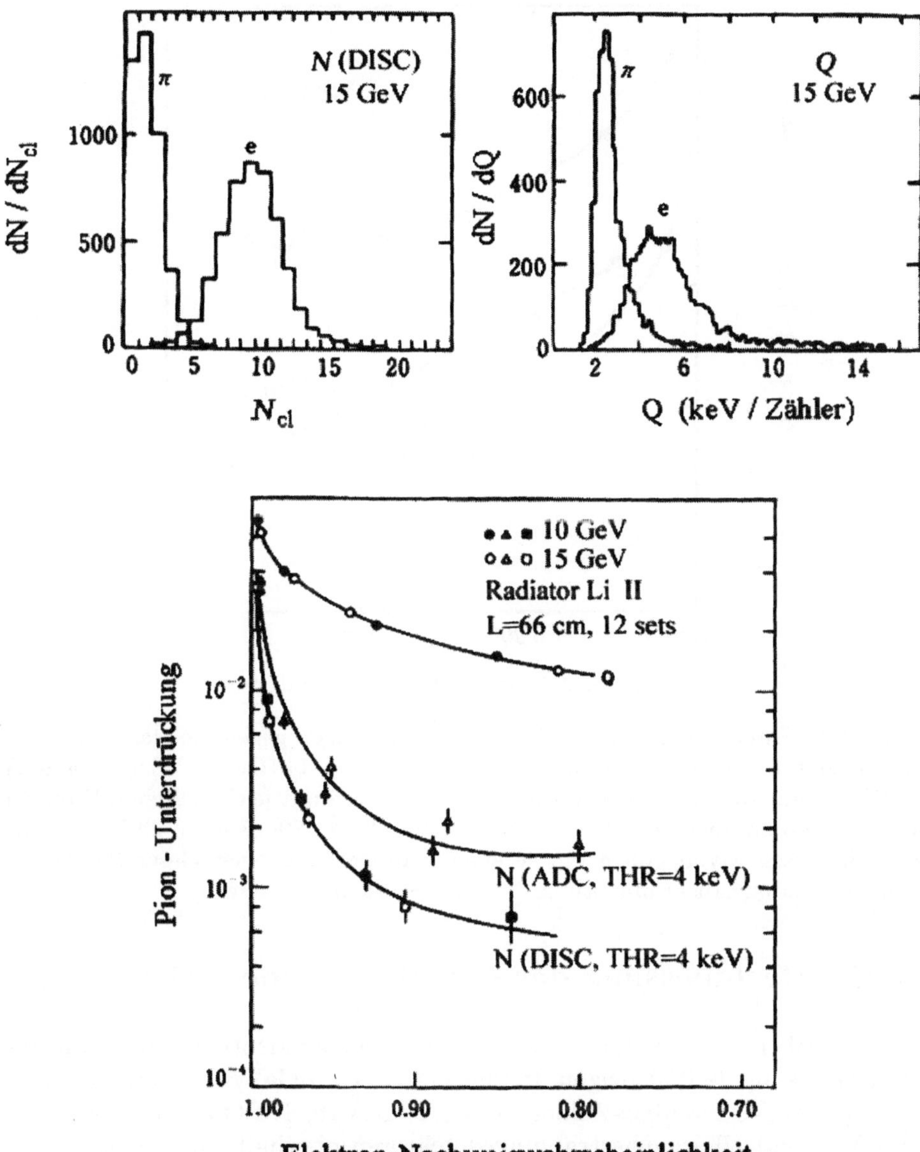

Abb. 5.22. Messergebnisse eines Übergangsstrahlungsdetektors bei Beschuss mit π-Mesonen oder Elektronen von 15 GeV/c Impuls. Oberer Teil: differentielle Verteilung in der Anzahl der Cluster (N_{cl}) bzw. der registrierten Ladung Q. Unterer Teil: Unterdrückung der π-Mesonen aufgetragen gegen die Nachweiswahrscheinlichkeit für Elektronen für verschiedene Methoden der Diskriminierung: Q, Schnitt in der Ladungsverteilung, N-ADC und N-DISC, Schnitt in der Anzahl der Cluster mit verschiedenen elektronischen Methoden [FA 81]

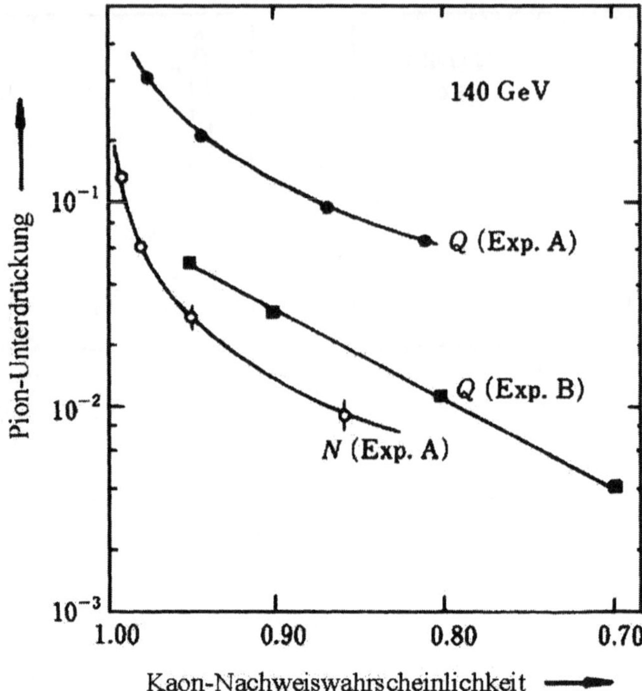

Abb. 5.23. Unterdrückung der π-Mesonen, aufgetragen gegen die Nachweiswahrscheinlichkeit für K-Mesonen bei einem Impuls von 140 GeV/c. Experiment A [FA 81] benutzt 24 Radiatoren aus Kohlenstoff-Fasern mit je einer Xenon-Kammer und einer Gesamtlänge von 132 cm, Experiment B [CO 80] dagegen 20 Radiatoren aus 5 μm dicken Mylar-Folien mit je einer Kammer und einer Gesamtlänge von 147 cm. Q, Ladungsdiskriminierung; N, Clusterdiskriminierung

5.5 Mehrfachmessung der spezifischen Ionisation

Von den bisher behandelten Methoden zur Teilchenidentifizierung kann die Flugzeitmessung bei niedrigen Impulsen bis zu 2 GeV/c angewandt werden, Schwellen-Cherenkov-Zähler bis zu 20 GeV/c, DISC-Zähler bis zu ca. 200 GeV/c und Übergangsstrahlungsdetektoren oberhalb eines Wertes $\gamma = P/mc > 1000$. Für π-Mesonen entsprechen die erwähnten Grenzimpulse Werten von $\gamma = 14$, 140 und 1400. Da der DISC-Zähler nur für schmale Bündel parallel einfallender Teilchen, also in Strahlführungen, verwendbar ist, besteht für universell einsetzbare Detektoren eine Lücke im Bereich von $\gamma = 100$ bis 1000. Eine Möglichkeit, diese Lücke zu schließen, bietet die Messung des relativistischen Anstiegs des Energieverlustes $\mathrm{d}E/\mathrm{d}x$ durch Ionisation, wie er in Abb. 5.24 gezeigt ist. Dieser Anstieg beträgt in Gasen 50% des minimalen Wertes $(\mathrm{d}E/\mathrm{d}x)_0$ bei $\gamma = 4$, und eine Bestimmung von γ über diesen Anstieg erfordert eine möglichst genaue Messung (2 bis 5%) des mittleren Energieverlustes. Aus Abb. 1.2 wird die Form der statistischen Verteilung

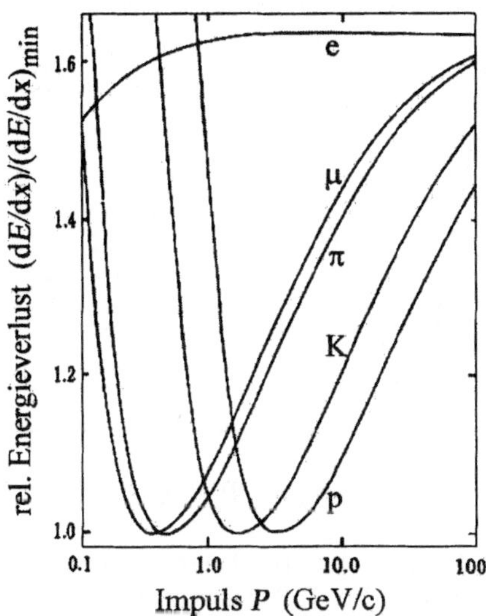

Abb. 5.24. Mittlerer Energieverlust in einer 1 cm dicken Schicht von 80% Argon und 20% Methan bei Normalbedingungen für fünf Sorten von geladenen Teilchen [MA 78]

des Energieverlustes deutlich. Wegen des Ausläufers bei großen Energieverlusten ("Landau-Schwanz") nimmt die Genauigkeit der Bestimmung des mittleren Energieverlustes nicht wesentlich zu, wenn durch eine Vergrößerung der durchquerten Gasschicht die Anzahl der freigesetzten Ladungen vergrößert und damit die statistische Schwankung reduziert wird. Dagegen wird die Bestimmung des Mittelwerts von $\mathrm{d}E/\mathrm{d}x$ genauer, wenn Messungen in vielen hintereinander angeordneten dünnen Gaszählern erfolgen und wenn zusätzlich die großen Energieverluste nicht berücksichtigt werden. Dazu werden von den vielen (m) Einzelmessungen des Energieverlustes nur diejenigen zur Bildung des Mittelwerts herangezogen, bei denen der Meßwert für $\mathrm{d}E/\mathrm{d}x$ klein ist: es werden die $(40\% - 60\%)m$ kleinsten Meßwerte gemittelt. Dieses Stichprobenverfahren oder "Abschneideverfahren" reduziert die Fluktuationen des Mittelwerts und ermöglicht eine Messung von $\mathrm{d}E/\mathrm{d}x$, deren Genauigkeit zur Unterscheidung von geladenen Teilchen ausreicht, wenn deren Impuls bekannt ist. Zur Illustration ist die Differenz $I_\pi - I_K$ der mittleren Energieverluste von π- und K-Mesonen relativ zu I_K, die sich aus Abb. 5.24 ergibt, in Abb. 5.25 in Abhängigkeit vom Impuls P aufgetragen. Bei einem Impuls von 100 GeV/c beträgt der Unterschied nur 5%. Eine Trennung ist in diesem Fall nur möglich, wenn der Energieverlust mit einer relativen Auflösung von 2% oder besser gemessen wird. Eine solche Auflösung kann erreicht werden, wenn mehr als hundert Detektoren hintereinander verwendet werden, entsprechend einer Detektorlänge von mehreren Metern. Mit 128 Kammern wurde unter Verwendung der 51 kleinsten Impulshöhen für π-Mesonen und Protonen von

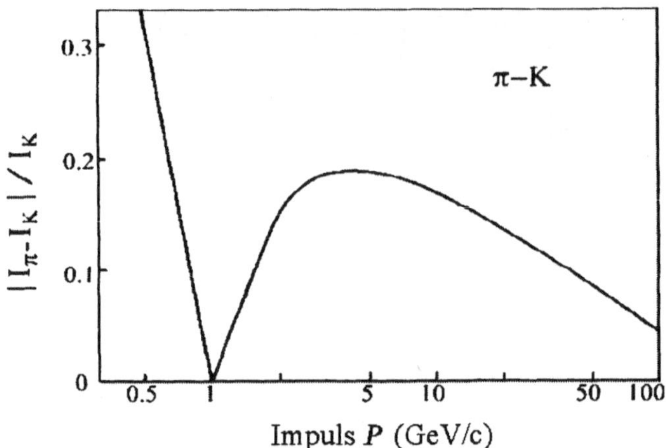

Abb. 5.25. Differenz $I_\pi - I_K$ der mittleren Energieverluste von π- und K-Mesonen, dividiert durch I_K, als Funktion des Teilchenimpulses P

50 GeV/c Impuls eine relative Auflösung $\sigma_r = \sigma(\mathrm{d}E/\mathrm{d}x)/(\mathrm{d}E/\mathrm{d}x) = 2.5\%$ erreicht [LE 78a].

Die Abhängigkeit dieser Auflösung von der Länge L des Detektors und von der Anzahl N der Gaszähler ist untersucht worden [AD 74]. Dabei stellt sich heraus, dass bei fester Zählerdicke ("Sampling"-Dicke) die relative Auflösung σ_r und die relative Halbwertsbreite HWB $= 2.36\sigma_r$ ungefähr mit $1/\sqrt{N}$ oder mit $1/\sqrt{L}$ abnehmen, wie man es bei einer statistischen Verteilung erwartet. Bei fester Länge L des Detektors ist aber die Auflösung nicht unabhängig von der Aufteilung dieser Länge auf N einzelne Zähler, sondern es gibt eine optimale Anzahl von Zählern N* und damit eine optimale Zählerdicke T* = L/N*. Eine Parametrisierung dieser Ergebnisse ist in Abb. 5.26 dargestellt. Für einen 4 m langen Detektor liegt demnach die optimale Anzahl von Zählern bei 150 und die optimale Samplingdicke bei ca. 3 cm, wenn als Zählgas Argon bei Normalbedingungen dient.

Für die Abhängigkeit der Auflösung σ_r vom Gasdruck p sollte in erster Näherung gelten, dass die statistische Schwankung des Mittelwerts mit der Zunahme der Anzahl der freigesetzten Ladungsträger abnimmt, also $\sigma_r \propto 1/\sqrt{p}$. Zusammen mit der Abhängigkeit von der Gesamtlänge des Ionisationsdetektors ergibt dies bei fester Samplingdicke von 3 cm Argon ein Skalengesetz

$$\sigma_r \propto \frac{0.062}{\sqrt{Lp}} \, , \tag{5.19}$$

wobei p in bar und L in m angegeben sind. Eine andere Form dieser Beziehung erhält man, wenn die Anzahl N der Zähler konstant, aber die Zählerdicke T variabel ist. Wegen $L = NT$ ist, dann gilt:

$$\sigma_r \propto \frac{0.062}{\sqrt{NTp}} \, . \tag{5.20}$$

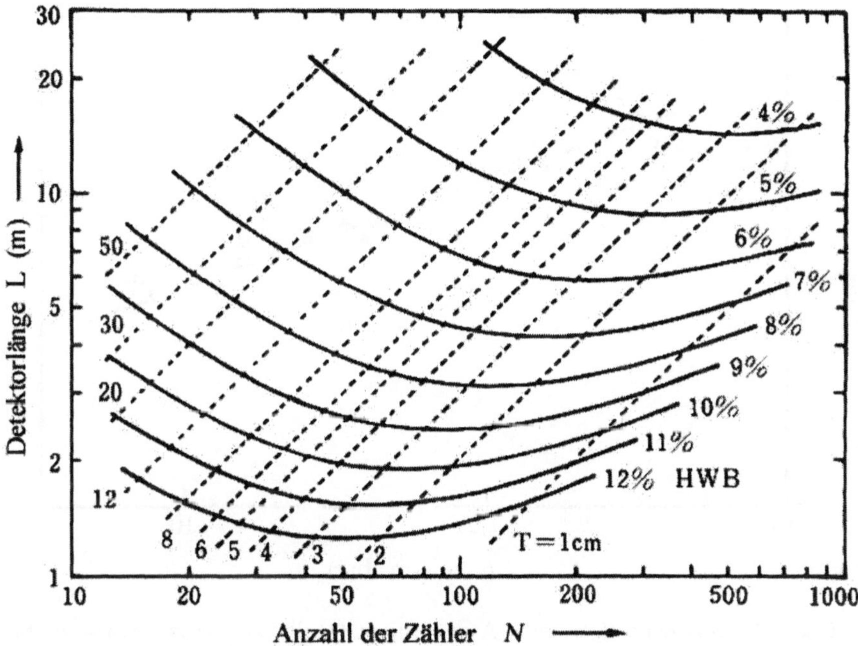

Abb. 5.26. Halbwertsbreite der relativen Auflösung bei der Messung des Energieverlustes in N Zählern der Dicke T (1 bis 50 cm) $L = NT$ ist die Detektorlänge, das Gas ist Argon bei 1 bar Druck [AD 74]

In großen Experimenten konnte die in (5.19) angegebene Verbesserung der Auflösung mit zunehmender Detektordicke und zunehmendem Druck nicht ganz erreicht werden. Die Abbildung 5.27 zeigt eine Zusammenstellung vieler experimenteller Resultate mit großen Detektoren im Betrieb [LE 83b], für verschiedene Detektordicken L und Drucke p.

Aufgetragen ist die Halbwertsbreite gegen das Produkt Lp. Eine empirisch angepasste Gerade durch die Messwerte in diesem doppellogarithmischen Diagramm hat die Form

$$\sigma_r = 0.058(Lp)^{-0.37} , \tag{5.21}$$

wobei L in Meter und p in bar gemessen ist. Der Gewinn an Auflösung entspricht also nicht ganz dem aus rein statistischen Überlegungen abgeleiteten Verlauf von (5.19).

Bei höheren Gasdrucken wird die Teilchenidentifizierung mit Ionisationsmessung in Gaszählern zusätzlich noch durch den in dem Abschnitt 1.2.1, Gleichung (1.28) angeführten Dichteeffekt behindert: der relativistische Anstieg der spezifischen Ionisation $\mathrm{d}E/\mathrm{d}x$ ist bei größeren Drucken kleiner als bei Normaldruck. Für Argon ist der Anstieg nur 30% bei 7 bar verglichen mit 55% bei 1 bar Druck (siehe Abb. 5.28). Nimmt man diesen Effekt mit der Abweichung vom Skalengesetz (5.19) zusammen, dann zeigt sich, dass

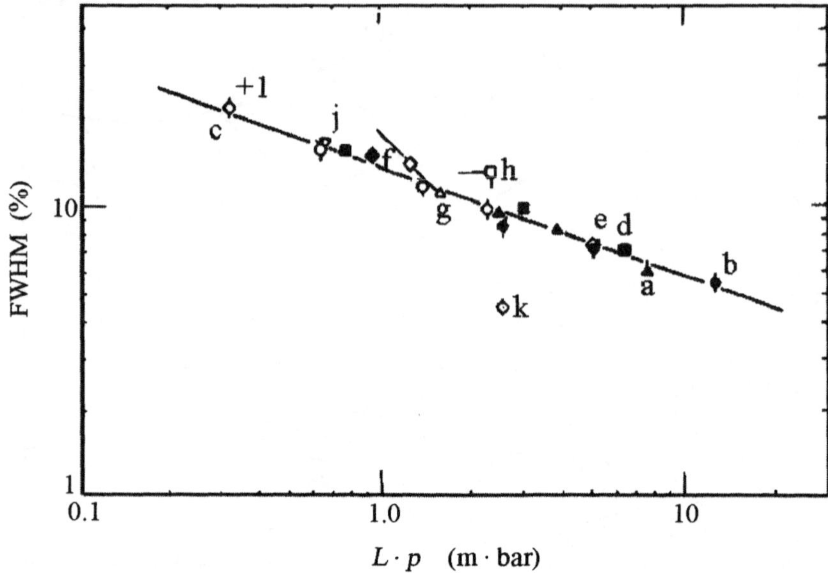

Abb. 5.27. Experimentell erzielte Auflösungen (Halbwertsbreite/Mittelwert) bei der Messung des Energieverlustes von minimal ionisierenden Teilchen in großen Detektoren in Abhängigkeit von Produkt der gesamten Detektorlänge L mit dem Gasdruck p [LE 83b]

die Teilchenidentifizierung mit Ionisationsmessung bei Normaldruck nahezu gleich empfindlich ist wie bei höheren Drucken.

Die Abbildung 5.29 zeigt die relativen Differenzen der mit dem Abschneideverfahren ermittelten Mittelwerte der Ionisation, $D = (I_\pi - I_p)/I_p$ bzw. $D = (I_e - I_\pi)/I_\pi$, für die Pion-Proton-Diskriminierung bzw. die Elektron-Pion-Diskriminierung. Die Differenzen sind in Einheiten der Auflösung σ_r für verschiedene Gasgemische und Drucke angegeben. Für alle untersuchten Gasgemische steigt D/σ_r zwischen $p = 1$ bar und 2 bar an. Für die meisten Gase setzt bei höheren Drucken dann eine Sättigung von D/σ_r ein, außer für die Gemische (Argon +5% C_3H_8) und (Argon +5% CH_4) im Pion/Proton-Diagramm [LE 81a].

Als Beispiel für Ergebnisse zur Messung der spezifischen Ionisation in einem Experiment zeigt Abb. 5.30 eine zweidimensionale Verteilung von Messungen des Energieverlustes dE/dx und des Impulses p von Spuren im Argus-Detektor. Die Trennung von Protonen, $\pi-$ und K-Mesonen und Elektronen ist für Impulse $p < 1.4\,$GeV/c gut sichtbar.

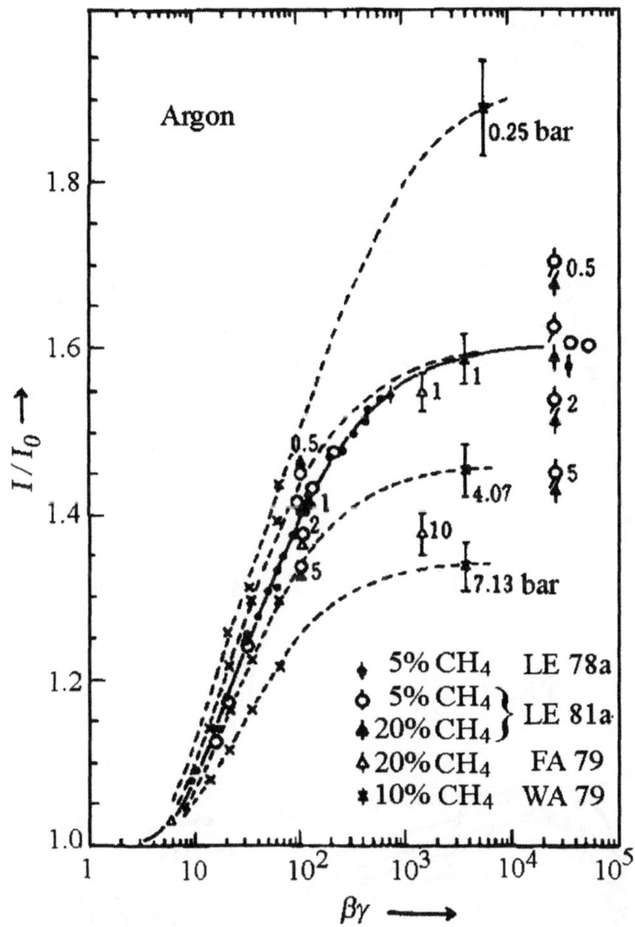

Abb. 5.28. Anstieg des Energieverlustes mit $\beta\gamma$ des Teilchens in Argon-Methan-Gemischen bei verschiedenen Gasdrucken (0.25 bar bis 7.13 bar)

5.6 Vergleich der Methoden zur Identifizierung geladener Teilchen

Die in den Kap. 5.2 bis 5.5 diskutierten Methoden können jeweils in gewissen Bereichen des Teilchenimpulses p verwendet werden. Betrachten wir beispielsweise die Trennung von π- und K-Mesonen, so sind unterhalb von $p = 1\,\text{GeV/c}$ die Messung der spezifischen Ionisation und die Flugzeitmessung einsetzbar, im Bereich bis zu 25 GeV/c die Schwellen-Cherenkov-Zähler, von 1.5 bis 45 GeV/c wiederum die Messung der spezifischen Ionisation, bis zu 65 GeV/c die RICH-Zähler und oberhalb von 140 GeV/c die Übergangsstrahlungsdetektoren. Die Länge, die solche Zähler minimal haben müssen, um π-K-Trennung zu erreichen, sind in Abb. 5.31 abgeschätzt. Alter-

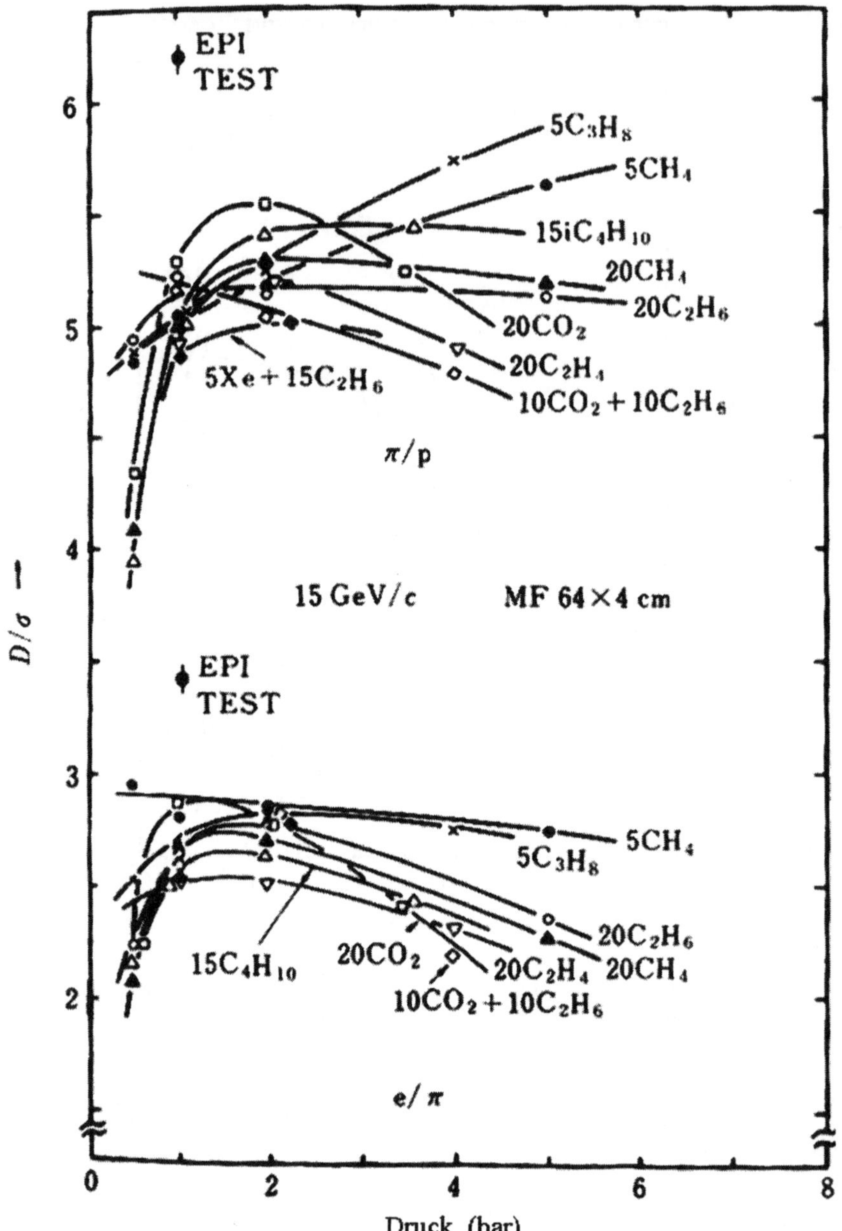

Abb. 5.29. Differenz D der mittleren Energieverluste zweier Teilchensorten (π/p bzw. e/π), dividiert durch die relative Auflösung σ, als Funktion des Gasdrucks; Impuls der Teilchen 15 GeV/c, Energieverlust gemessen in 64 Zählern der Dicke 4 cm [LE 81a]

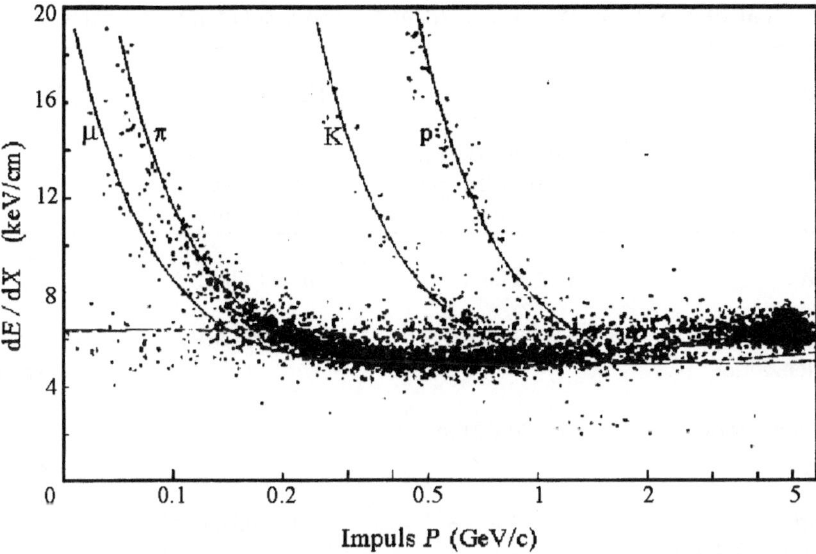

Abb. 5.30. Messung des mittleren Energieverlustes von fünf Teilchensorten in Abhängigkeit von ihrem Impuls p in der ARGUS-Driftkammer [DA 83, SC 84]. Die Kammer wird mit 96% Propan, 3% Methylal und 0.7% Wasserstoff betrieben. Die Standardabweichung der Impulshöhenauflösung ist $\sigma_r = 4.1\%$

nativ gibt Tabelle 5.3 die Impulsbereiche für die Verwendung der einzelnen Methoden an, und zwar für zwei verschiedene experimentelle Anordnungen: ein Experiment mit festem Target und einer Detektorlänge von 30 m und ein Speicherringdetektor mit radialer Ausdehnung von 3 m.

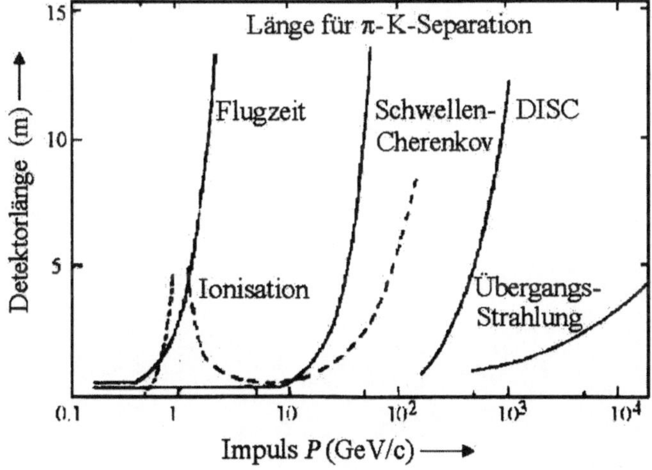

Abb. 5.31. Benötigte Länge verschiedener Detektoren zur Trennung von π- und K-Mesonen

Tabelle 5.3. *Methoden zur Identifizierung geladener Teilchen*

Methode	Impulsbereich für π/K-Trennung		Anforderungen
	Geometrie mit festem Target L = 30 m	Speicherring-Geometrie L = 3 m	
Flugzeit	$p < 4\,\text{GeV/c}$	$p < 1\,\text{GeV/c}$	$\sigma_t = 300\,\text{ps}$
Cherenkov-Schwellenzähler	$p < 80\,\text{GeV/c}$	$p < 25\,\text{GeV/c}$	10 Photoelektronen
DISC-Cherenkov	$p < 2000\,\text{GeV/c}$	———	achromatischer Gaszähler
Ringbild-Cherenkov (RICH)	———	$p < 65\,\text{GeV/c}$	
Ionisationsmessung	$1.2 < p < 100\,\text{GeV/c}$	$1.5 < p < 45\,\text{GeV/c}$	σ_r=2% für L = 30 m bzw. 3% für L = 3 m
Übergangsstrahlung	$\gamma > 1000$	$\gamma > 1000$	Nachweis von Röntgenstrahlung mit $E >$ 10 keV

6 Energiemessung

6.1 Elektron-Photon-Schauerzähler

Die Wechselwirkung von hochenergetischen Photonen oder Elektronen mit Materie führt über Elektron-Positron-Paarbildung und Bremsstrahlung der Elektronen und Positronen zu einer Kaskade ("Schauer") von Photonen, Elektronen und Positronen, die erst dann abbricht, wenn die Energie der Elektronen und Positronen die "kritische Energie" E_c erreicht (s. Kap. 1.2.2 und 1.2.3). Die Entwicklung eines solchen Schauers wird also durch die für Paarbildung und Bremsstrahlung charakteristische Länge bestimmt, die in Kap. 1.2.2 definierte Strahlungslänge X_0. Eine vereinfachende Betrachtung solch eines Schauers sieht so aus: ein primäres Photon der Energie E_0 erzeugt mit 54% Wahrscheinlichkeit in einer Schicht der Dicke X_0 ein Elektron-Positron-Paar; beide Teilchen haben im Mittel ungefähr die Energie $E_0/2$. Falls $E_0/2 > E_c$ ist, verlieren diese Elektronen und Positronen ihre Energie $E_0/2$ überwiegend durch Bremsstrahlung (Kap. 1.2.3), wobei diese Energie in einer Schicht der Dicke X_0 auf ungefähr $E_0/(2e)$ absinkt. Dabei wird im Mittel ein Bremsquant mit der Energie zwischen $E_0/(2e)$ und $E_0/2$ abgestrahlt. Die mittlere Zahl der Teilchen nach einer Schicht der Dicke $2X_0$ liegt ungefähr bei 4. Die Bremsquanten bilden ihrerseits wieder Paare, so dass nach n Generationen – die ungefähr einer Schichtdicke von nX_0 entsprechen – 2^n Teilchen mit mittlerer Energie $E_0/2^n$ den Schauer bilden. Die Kaskade bricht ab, wenn der Energieverlust der Elektronen durch Ionisation gleich demjenigen durch Bremsstrahlung wird, d.h. wenn die Elektronen auf die kritische Energie abgebremst sind, $E_0/2^n \simeq E_c$. Die Anzahl der Generationen in der Kaskade ist dann $n = \ln(E_0/E_c)/\ln 2$, und die Anzahl der Teilchen im Schauermaximum $N_p = 2^n = E_0/E_c$. Die integrierte Wegstrecke S der Elektronen und Positronen im Schauer ist ungefähr

$$S = \frac{2}{3} X_0 \sum_{\nu=1}^{n} 2^\nu + s_0 \frac{2}{3} N_p = \left(\frac{4}{3} X_0 + \frac{2}{3}\, s_0 \right) \frac{E_0}{E_c} \,. \tag{6.1}$$

Hierbei ist s_0 die Reichweite der Elektronen mit kritischer Energie. Diese integrierte Wegstrecke S ist proportional zur Primärenergie E_0. Der genaue Proportionalitätsfaktor hängt davon ab, ob die Elektronen und Positronen auch auf dem Weg der Abbremsung von der kritischen Energie bis zum Abstoppen nachgewiesen werden können. Meistens ist das nicht der Fall, so dass der Einfluß einer unteren Abschneide-Energie E_k berücksichtigt werden muss. Daraus ergibt sich durch genauere Betrachtungen [RO 52, AM 81] folgender Ausdruck für die sichtbare Wegstrecke

$$S' = F(z)\frac{X_0 E_0}{E_c} , \tag{6.2}$$

mit $F(z) = e^z[1 + z\ln(z/1.526)]$ und $z = 4.58ZE_k/(AE_c)$.

Die genauesten Berechnungen von Details der Schauerentwicklung erhält man mit Monte-Carlo-Methoden [CR 62, NA 65, LO 75]. Die Ergebnisse können so zusammengefasst werden:

a) die Anzahl der Teilchen N_p im Schauermaximum ist proportional zur Energie E_0;

b) die gesamte Spurlänge S von Elektronen und Positronen ist proportional zu E_0;

c) die Schichtdicke $X_{\max}$, bei der sich die maximale Anzahl von Teilchen im Schauer bildet, nimmt logarithmisch mit E_0 zu: $X_{\max}/X_0 = \ln(E_0/E_c) - t$, wobei $t = 1.1$ für Elektronen und $t = 0.3$ für Photonen beträgt.

Die longitudinale Verteilung der vom Schauer – z.B. durch Ionisation – abgegebenen Energie ist aus Abb. 6.1 ersichtlich.

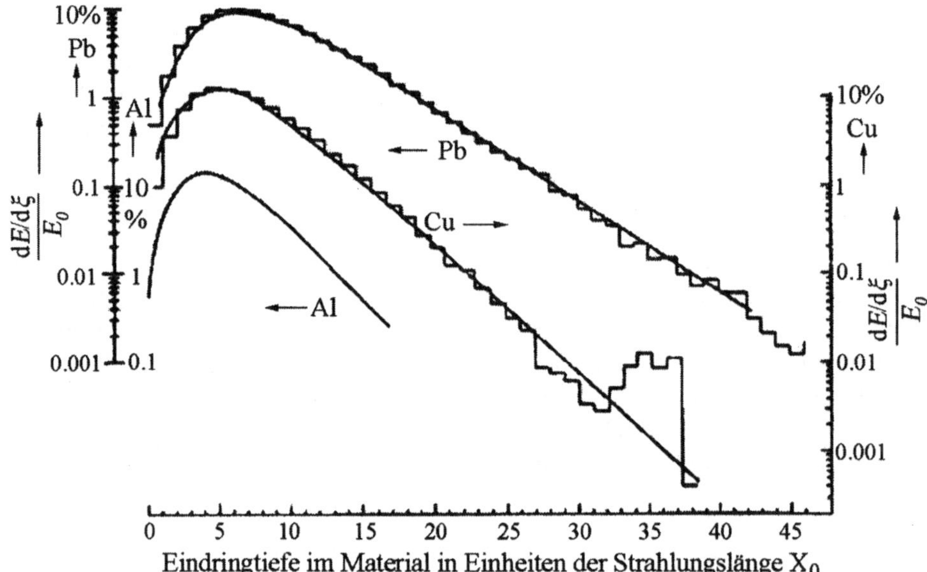

Abb. 6.1. Longitudinale Verteilung des Energieverlustes $dE/d\xi$ in einem elektromagnetischen Schauer, normiert auf die Energie $E_0 = 6\,\text{GeV}$ des einfallenden Elektrons. $\xi = x/X_0$ ist die Eindringtiefe x in Einheiten der Strahlungslänge X_0. Messungen (Linie), Monte-Carlo-Rechnung (Histogramm) [BA 70]

Hier sind Messungen mit Elektronen von 6 GeV Energie [BA 70] mit Monte-Carlo-Rechnungen verglichen. Diese Verteilung kann folgendermassen parametrisiert werden

$$\frac{\mathrm{d}E}{\mathrm{d}t} = E_0 c t^{\alpha} e^{-\beta t} , \tag{6.3}$$

wobei $t = X/X_0$ die Schichtdicke in Einheiten der Strahlungslänge ist. Die an experimentelle Daten angepassten Parameter sind: $\beta \simeq 0.5$, $\alpha \simeq t_{\max}$ und $c = \beta^{\alpha+1}/\Gamma(\alpha+1)$. Für Photonenenergien um 1 GeV lautet diese Parametrisierung für Blei als Absorber: $\mathrm{d}E/\mathrm{d}t = 0.06\, E_0 t^2 e^{-t/2}$.

Die transversale Verteilung der Teilchen in einem Schauer wird durch die Vielfachstreuung niederenergetischer Elektronen bestimmt. Eine nützliche Einheit für die Beschreibung dieser Verteilung ist die Molière-Einheit

$$R_M = 21\,\mathrm{MeV} \cdot \frac{X_0}{E_c} . \tag{6.4}$$

Wie die Messungen [BA 70] in Abb. 6.2 zeigen, ist die Verteilung der Schauerenergie in radialen Intervallen vom Material unabhängig, wenn man als Einheit für die radiale Ausdehnung R_M verwendet. Nach den Messungen sind 99% der Schauerenergie in einem Zylinder des Radius $3R_M$ enthalten.

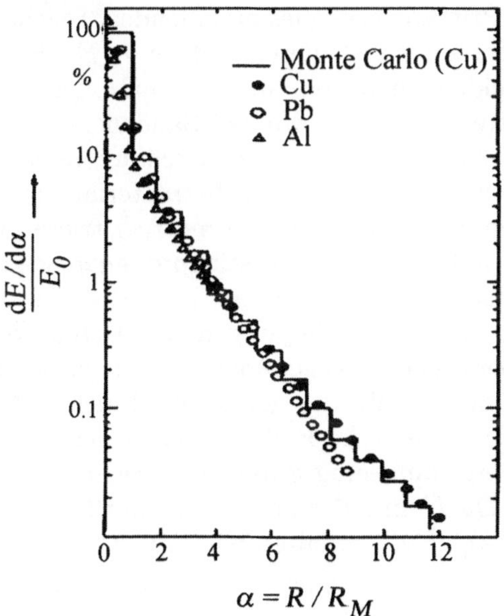

Abb. 6.2. Verteilung des Energieverlustes $\mathrm{d}E/\mathrm{d}\alpha$ in zylinderförmigen Intervallen um die Schauerachse, normiert auf die Energie $E_0 = 6\,\mathrm{GeV}$ des einfallenden Elektrons; $\alpha = R/R_M$ ist der dimensionslose Quotient aus dem radialen Abstand R und der Molière-Länge R_M; Messungen (Punkte) und Rechnung nach [BA 70]

Die Energieauflösung eines Schauerzählers ist im Idealfall eines homogenen, unbegrenzten Detektors nur durch die statistische Fluktuation der Teilchenzahl gegeben. Eine Rechnung für einen solchen Fall mit einer angenommenen kritischen Energie von 11.8 MeV, einer Abschneide-Energie von 0.5 MeV und einer Spurlänge von 176 cm/GeV ergab eine Auflösung $\sigma(E)/E = 7 \cdot 10^{-3}[E(\text{GeV})]^{-1/2}$ [LO 75].

Wird der Schauer nicht vollständig im Zähler absorbiert, so gibt die Fluktuation der aus diesem "herausleckenden" Energie einen Beitrag zur Energieauflösung. Wie Experimente zeigen [DI 80], verschlechtern Energieverluste in longitudinaler Richtung (also Verluste durch die Rückseite des Zählers) die Auflösung mehr als solche in seitlicher Richtung. Eine Abschätzung ergibt, daß die Fluktuation infolge longitudinaler Verluste gegeben ist durch die Schauerenergie in einer Schicht an der Rückwand des Zählers, die bei Fluktuationen des Schauers einmal innerhalb und einmal ausserhalb des Zählers liegt. Die Schauerenergie pro Schichtdicke an der Position t_r der Rückwand ist $(\mathrm{d}E/\mathrm{d}t)_{t_r}$, die longitudinale Fluktuation der Position des Schauermaximums $\sigma(t_{max})$, so daß $\sigma(E) = (\mathrm{d}E/\mathrm{d}t)_{t_r}\sigma(t_{max})$. Für Photonen der Energie 1 GeV ist $\sigma(t_{max}) \sim 1$ und damit der Beitrag des longitudinalen "Herausleckens" $(\sigma(E)/E)_{\text{Leck}} = 0.06\, t_r^2 \exp(-t_r/2)$.

Ein weiterer Beitrag zur Auflösung ist die statistische Schwankung der im Schauerzähler beobachteten Anzahl von Photoelektronen N_p. Ist $\alpha_p = N_p/E_0$ die pro Einheit der Primärenergie des einfallenden Teilchens registrierte Anzahl von Photoelektronen, so ist dieser Beitrag $[\sigma(E)/E]_{P.E.} = (\alpha_p E_0)^{-1/2}$.

Außer diesen beiden Ursachen für Fluktuationen, die bei homogenen Schauerzählern auftreten, müssen wir bei Sandwich-Zählern noch eine weitere Quelle berücksichtigen. Solche Schauerzähler bestehen aus einer Reihe von Schichten aus inaktivem Absorbermaterial, zwischen denen aktive Detektorschichten liegen. Die Detektoren registrieren nur einen Teil der Schauerenergie, die auf diesem Wege stichprobenartig gemessen wird (daher der Ausdruck "sampling calorimeter"). Die Masse des Absorbermaterials überwiegt hier gegenüber derjenigen der Detektorschichten, und die Dicke d der Absorberschichten gegenüber derjenigen der Detektoren. Wenn die Detektoren nur die Anzahl der geladenen Teilchen N im Schauer messen, so bestimmt die statistische Fluktuation in der gemessenen Anzahl N den Beitrag zur Energieauflösung durch das Stichprobenverfahren ("sampling fluctuations"). Da N mit der gesamten Spurlänge S Zusammenhängt, $N = S/d = E_0 X_0 F(z)/(E_c d)$, erhalten wir [AM 81]:

$$[\sigma(E)/E]_{\text{sampl}} = \frac{1}{\sqrt{N}} = 0.032\sqrt{\frac{550}{ZF(z)}\frac{d/X_0}{E_0(\text{GeV})}} \quad . \tag{6.5}$$

In Materialien mit hoher Ordnungszahl Z ist die seitliche Ausbreitung der Schauer viel größer als bei niedrigem Z, da die Molière-Einheit annähernd linear mit Z ansteigt: $R_m/X_0 = 21\,\text{MeV}/E_c \sim 0.04Z$. Daher nehmen auch die mittleren Winkel von Elektronen und Positronen gegenüber der Schauerachse mit Z zu [AM 81]. Die Teilchen “sehen” also effektiv eine größere Schichtdicke $d/\cos\theta$, und die Zahl der Detektordurchquerungen nimmt um den Faktor $< \cos\theta >$ ab. Eine Monte-Carlo-Rechnung dieses Effekts zeigt, dass für Blei der Mittelwert den Wert $< \cos\theta >\sim \cos[21\,\mathrm{MeV}/E_c)\pi] \sim 0.57$ annimmt. Berücksichtigt man diesen Faktor $< \cos\theta >^{-1/2}$ für die Berechnung der Auflösung, so erhält man für ein Sandwich-Kalorimeter mit 1 mm dicken Bleiplatten unter der Annahme $E_k = 0$ die Auflösung $[\sigma(E)/E]_{\mathrm{sampl}} = 0.046/\sqrt{E\,(\mathrm{GeV})}$.

Eine weitere Verbreiterung der Auflösungsfunktion ergibt sich, wenn der empfindliche Teil der Detektoren in einem Sandwich-Kalorimeter aus Gas besteht. Niederenergetische Elektronen können dann in diesen Detektoren unter 90° zur Schauerachse lange Wege zurücklegen und dabei große Fluktuationen in der Energiemessung verursachen (“Spurlängenfluktuation”). Weiterhin tritt bei dünnen Gasdetektoren die Asymmetrie des Energieverlustes durch Ionisation wieder hervor, die sich schon bei der Messung des Energieverlustes durch Ionisation störend bemerkbar gemacht hatte (Abb. 1.2, und Kap. 5.5). Ionisationsprozesse mit hohem Energieübertrag auf das Elektron ($\delta-$Strahlen) führen zu einem Ausläufer der Energieverlust-Verteilung, und die Fluktuation in diesen Prozessen zu einer Verbreiterung der Energieauflösung (“Landau-Fluktuationen”). Der berechnete Effekt dieser beiden Beiträge auf die Energieauflösung eines Blei-Argon(Gas)-Kalorimeters ist aus Abb. 6.3 ersichtlich.

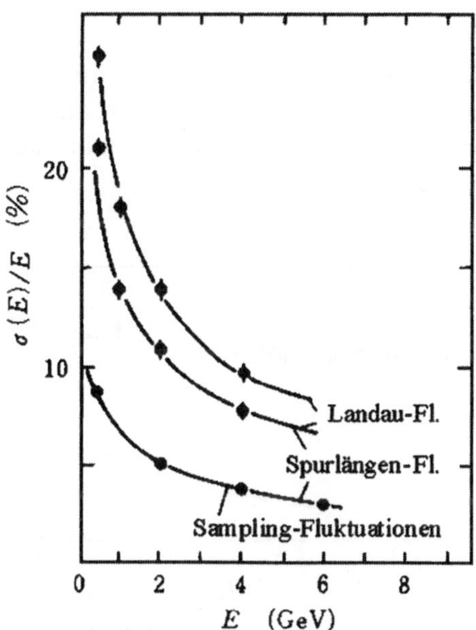

Abb. 6.3. Berechnete Beiträge der Sampling-, Spurlängen- und Landau-Fluktuationen zur relativen Energieauflösung eines elektromagnetischen Schauerzählers aus Bleiplatten und Argon-Proportionalzählern [FI 78a]

Insgesamt ist die berechnete Auflösung hier $\sigma(E)/E = 0.18/\sqrt{E\,(\mathrm{GeV})}$, also mehr als doppelt so groß wie diejenige aus den Sampling-Fluktuationen allein, $0.07/\sqrt{E\,(\mathrm{GeV})}$.

Homogene Schauerzähler

Die besten Auflösungen werden hier mit anorganischen szintillierenden Kristallen erreicht. NaI(Tl)-Zähler mit einem Durchmesser von $3R_M = 13\,\mathrm{cm}$ und einer Länge von $15X_0 = 40\,\mathrm{cm}$ ergaben [PA 80] eine Auflösung von $\sigma(E)/E = 0.028[E(\mathrm{GeV})]^{-0.25}$ in einem Detektor mit großen Stückzahlen von Kristallen. Für ein Einzelstück eines Kristalls von $24X_0$ Länge wurde $\sigma(E)/E = 0.009[E(\mathrm{GeV})]^{-0.5}$ gemessen [HU 72]. Der neuentwickelte BGO-Kristall ($Bi_4Ge_3O_{12}$) ergibt 8% der Lichtausbeute von NaI und eine Energieauflösung von $\sigma(E)/E = 0.025[E(\mathrm{GeV})]^{-0.5}$ [KO 81]. Bei dem großen elektromagnetischen Kalorimeter des L3-Detektors an LEP aus 10752 BGO-Kristallen beträgt die Auflösung 1.4% bei $E = 45\,\mathrm{GeV}$ [L3 90].

In Bleiglaszählern wird das Cherenkov-Licht der Elektronen und Positronen im elektromagnetischen Schauer registriert, die Energie-Auflösung ist dabei durch die Photoelektronen-Statistik begrenzt. Auf der Basis von 10^3 Photoelektronen pro GeV Schauerenergie lässt sich diese Auflösung zu $\sigma(E)/E = 0.006 + 0.03/\sqrt{\zeta E(\mathrm{GeV})}$ berechnen [PR 80], wobei ζ das Verhältnis von Photokathodenfläche und Zähleraustrittsfläche ist. Messungen an 208 Blöcken der Größe $36 \times 36 \times 420\,\mathrm{mm}^3$ ergeben $\sigma(E)/E = 0.012 + 0.053/\sqrt{E(\mathrm{GeV})}$ für $\zeta = 0.35$, in Übereinstimmung mit dem berechneten Wert.

Sandwich-Schauerzähler

Die Energieauflösung eines Schauerzählers mit 1 mm dicken Bleiplatten und 5 mm dicken Szintillatoren bei einer Gesamtdicke von 12.5 Strahlungslängen ist in Abb. 6.4 als Funktion der Primärenergie des einfallenden Elektrons gezeigt [HO 79].

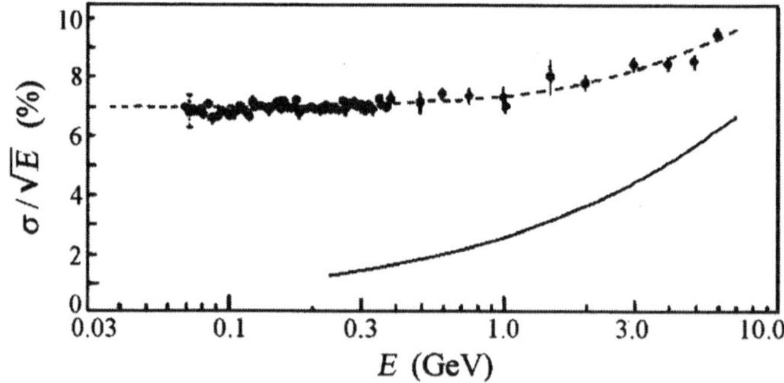

Abb. 6.4. Reduzierte Energieauflösung $\sigma/\sqrt{E(\mathrm{GeV})}$ in $(\%\sqrt{\mathrm{GeV}})$ als Funktion der Elektronenenergie E für einen Sandwich-Schauerzähler aus 1 mm Bleiplatten und 5 mm Szintillator. Die durchgezogene Linie zeigt den Beitrag der Leckverluste zur Auflösung [HO 79]

Die Werte für den Quotienten $r = \sigma(E)/\sqrt{E}$ variieren von 7% $\sqrt{\text{GeV}}$ bei 100 MeV bis 9% $\sqrt{\text{GeV}}$ bei 5 GeV. Berechnungen für die verschiedenen Beiträge zu r ergeben 5% $\sqrt{\text{GeV}}$ aufgrund der Sampling-Fluktuationen, 3-4% $\sqrt{\text{GeV}}$ von der statistischen Schwankung der Anzahl der Photoelektronen und 2-5% $\sqrt{\text{GeV}}$ durch die Fluktuation der Verluste an Schauerenergie durch Herauslecken aus dem Zähler.

Schauerzähler mit flüssigem Edelgas

Anstelle von Szintillatoren können zum Nachweis des elektromagnetischen Schauers durch Ionisation auch flüssige Edelgase verwendet werden. Solche Detektoren arbeiten als Ionisationskammer mit der Flüssigkeit als ionisierbarem Medium, wie in Kap. 2.4 beschrieben. Als erster Typ eines solchen Detektors wurde ein Kalorimeter aus Bleiplatten und Flüssigargon (LAr) verwendet. Die Bleiplatten sind 1 bis 2 mm dick und stehen senkrecht zur Einfallsrichtung des Photons oder Elektrons, die dazwischen liegenden ca. 2 bis 3 mm dicken Schichten von LAr dienen als Ionisationskammern zur stichprobenartigen Messung der durch die Schauerteilchen verursachten Ionisation. Eine Energieauflösung von $\sigma(E)/E = 0.12/\sqrt{E(\text{GeV})}$ [KA 81] bzw. von $\sigma(E)/E = 0.075/\sqrt{E(\text{GeV})}$ [BU 88] konnte erreicht werden. Der Nachteil dieser Kalorimeter liegt in der verhältnismäßig langen Sammelzeit für die Ladung (ca. 1 μs), die die Verwendung für extrem hohe Zählraten verhindert.

Aus diesem Grund wurde seit 1990 versucht, solche Detektoren mit stark verkleinerter Sammelzeit und entsprechend verkleinerter Auflösungszeit zu bauen. Bei einem zu diesem Zweck entwickelten Prototypen eines "Akkordeon-Kalorimeters" wurde darauf geachtet, die Kapazität der Ausleseelektroden möglichst klein zu halten und die Vorverstärker direkt (ohne Kabel) mit den Elektroden zu verbinden und deshalb innerhalb der Flüssigkeit zu betreiben. Dadurch ist die Kapazität und Induktivität einer Zelle sehr klein ($4\sqrt{LC} < 10$ ns), das Ionisationssignal hat eine kurze Anstiegszeit, es wird differenziert und in einem bipolaren Pulsformer weiterverarbeitet. Auf diese Weise wurde eine Zeitauflösung von ca 30 ns erreicht [AU 91]. Die Geometrie des aus 1.8 mm dicken Schichten bestehenden Blei-Absorbers zeigt Abb. 6.5. Die Schichten verlaufen unter wechselnden Winkeln zur Einfallsrichtung des Strahls. Dadurch können tote Zonen bei Speicherring-Detektoren vermieden werden, die den ganzen Raumwinkel abdecken.

Wenn man mit Flüssigkeitsdetektoren eine bessere Energieauflösung von Schauerzählern erreichen will, so muss man auf die Bleiabsorber verzichten und eine Flüssigkeit mit kürzerer Strahlungslänge verwenden. Dann wird die gesamte durch Ionisation freigesetzte Ladung der Messung zugänglich. Flüssiges Krypton ist im Preis noch erschwinglich. Seine physikalischen Eigenschaften sind in Tab. 2.1 angegeben, die Strahlungslänge beträgt 4.6 cm. Die [NA 48]-Kollaboration hat ein solches Kalorimeter mit einer Länge von 125 cm oder $27X_0$ gebaut. Die Sammlung der Ladungen erfolgt nicht transversal wie bei Pb/LAr-Kalorimetern, sondern longitudinal durch eine Turm-

Abb. 6.5. Struktur der Bleischichten eines Akkordeon-Kalorimeters; der Zähler ist 50 cm lang. PA, Preamplifier [AU 91]

Struktur von 2 cm breiten Cu-Be-Elektroden im Abstand von 2 cm. Auf diese Weise werden 13 000 Zellen ausgelesen. Die transversale Ortsauflösung für elektromagnetische Schauer der Energie E ist $\sigma_x = 0.6 + 4.2/\sqrt{E\,(\mathrm{GeV})}\,\mathrm{mm}$, quadratisch addiert. Die gemessene Energieauflösung beträgt

$$\frac{\sigma(E)}{E} = \frac{0.032}{\sqrt{E(\mathrm{GeV})}} \oplus 0.0042 \,, \tag{6.6}$$

und die Zeitauflösung $\sigma_t = 250\,\mathrm{ps}$ [BA 96].

Verunreinigungen von elektronegativen Gasen (O_2, N_2, H_2O) im LKr müssen dabei unter Konzentrationen von 2ppm gehalten werden. Solch ein LKr-Kalorimeter mit einer Masse von 22.8 t wird seit 1996 von der [NA 48]-Kollaboration als Photon-Detektor genutzt.

Noch günstiger für den Bau von Schauerzählern wäre das schwerste stabile Edelgas, Xenon mit einer Strahlungslänge von 2.8 cm. Messungen in einem 60 cm langen Prototyp-Kalorimeter [BA 90] ergeben eine Energieauflösung von $\sigma(E)/E = 0.03/\sqrt{E(\mathrm{GeV})}$ und eine Ortsauflösung von $\sigma_x = 4.6\,\mathrm{mm}/\sqrt{E(\mathrm{GeV})}$ im Energiebereich von 1 bis 6 GeV.

Eine Zusammenstellung der mit elektromagnetischen Schauerzählern erzielten Energieauflösungen und anderer Kenndaten findet sich in Tabelle 6.1.

Tabelle 6.1. *Elektromagnetische Schauerzähler*

Typ	Sampling-Dicke (X_0)	Gesamtdicke (X_0)	$\sigma(E)/\sqrt{E}$ % $(\mathrm{GeV})^{1/2}$	Ortsauflösung (mm)	Winkelauflösung (mrad)	Transversale Zellengröße (mm)	Kollaboration
NaI	–	24	$0.9E^{1/4}$				
NaI	–	16	$2.8E^{1/4}$				Crystalball
BGO	–		2.5				
PbGlasF8	–	17	5.3+1.2E	1.3		36×36	IHEP
PbGlasSF5		12.5	$\sqrt{6^2+2.5^2E}$	6	10	80×104	JADE
PbGlasSF5	–	20	$\sqrt{6^2+0.5^2E}$	2			NA 1
Pb/Szint.	0.18	12.5	7 – 9	$\frac{11}{\sqrt{E(\mathrm{GeV})}}$		100×100	ARGUS
Pb/Szint.	0.21	13	9	$\frac{25}{\sqrt{E(\mathrm{GeV})}}$		200×250	LAPP-LAL
Pb/LAr	0.36	13.5	10 – 12	5	5	70×70+ Streifen (20mm)	
Pb/LAr	0.26	21	10	4	4	23×23	CELLO
Pb/LAr		14	11.5				Mark II
Pb/LAr	0.38	25	7.5	1.0	0.01	10×10	NA31
Pb/PWC	0.5	12	16				Mark III
Pb/ Prop.Rohr	1		24	< 1		pitch 7.8	NA 24
LKr	–	27	3.5	$\frac{4.2}{\sqrt{E(\mathrm{GeV})}}$		20×20	NA48
CsI	–	16	3.3 (5 GeV)	3		50×50	CLEOII
CsI	–	16	2.5 $E^{1/4}$		26		XBarrel
BGO	–	22	1 ($E \geq 5\,\mathrm{GeV}$)			20×20	L3

Ortsauflösung

Der Auftreffpunkt eines Elektrons oder Photons auf eine Matrix von Schauerzählern kann durch Messung der transversalen Verteilung der Schauerenergie auf die Zähler ermittelt werden. Die Genauigkeit der Ortsbestimmung wächst mit der Anzahl der vom Schauer getroffenen Zellen und nimmt mit der transversalen Größe der Zellen ab. Die Ortsmessung ist am genauesten, wenn die Schauerenergie je zur Hälfte auf zwei Zellen aufgeteilt ist, d.h. wenn das Primärteilchen zwischen zwei Zählern auf die Matrix auftrifft. Mit Zellen der Größe $36 \times 36 \times 420\,\mathrm{mm}^3$ erreichten Binon et al. [BI 81] eine Ortsauflösung von $\sigma_x = 1.3\,\mathrm{mm}$ für Elektronen der Energie 25 GeV. In einem Flüssigargon-Kalorimeter mit 10 mm breiten Streifen als Ausleseelektroden erzielten Burkhardt et al. [BU 88] $\sigma_x = \sigma_y = 1\,\mathrm{mm}$.

Für transversale Zellengrößen $d > 30\,\mathrm{mm}$ berechnen diese Autoren eine Zunahme von σ_x mit d, wie sie in Abb. 6.6 abgebildet ist. Mit zunehmender

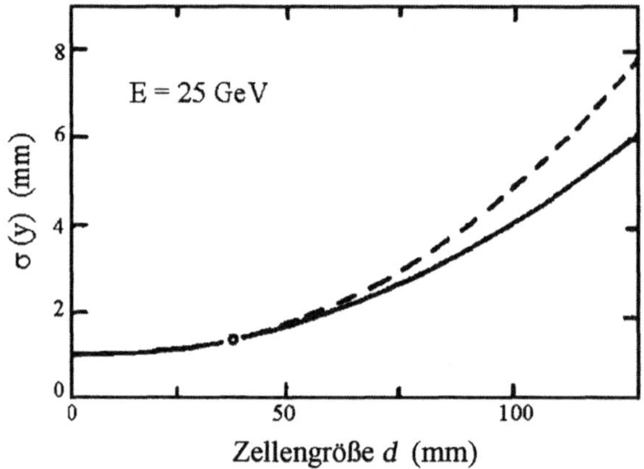

Abb. 6.6. Standardabweichung $\sigma(y)$ der Ortsauflösung einer Matrix von Schauerzählern aus Bleiglas in Abhängigkeit von der transversalen Größe d der Blöcke. Durchgezogene Linie, Mittelwert von $\sigma(y)$ für gleichmäßig verteilte Auftreffpunkte auf die Matrix; gestrichelte Linie, Auftreffpunkt der Photonen in der Mitte des Blocks; Messpunkt für $d = 36\,\mathrm{mm}$ [BI 81]

Schauerenergie erwartet man aufgrund der abnehmenden statistischen Fluktuationen der Anzahl der Schauerteilchen eine Variation von $\sigma_x \propto 1/\sqrt{E}$. Dies wird durch Messungen [AK 77] bestätigt.

Mit Blei-Szintillator-Sandwichzählern der lateralen Abmessungen $10 \times 10\,\mathrm{cm}^2$ [HO 79] wurde eine Ortsauflösung von $\sigma_x = 11\,\mathrm{mm}/\sqrt{E(\mathrm{GeV})}$ gemessen. Die erreichte Auflösung entspricht etwa derjenigen für homogene Schauerzähler.

Die besten Ortauflösungen von ca 1 mm erreichten das Pb/LAr-Kalorimeter von NA31 mit 1 cm-Streifen-Auslese und das NA24-Kalorimeter mit 8 mm-Streifen-Auslese.

6.2 Hadron-Kalorimeter

Als hadronischen Schauer bezeichnen wir eine Serie von inelastischen hadronischen Wechselwirkungen eines primären stark wechselwirkenden Teilchens ("Hadron") mit Energie oberhalb 5 GeV, bei der die sekundär erzeugten Hadronen wiederum in inelastischen Stößen mit den Kernen des Absorbermaterials tertiäre Hadronen erzeugen. Diese Kaskade bricht erst ab, wenn die Schauerteilchen schließlich so kleine Energien haben, dass sie vollständig abgebremst oder absorbiert werden. Die Skala für die räumliche Entwicklung eines solchen hadronischen Schauers ist die nukleare Absorptionslänge λ, die sich aus dem inelastischen hadronischen Wirkungsquerschnitt σ_i berechnen lässt. Es ist $\lambda = A/(\sigma_i N_0 \rho)$, wobei A die Molmasse, ρ die Dichte und N_0 die Avogadro-Zahl sind. Die gemessenen Werte von λ für einige für die Kalorimetrie geeignete Materialien sind 34 cm (C), 17.1 cm (Fe), 18.5 cm (Pb) und 12.0 cm (U). Im Vergleich zu den kleinen Strahlungslängen X_0 für Materialien mit großer Ordnungszahl Z, die den Bau von entsprechend kleinen elektromagnetischen Schauerzählern ermöglichen, sind diese Absorptionslängen viel größer. Deshalb müssen Hadronkalorimeter wesentlich massiver sein als elektromagnetische Schauerzähler. Typische Werte für Hadronkalorimeter aus Eisen sind 2 m Länge und 60 cm transversale Ausdehnung. Die notwendige Größe kann man aus den in den Abb. 6.7 und 6.8 dargestellten Messungen ablesen [HO 78b]. Die Abbildung 6.7 zeigt die longitudinale Verteilung der

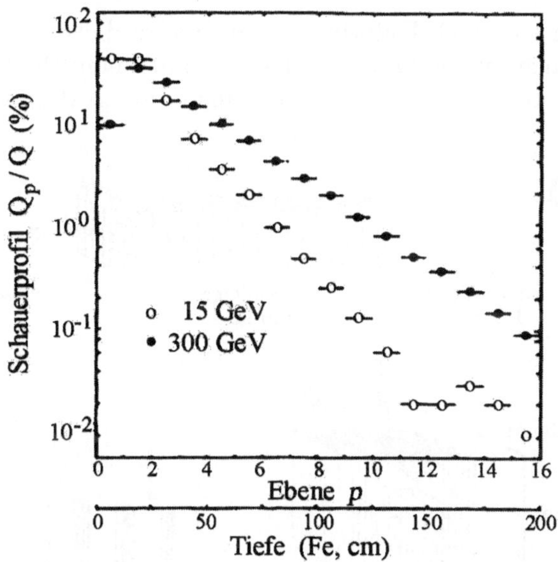

Abb. 6.7. Longitudinale Verteilung der im Hadronkalorimeter deponierten Schauerenergie; Q_p ist der registrierte Energieverlust in der Ebene p, die aus 5 x 2.5 cm Fe und 5 x 0.5 cm Szintillator besteht, Q der gesamte Energieverlust $\Sigma_p Q_p$. Messpunkte für π-Mesonen der Energie 15 GeV und 300 GeV [BL 82]

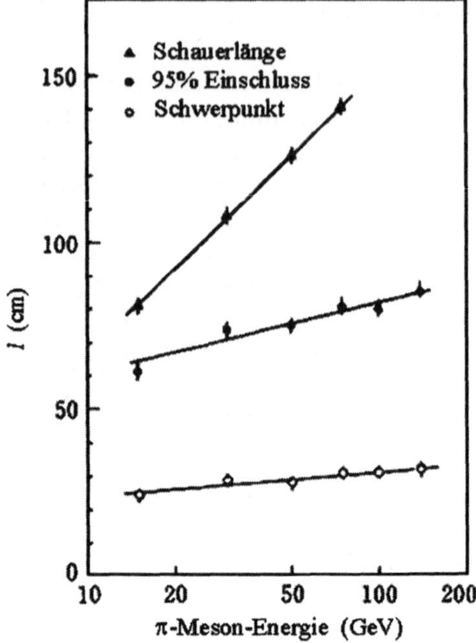

Abb. 6.8. Abstand l vom Entstehungsort längs der Schauerachse für den Schauerschwerpunkt, die Länge für Einschluß von 95% der Energie und die Schauerlänge als Funktion der π-Meson-Energie [HO 78b]

Schauerenergie in einem Fe-Kalorimeter mit 2.5 cm dicken Platten, bei dem das Szintillationslicht aus je fünf Szintillatoren auf einem Photomultiplier gesammelt wird (Abb. 6.9). Die beiden Messungen für π-Mesonen der Energie

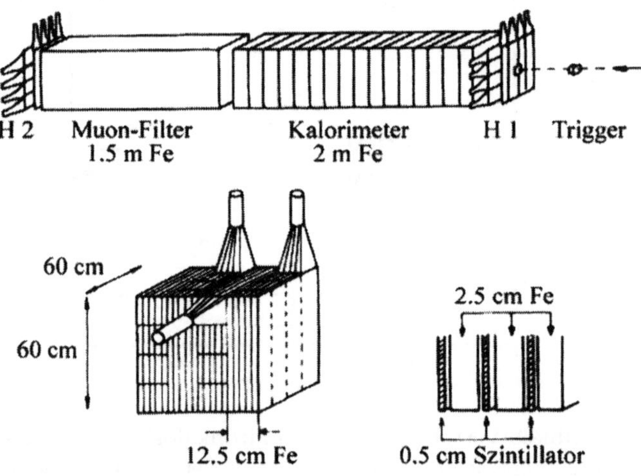

Abb. 6.9. Schematischer Aufbau eines Eisen-Szintillator-Kalorimeters [BL 82]

15 GeV bzw. 300 GeV zeigen deutlich, wie die Länge des Schauers mit der Primärenergie zunimmt. In Abb. 6.8 sind drei verschiedene Messgrössen für die Länge des Schauers als Funktion der Primärenergie gezeigt:

a) der longitudinale Schwerpunkt der Schauerenergie-Verteilung,

b) die Länge L (95%), bei der 95% der Schauerenergie im Kalorimeter eingeschlossen sind, und

c) diejenige Länge, bei der die Anzahl der Schauerteilchen unter eins absinkt.

Eine Parametrisierung der Länge L (95%) als Funktion der Primärenergie kann angegeben werden:

$$L(95\%) = [9.4 \ln E(\mathrm{GeV}) + 39]\,\mathrm{cm\,Fe}\ . \tag{6.7}$$

In ähnlicher Weise kann man die seitliche Ausdehnung eines Schauers durch diejenige transversale Ausdehnung des Kalorimeters (vom Zentrum aus) charakterisieren, bei der 95% der Schauerenergie innerhalb des Kalorimeters verbleiben. Messungen dieser Größe sind in Abb. 6.10 gezeigt.

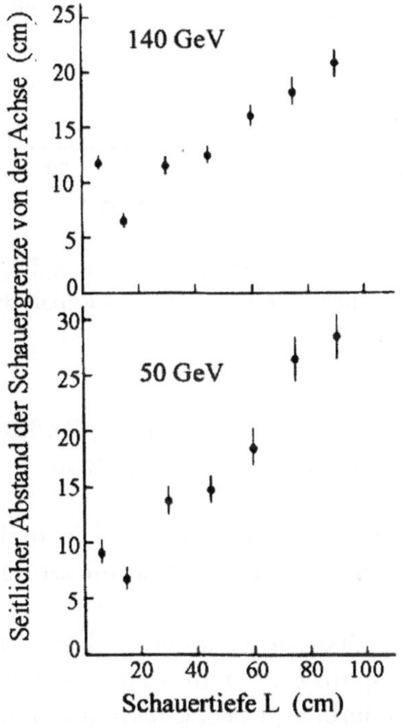

Abb. 6.10. Radiale Ausdehnung eines hadronischen Schauers, definiert als radiale Dimension eines Volumens für den Einschluss von 95% der Gesamtenergie als Funktion der Schauertiefe [HO 78b]

Wird der hadronische Schauer vollständig im Kalorimeter absorbiert, so ist die im Kalorimeter registrierte sichtbare Energie proportional zur Primärenergie des Hadrons. Dieser lineare Zusammenhang geht aus Abb. 6.11 hervor, in der Messwerte des Kalorimeters nach Abb. 6.9 gezeigt sind. Die sichtbare Energie für Hadronen ist hier kleiner als diejenige für Elektronen.

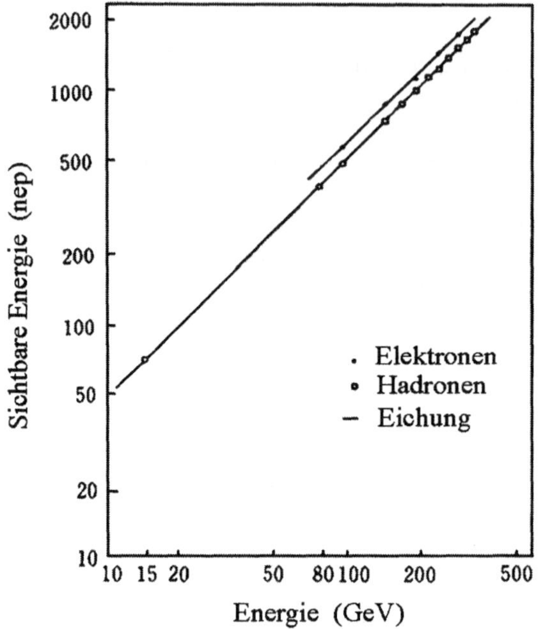

Abb. 6.11. Sichtbare Energie eines Schauers in dem Kalorimeter nach Abb. 6.9 in Einheiten der sichtbaren Energie eines minimal ionisierenden Teilchens ("nep") [BL 82]

Außer den Leckverlusten von Teilchen in longitudinaler oder transversaler Richtung treten beim Hadronkalorimeter Verluste von Schauerenergie aus folgenden Gründen auf:

a) Einige Schauerteilchen, wie Myonen und Neutrinos vom Pion-Zerfall, entweichen aus dem Kalorimeter (ca. 1% Energieverlust bei 140 GeV Primärenergie).

b) Durch inelastische Stöße von Schauerteilchen werden Kerne des Absorbermaterials angeregt, gespalten oder in viele langsame Bruchstücke zerlegt (Spallation), wodurch niederenergetische γ-Strahlung, Kernfragmente, Protonen und Neutronen entstehen; diese Schauerteilchen tragen in ganz unterschiedlicher Weise zur sichtbaren (nachgewiesenen) Energie im Kalorimeter bei: 1) nichtrelativistische Protonen ionisieren 10 bis 100 mal stärker als minimal ionisierende Teilchen; der Anteil der in den Detektorebenen nachgewiesenen Energie variiert mit der Dicke der Absorberplatten; 2) schwere Kernfragmente haben eine so kleine Reichweite, dass sie in der Regel in den Absorberplatten steckenbleiben und keine messbare Energie in den Detektorebenen hinterlassen; 3) Neutronen aus Spallationsprozessen können zur sichtbaren Energie im Kalorimeter beitragen, wenn das Detektormaterial Wasserstoff enthält; die Neutronen können dann in elastischen Stößen Energie auf diese Protonen übertragen, und die Rückstoßprotonen ionisieren das Detektormaterial.

Diese Verluste können am einfachsten dadurch nachgewiesen werden, dass man die sichtbare Energie ("response") vergleicht, die Elektronen und Pionen derselben Primärenergie in einem Kalorimeter erzeugen. Das gemessene Verhältnis dieser sichtbaren Energie zeigt Abb. 6.12 für Primärteilchen von 4 bis 300 GeV Energie in einem Eisen-Szintillator-Kalorimeter.

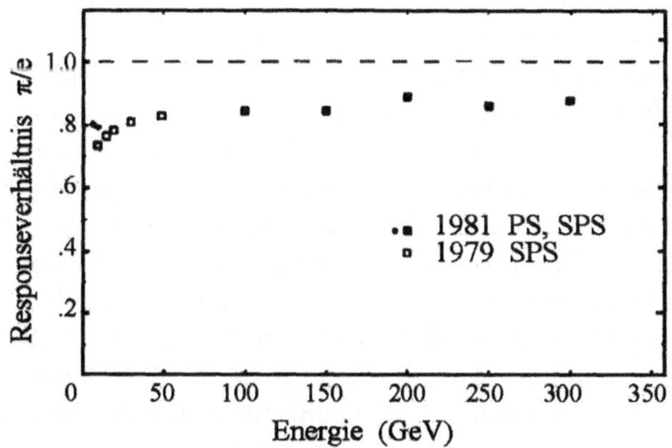

Abb. 6.12. Verhältnis der sichtbaren Energie eines π-Mesons zu der eines Elektrons derselben Energie ("Responseverhältnis") [BL 82]

Dieser Unterschied in der sichtbaren Energie für Elektronen und Pionen führt zu einer Fluktuation der registrierten sichtbaren Energie für hadronische Schauer, da der Anteil von π^o-Mesonen im Schauer schwankt. Da die π^o-Mesonen in etwa 10^{-16} s in $\gamma + \gamma$ zerfallen und so einen elektromagnetischen Schauer innerhalb des hadronischen auslösen, trägt die π^o-Komponente stärker zur sichtbaren Energie bei als ein π^+-Meson der gleichen Energie, und die statistische Schwankung des π^o-Anteils führt zur erwähnten Fluktuation.

Zur Energieauflösung bei hadronischen Schauern trägt außerdem natürlich die Sampling-Fluktuation bei, die etwa zweimal größer ist als bei elektromagnetischen Schauern (Kap. 6.1). Zusammen führen die drei Quellen von Fluktuationen (Leckverluste, π^o-Fluktuation, Sampling) zu einer Energieauflösung von

$$\frac{\sigma(E)}{E} \sim \frac{0.7 - 0.8}{\sqrt{E(\text{GeV})}} , \tag{6.8}$$

wenn die Dicke der Absorberplatten weniger als 5 cm Eisen beträgt.

Kompensierende Kalorimeter

Um eine *Verbesserung der Energieauflösung* zu erzielen, muss man erreichen, dass Elektronen- und hadroninduzierte Schauer in dem Kalorimeter etwa dieselbe Signalgröße verursachen, dass also Verluste an sichtbarer Energie bei Hadronschauern "kompensiert" werden ("Kompensierende Kalorimeter"). Es gibt im wesentlichen drei Methoden, diese Kompensation zu erreichen:

a) Der Verlust sichtbarer Energie durch Kernreaktionen von Schauerteilchen kann dadurch kompensiert werden, dass die bei der Spaltung von ^{238}U freiwerdende Energie ausgenutzt wird. Beim Spaltungsprozess entstehen Neutronen und weiche γ-Strahlen. Es konnte bei Hadron-Energien bis zu 10 GeV gezeigt werden [FA 77], dass bei Verwendung von Uran als Kalorimetermaterial das Verhältnis der nachgewiesenen Energie für hadronische und elektromagnetische Schauer nahezu eins werden kann. Dieser Kompensationsmechanismus wird so verstanden, dass einerseits das hadronische Signal durch die zusätzliche, aus der Spaltung stammende Energie der Neutronen vergrößert wird, wenn die Neutronen durch protonenreiche Detektormaterialien über Rückstoßprotonen zum Signal beitragen können. Andererseits nimmt auch das Signal von elektromagnetischen Schauern bei Verwendung von Absorbermaterial mit großem Z ab [LE 86]. Durch geeignete Wahl der Dicke der Uranplatten und der Detektorschichten kann eine vollständige Kompensation auch bei Hadronenergien bis zu 200 GeV erreicht werden. Dies ist z.B. der Fall für Uran/Szintillator-Kalorimeter mit 3 mm U + 2.5 mm Szintillator [KL 87] oder ähnliche Anordnungen [CO 86]. Für Uran/Flüssigargon-Kalorimeter arbeitet der Kompensationsmechanismus dagegen nicht, für Kalorimeter aus Uran und Gaszählern steigt das Hadron-Signal mit zunehmendem Wasserstoff-Anteil am Gas an. Die Reduzierung der π^0-Fluktuationen führt bei Uran/Szintillator-Kalorimetern mit voller Kompensation zu einer Auflösung von

$$\frac{\sigma(E)}{E} = \frac{0.35}{\sqrt{E(\mathrm{GeV})}} . \tag{6.9}$$

Dieser Wert liegt um etwa einen Faktor 2 über der durch Sampling-Fluktuationen verursachten Auflösung. Kalorimeter aus U/LAr oder U/Gas erreichen bei 1 GeV lediglich Auflösungen von $\sigma(E)/E \sim 0.5$ bis $0.6/\sqrt{E(\mathrm{GeV})}$.

Die Zeitstruktur der Signale in einem solchen Kalorimeter ist verschieden für Elektron-induzierte oder Hadron-induzierte Schauer: in einer elektromagnetischen Kaskade durchqueren die Elektronen und Positronen den Detektor in wenigen Nanosekunden, während der Anteil eines hadronischen Schauers, der von Neutronen verursacht wird, verzögert ist, weil diese Neutronen erst dann ein sichtbares Proton erzeugen, wenn sie durch Stöße verlangsamt worden sind. Variiert man die elektronische Integrationszeit der Signale, so sieht man in Abb. 6.13, daß das hadronische Signal (schraffiert) durch eine lange Integrationszeit relativ zu dem Elektron-induzierten Signal (offenes Histogramm) verstärkt wird. Dieser Effekt kann für die Angleichung der elektromagnetischen und der hadronischen Signale verwendet werden; im ZEUS-Kalorimeter wird auf diese Weise das Verhältnis e/π auf 1.0060 ± 0.0002 ausgeglichen (Kompensation).

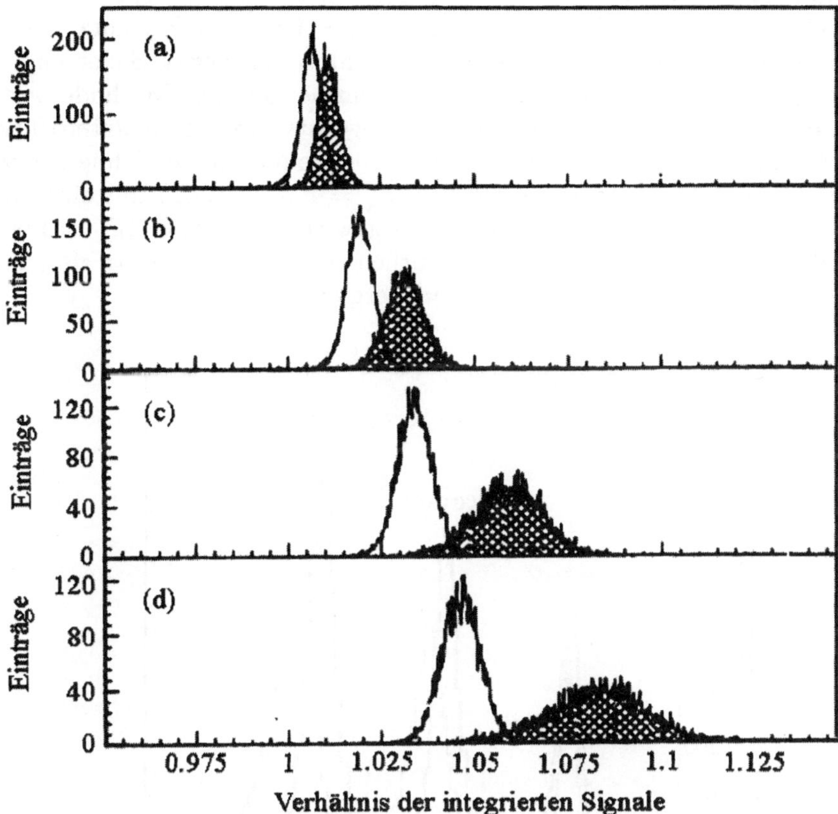

Abb. 6.13. Verhältnis der Signalgrößen für verschiedene Integrationszeiten der Kalorimetersignale für 50 GeV/c Elektronen (offene Histogramme) und 100 GeV/c Pionen (schraffierte Flächen). Die Verhältnisse sind gezeigt für die Zeiten (a) 200 ns/100 ns, (b) 400 ns/100 ns, (c) 1 μs/100 ns, (d) 3 μs/100 ns

b) Verwendet man wasserstoffhaltige Detektormaterialien, so kann als Absorber jedes schwere Material verwendet werden: bei dem inelastischen Stoß von hochenergetischen Hadronen mit dem Kern des Materials ("Spallation") entstehen neben geladenen Hadronen auch energiereiche Neutronen. Der Nachweis dieser Neutronen über die Rückstoßprotonen im Detektor erhöht das Signal aus hadronischen Schauern, so daß durch geeignete Wahl der Absorber- und der Detektordicke das Verhältnis der nachgewiesenen Energie von Hadron- und Elektronschauern gleicher Primärenergie zu Eins gemacht werden kann. Um diese vollständige Kompensation zu erreichen, muss jedoch die Absorberdicke relativ zur Detektordicke größer sein als bei Uran-

Kalorimetern. Für ein kompensierendes Kalorimeter aus Blei und Szintillator muss z.B. das Verhältnis der Dicken sich wie 4:1 verhalten.

c) Eine dritte Methode zur Verbesserung der Auflösung [DI 79, AB 81] beruht auf einer Reduzierung der durch die π^o-Komponente im Schauer verursachten Fluktuationen. Die elektromagnetischen Schauer sind wegen der vergleichsweise kleinen Strahlungslänge ($X_0 \simeq 1.8\,\text{cm}$ in Fe) kurz, also bei einer Plattendicke von 5 cm Fe auf wenige Platten lokalisiert. Sie erzeugen in den entsprechenden Szintillatoren große Lichtmengen. Die Methode besteht darin, diese großen Impulshöhen durch Gewichtsfaktoren zu unterdrücken. Wird die im Szintillator k gemessene Lichtmenge mit E_k bezeichnet, so wird daraus die gewichtete sichtbare Energie $E'_k = E_k(1 - CE_k)$ mit einer Konstanten C berechnet. Die Auflösung in der gewichteten Größe $\Sigma E'_k$ ist für den optimalen Wert der Konstanten C wesentlich verbessert gegenüber derjenigen für ΣE_k, wie Abb. 6.14 für drei Hadronenergien zeigt.

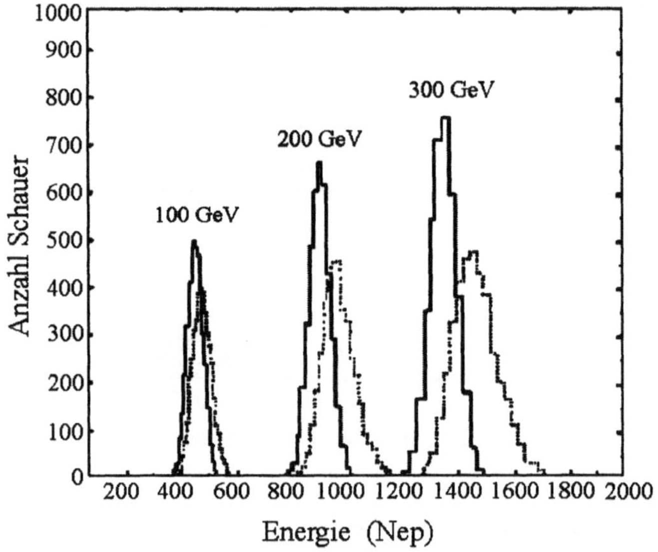

Abb. 6.14. Impulshöhenverteilung für monoenergetische π-Mesonen; gestrichelte Histogramme: Verteilung ohne Gewichtung

Die Energieauflösung beträgt nach dieser Gewichtung

$$\frac{\sigma(E)}{E} = \frac{0.58}{\sqrt{E(\text{GeV})}}\,, \tag{6.10}$$

die gemessenen Werte für $\sigma(E)/\sqrt{E}$ als Funktion von E sind in Abb. 6.15 ersichtlich.

Die Energieauflösung bei Hadronkalorimetern variiert mit der Dicke d der Absorberplatten ("Sampling-Dicke"). Da die Anzahl N der in den Zählern

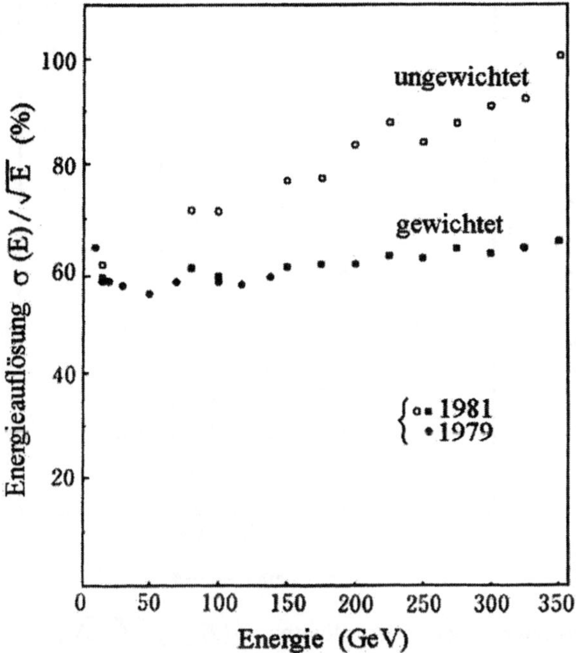

Abb. 6.15. Reduzierte Energieauflösung $\sigma(E)/\sqrt{E(\text{GeV})}$ in % $(\text{GeV})^{1/2}$ für π-Mesonen in einem Fe-Kalorimeter [AB 81, BL 82]

zwischen den Platten registrierten Teilchen umgekehrt proportional zu d ist, würde man einen Anstieg der relativen Energieauflösung mit $\sqrt{d}$ erwarten, falls die Sampling-Fluktuation den dominierenden Beitrag liefert (wie bei elektromagnetischen Kalorimetern).

Der tatsächlich beobachtete Anstieg mit wachsender Dicke d ist in Abb.6.16 dargestellt. Diese Messergebnisse können für Eisen durch eine empirische Formel parametrisiert werden [AM 81]

$$\frac{\sigma(E)^2}{E} = 0.25 + R'^2 \frac{4t}{3} \, . \tag{6.11}$$

Dabei ist $t = d/X_0$ die Sampling-Dicke in Einheiten der Strahlungslänge und R' ein freier Parameter, der sich aus den Daten zu $R' \sim 0.3$ bis 0.4 ergibt. Die Messwerte geben den Hinweis, dass eine Reduzierung der Sampling-Dicke unter 2 cm Fe keine merkliche Verbesserung der Auflösung bringt und daß der Grenzwert für $d \to 0$ von $\sigma(E)/\sqrt{E(\text{GeV})} \sim 0.5$ beträgt.

Die Messung der Ionisation der Schauerteilchen in Hadronkalorimetern kann durch Szintillatoren, Flüssigargon-Ionisationskammern, Proportionalkammern, Proportionalrohre oder Flash-Kammern erfolgen. Welche von diesen Detektoren ausgewählt werden, hängt davon ab, welche Energieauflösung und Ortsauflösung verlangt wird und wie groß die Kosten sein können.

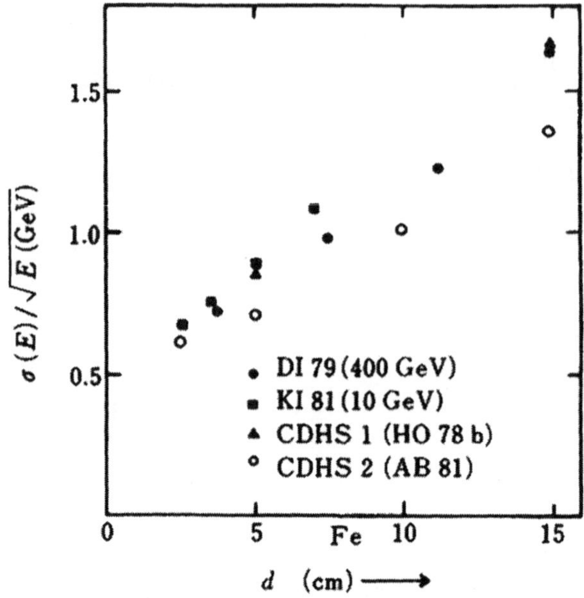

Abb. 6.16. Reduzierte Energieauflösung $\sigma(E)/\sqrt{E(\mathrm{GeV})}$ in Einheiten von $(\mathrm{GeV})^{1/2}$ für π-Mesonen als Funktion der Dicke d der Eisenplatten

Für Detektoren mäßiger Größe und Granularität (bis ca. $5{\cdot}10^3$ Zähler) erlauben Flüssigargon- und Szintillationszähler die beste Energieauflösung. Der Kompensationsmechanismus zur Verbesserung der Energieauflösung ist allerdings nur mit wasserstoffhaltigen Detektoren (z.B. Szintillator) zu erreichen. Bei sehr massiven Detektoren mit Massen über 1000 Tonnen, wie sie für Experimente zum Protonzerfall benötigt werden, oder bei sehr feinkörnigen Kalorimetern, wie sie wegen der notwendigen Winkelauflösung für Versuche zur Streuung von μ-Neutrinos an Elektronen gebaut wurden, werden Proportionalrohre oder Flash-Rohre aus Kostengründen bevorzugt.

6.3 Eichung und Überwachung von Kalorimetern

Ein typisches Kalorimeter in Großdetektoren enthält mehrere tausend Zähler, deren analoge Ausgangs-Impulshöhe in digitale Information umgewandelt und dann gespeichert wird. Die Eichung (Kalibration) und Überwachung einer so großen Anzahl von Kanälen erfordert einigen experimentellen Aufwand.

Impulshöhenkanäle können dadurch in Energie-Einheiten geeicht werden, dass für Hadronenstrahlen mit bekanntem Impuls die Impulshöhen in jedem einzelnen Zähler gemessen werden. Die Eichung der Zähler relativ zueinander geschieht mit Hilfe von minimal ionisierenden Myonen, die das Kalorimeter durchqueren.

Um die zeitliche Stabilität des Detektors in regelmäßigen Abständen zu überprüfen, können im Prinzip Myonen aus der kosmischen Strahlung verwendet werden. Wenn jedoch die Zählrate solcher Myonen nicht für jeden Zähler ausreicht, um eine tägliche Messung mit hinreichender Genauigkeit zu ermöglichen, wird eine andere kalibrierte stabile Quelle für Referenzimpulse benötigt. Für Kalorimeter mit Flüssig-Argon-Ionisationsdetektoren ist dies dadurch zu erreichen, dass ein Impulsgeber eine bekannte Ladungsmenge auf die Platten der Ionisationskammer aufbringt. Auch bei Proportionalkammern ist solch ein Verfahren möglich.

Bei Szintillationszählern geht es aber darum, nicht nur die Stabilität der elektrischen Impulsverarbeitung vom Ausgang des Photomultipliers bis zum Register für die digitalisierte Impulshöhe zu überprüfen, sondern gerade die Stabilität der Verstärkung des Photomultipliers selbst. Dazu wird eine kalibrierte stabile Lichtquelle benötigt. Solche Überwachungs- und Eichsysteme sind mit Hilfe von gepulsten Stickstoff-Lasern gebaut worden, die im UV-Bereich bei 337 nm emittieren. Problematisch hierbei sind die Verteilung des Lichts auf einige tausend Zähler und die Eichung des N_2-Lasers mit einer Norm-Lichtquelle.

In einem solchen System [GR 80], das für das am Proton-Antiproton-Speicherring des CERN installierte Experiment UA 1 gebaut wurde, wird das Laserlicht in einen rechteckigen Hohlraum eingeschlossen, dessen Innenseite mit einem diffus reflektierenden Material ("Millipore") ausgekleidet ist. Nach vielen Reflexionen innerhalb dieses Behälters trifft das Licht auf das Ende einer der 8×10^3 Quarzfasern, die zu je einem Szintillator führen. Diese Fasern haben einen Zylindermantel aus einem Material mit kleinerem Brechungsindex, so dass sie das Licht über Totalreflexionen an der Grenzschicht zwischen innerer Faser und Außenmantel transportieren. Der Durchmesser dieses Lichtleiters ist 2×10^2 μm, die Abschwächung des Lichts beträgt 4×10^2 db/km. Jede der Fasern ist über ein kleines Plexiglas-Prisma an den Szintillator angekoppelt, so dass das UV-Licht dort Szintillationslicht erzeugt. Über den Photomultiplier und einen Analog-Digital-Konverter (ADC) erzeugt der Laserpuls so eine digitale Impulshöhe.

Bei einem anderen System [EI 80], das für das Neutrinoexperiment der CERN-Dortmund-Heidelberg-Saclay-Kollaboration entwickelt wurde, besteht zusätzlich die Möglichkeit, die Linearität der Photomultiplier und der zugehörigen Elektronik im Kalorimeter zu überprüfen. Dazu durchquert der Laserstrahl zunächst ein Paar von geeichten Graufiltern, die es erlauben, die Intensität des Strahls um einen vorwählbaren Betrag zwischen 1 und 5×10^3 abzuschwächen (Abb. 6.17). Danach wird der Strahl aufgeweitet und beleuchtet einen Szintillator. Das Fluoreszenzlicht gelangt über interne Reflexionen in einem Lichtmischer aus Plexiglas zum einen Ende der 2304 Quarzfasern (QSF 200 A). Da mehrere Photomultiplier-Ausgänge in demselben ADC digitalisiert werden, kann die Laserkalibration nicht gleichzeitig für alle Zähler erfolgen. Zu diesem Zweck wird durch eine bewegliche mechanische Maske si-

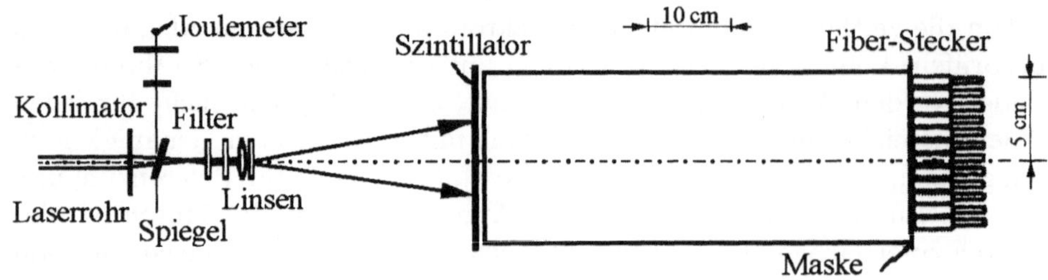

Abb. 6.17. Laser-Kalibrationssystem für 2304 Photomultiplier eines Hadronkalorimeters [EI 80]

chergestellt, daß das Fluoreszenzlicht jeweils nur eine Gruppe von 192 Fasern beleuchtet. Die Ausleuchtung der in einer Ebene angeordneten Fasereintrittsflächen ist innerhalb von 1% homogen. Die Transmission der Fasern bei blauem Licht liegt bei 180 db/km, so dass bei der Transmission durch 25 m lange Fasern die Intensität um einen Faktor 2.8 abnimmt. Das Licht wird dann in den Lichtleiter je eines Zählers eingekoppelt. Als absolute Lichtquelle zur Eichung des N_2-Lasers dient hier das Szintillationslicht aus einem homogen, mit ^{241}Am dotierten Plexiglas-Szintillator. Das Impulshöhenspektrum dieses α-Strahlers zeigt Abb. 1.16. Die Lichtmenge aus dieser α-Linie wird auf demselben Photomultiplier mit dem durch den N_2-Laser angeregten Fluoreszenzlicht verglichen und erlaubt so eine ständige Nacheichung aller Impulshöhen im Kalorimeter.

7 Impulsmessung

7.1 Magnetformen für Experimente bei ruhendem Target

Ruht das Target im Laborsystem, so erzeugt ein hochenergetisches einfallendes Teilchen bei einer Reaktion im Target Sekundärteilchen, die in einem Kegel um die Strahlrichtung (z) konzentriert sind. Der Öffnungswinkel dieses Kegels ist durch das Verhältnis des mittleren Transversalimpulses bei der Reaktion ($\leq 300\,\mathrm{MeV/c}$) zum Longitudinalimpuls der Teilchen gegeben. Für ein hochenergetisches Teilchen mit dem Impuls (P_x, P_y, P_z) gilt dann $P_x, P_y << P_z$. Durchquert das Teilchen der Ladung e ein homogenes Magnetfeld $(0, B_y, 0)$ der Länge L, so wird seine Bahn im Magnetfeld ein Kreis mit Radius $R = P/(eB_y)$ sein. Die Winkelablenkung θ in der (x, z)-Ebene ergibt sich geometrisch (s. Abb. 7.1) als

$$2 \sin \frac{\theta}{2} = \frac{L}{R} = -e \frac{B_y L}{P} \ . \tag{7.1}$$

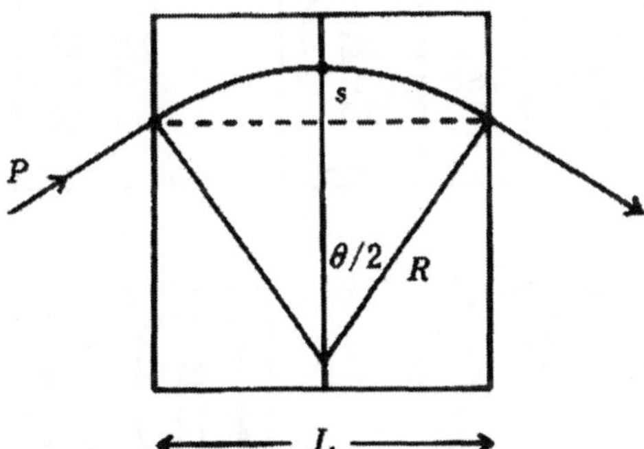

Abb. 7.1. Krümmungsradius R, Ablenkwinkel θ und Sagitta s für ein geladenes Teilchen des Impulses p in einem homogenen Magnetfeld der Länge L

Die Änderung des Transversalimpulses $\Delta P_x = P \sin \theta$ durch das Magnetfeld ist also in guter Näherung für kleine Winkelablenkungen:

$$\Delta P_x = -eB_yL = -e \int B_y \mathrm{d}z \ . \tag{7.2}$$

Für ein inhomogenes Feld ist das Produkt B_yL durch das "Feldintegral" $\int B_y \mathrm{d}z$ zu ersetzen. Numerisch ergibt ein Feldintegral von 10 kG·m = 1 T·m eine Änderung des Transversalimpulses von 0.3 GeV/c. Um den Impuls des Teilchens zu messen, genügt in dieser Näherung die Kenntnis der Winkelablenkung des Teilchens und des Feldintegrals. Die Winkelablenkung berechnet sich zu:

$$\sin\theta = \sin(\theta_2 - \theta_1) \simeq \sin\theta_2 - \sin\theta_1 \ , \tag{7.3}$$

wobei θ_2 der Winkel des auslaufenden Teilchens in der (x, z) Ebene und θ_1 derjenige des einlaufenden Teilchens ist.

Ist das magnetische Volumen im Luftspalt eines Magneten evakuiert, und wird außerdem die Vielfachstreuung in den Ortsdetektoren vor und hinter dem Magneten vernachlässigt, so ist der Messfehler im Impuls P des Teilchens nur durch den Fehler der Winkelmessung gegeben:

$$\frac{\sigma(P)}{P} = 2\frac{P}{\Delta P_x}\frac{\sigma(x)}{h} \ , \tag{7.4}$$

wenn h den für die Winkelmessung vor und hinter dem Magneten benutzten Hebelarm bezeichnet. So ist z.B. für ein Feldintegral von 50 kG·m, eine Genauigkeit der Ortsmessung $\sigma(x) = 0.3$ mm und einen Hebelarm $h = 3$ m die Impulsauflösung $\sigma(P)/P = 1.3\%$ bei $P = 10^2$ GeV/c oder $\sigma(P)/P^2 = 1.3 \times 10^{-4}\,(\mathrm{GeV/c})^{-1}$.

Solche "Luftspalt"-Magneten gibt es in verschiedenen Formen (Abb. 7.2):

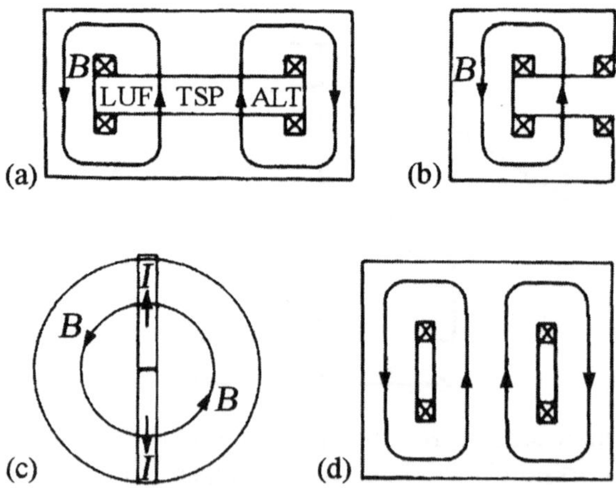

Abb. 7.2. Magnetformen für Experimente bei ruhendem Target. a) H-Magnet mit Luftspalt; b) C-Magnet mit Luftspalt; c) Eisenkern-Toroid-Magnet; d) Eisenkern-H-Magnet

H–Magnete haben symmetrische Eisenjoche für die Rückführung des magnetischen Flusses, C-Magnete asymmetrische (und deshalb ein weniger homogenes Feld). Das benötigte Eisenvolumen für die Joche zur Rückführung des Flusses hängt davon ab, welche Flussdichte im Luftspalt erreicht werden soll. Nimmt man an, dass das Rückflussjoch mit der Sättigungsflussdichte B_s betrieben wird, so folgt aus $\nabla \boldsymbol{B} = 0$, dass das minimal benötigte Eisenvolumen V_{Fe} relativ zum Volumen des mit der Flussdichte B magnetisierten Luftspaltes V_{mag} für einen kubischen Luftspalt ungefähr durch

$$\frac{V_{\mathrm{Fe}}}{V_{\mathrm{mag}}} \sim \left(2 + \frac{B}{B_S}\right) \frac{B}{B_S} , \qquad (7.5)$$

gegeben ist (Abb. 7.3).

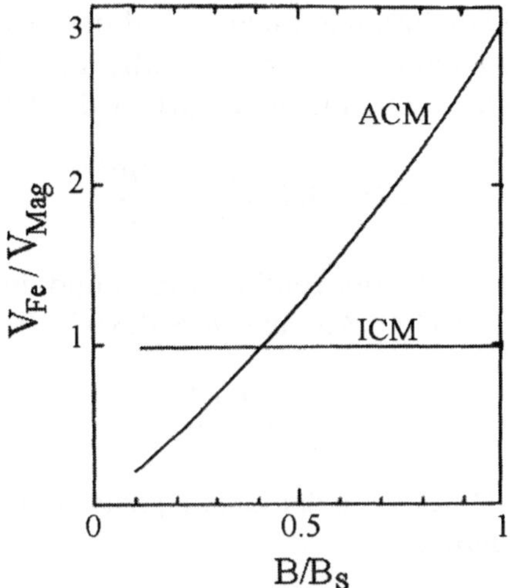

Abb. 7.3. Verhältnis von Eisenvolumen V_{Fe} und nutzbarem magnetisiertem Volumen V_{mag} für Eisenkern-Magnete (ICM) und Luftspalt-Magnete (ACM) in Abhängigkeit von der Flussdichte B in Eisen in Einheiten der Sättigungsflussdichte B_S. Die Form des Luftspalts ist als kubisch angenommen

Wenn man im Luftspalt die Flussdichte B_S erreichen will, braucht man dazu ein Verhältnis $V_{\mathrm{Fe}}/V_{\mathrm{mag}} \sim 3$, was sehr unökonomisch ist. Normalerweise haben solche Magnete $B/B_S \simeq 1/3$ bis $1/2$.

Will man den Impuls hochenergetischer Myonen bestimmen, so kann man deren Winkelablenkung auch im magnetisierten Eisen selbst messen ("Eisenkernmagnet", "Iron core magnet"). Hier bleiben die B-Feldlinien vollständig innerhalb des Eisenmagneten, der entweder die Form eines Toroids oder die eines H-Magneten ohne Luftspalt hat (Abb. 7.2).

Hier ist die Impulsauflösung sowohl durch Vielfachstreuung der Myonen im Eisen als auch durch die Messfehler gegeben. Vielfachstreuung in einer

Schicht der Dicke L lenkt die Myonen so ab, als ob sie im Mittel einen Transversalimpuls der Größe

$$\Delta p_T^{VS} = 21\,(\mathrm{MeV/c})\sqrt{L/X_0}\ , \tag{7.6}$$

erhalten hätten.

Die durch Vielfachstreuung in x-Richtung verursachte Impulsauflösung ist gegeben durch das Verhältnis

$$\left|\frac{\sigma(p)}{p}\right|^{\mathrm{VS}} = -\frac{\Delta P_X^{\mathrm{VS}}}{\Delta P_X} = \frac{15(\mathrm{MeV/c})\sqrt{L/X_0}}{e\int B_y \mathrm{x}} = 0.26\frac{1}{\sqrt{L}}\ , \tag{7.7}$$

wobei L in m gemessen ist und $B_y = 1.5\,\mathrm{T}$ angenommen wurde. Diese Auflösung ist unabhängig vom Impuls P und nimmt für $L = 5\,\mathrm{m}$ den Wert $[\sigma(P)/P]^{VS} \sim 12\%$ an. Zu diesem Wert kommt der durch Messfehler gegebene Fehler der Impulsbestimmung hinzu. Wird der Ort des Myons in einem Eisenkern-Magneten der Länge L an drei äquidistanten Punkten entlang der Spur im Eisen gemessen, so gilt für die Sagitta s des Kreisbogens (Abb. 7.1)

$$s = R - R\cos\frac{\theta}{2} \simeq \frac{R\theta^2}{8}\ . \tag{7.8}$$

Im SI-System wird B in Tesla, der Radius R in m und der Impuls P in GeV/c angegeben. Dann ist $R = P/(0.3B)$ und $\theta \simeq 0.3BL/P$. Damit ist für kleine Ablenkungswinkel

$$s = 0.3\,\frac{BL^2}{8P}\ . \tag{7.9}$$

Da die Sagitta mit drei Messungen der Genauigkeit $\sigma(x)$ auf $\sigma(s) = \sqrt{3/2}\,\sigma(x)$ genau bestimmt ist, erhalten wir

$$\left|\frac{\sigma(P)}{P}\right|^{M} = \frac{\sigma(s)}{s} = \frac{\sqrt{3/2}\,\sigma(x)8P}{0.3\,BL^2}\ . \tag{7.10}$$

Wird die Spur an N äquidistanten Punkten gemessen, so gilt stattdessen die Glückstern-Formel [GL 63]

$$\left|\frac{\sigma(P)}{P}\right|^{M} = \frac{\sigma(x)P}{0.3\,BL^2}\sqrt{\frac{720}{N+4}}\ . \tag{7.11}$$

Für $B = 1.5\,\mathrm{T}$, $L = 5\,\mathrm{m}$, $\sigma(x) = 1.5\times10^{-3}\,\mathrm{m}$ und $N = 6$ ergibt dies $[\sigma(P)/P]^{M} \simeq 11\%$ bei $P = 10^2\,\mathrm{GeV/c}$, etwa gleich groß wie $[\sigma(P)/P]^{\mathrm{VS}}$. Die Abbildung 7.4 zeigt diese zwei Beiträge zur Impulsauflösung für Eisenkern-Magneten verschiedener Länge. Wird der Abstand zwischen zwei Ortsmessungen konstant gehalten, so fällt der von Messfehlern stammende Beitrag mit der Gesamtlänge L des Magneten etwa mit $L^{-5/2}$ ab.

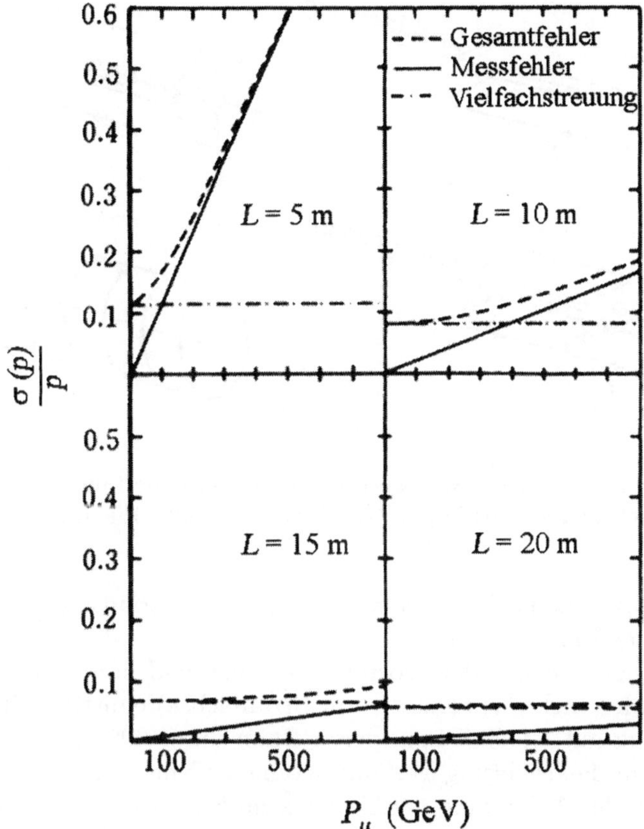

Abb. 7.4. Relative Impulsauflösung $\sigma(p)/p$ für Myonen des Impulses p_μ in einem Eisenkernmagneten mit der Flussdichte 1.5 T und der Länge L. Die Beiträge des Messfehlers und der Vielfachstreuung zur Impulsauflösung sind getrennt angegeben

7.2 Magnetformen für Speicherringexperimente

Bei solchen Experimenten ist das Laborsystem gleichzeitig das Schwerpunktsystem der Reaktion. Die Wechselwirkungsraten für die interessierenden Prozesse sind für Elektron-Positron-Collider sehr niedrig. So erreichen z.B. Elektron-Positron-Speicherringe eine Luminosität $L = 10^{30}\,\mathrm{cm}^{-2}\mathrm{s}^{-1}$, was bei einem Wirkungsquerschnitt von nanobarn zu einer Rate von $10^{-3}\,\mathrm{s}^{-1}$ führt. Noch geringer sind die Raten für schwache Prozesse an Antiproton-Proton-Speicherringen. Es ist deshalb notwendig, den ganzen Raumwinkel um den Wechselwirkungspunkt mit dem Detektor abzudecken. Folgende geometrische Anordnungen sind für das Magnetfeld eines solchen Detektors denkbar (Abb. 7.5):

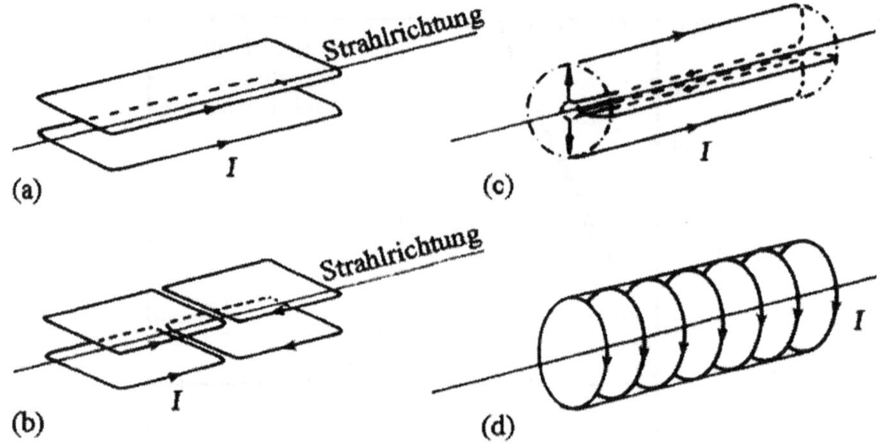

Abb. 7.5. Magnetformen für Speicherringexperimente; die Linien mit Pfeilen zeigen die Stromrichtung an. (**a**) Dipol; (**b**) Toroid; (**c**) Split Field; (**d**) Solenoid

a) *Dipolmagnet in Verbindung mit zwei Kompensationsmagneten*, die den Strahl auf seiner Bahn halten.

Diese Magnetform hat den Vorteil, dass das Feld homogen ist und daß für vorwärts oder rückwärts (relativ zur Strahlachse) emittierte Teilchen die Impulsauflösung gut ist. Teilchen, deren Bahn unter 90° zur Strahlrichtung und parallel zur Feldrichtung verläuft, können nicht magnetisch analysiert werden. Wegen der Ablenkung der Teilchen im Strahl selbst kann dieser Magnet für Elektron-Positron-Speicherringe wegen der starken Erzeugung von Synchrotron-Strahlung nicht verwendet werden.

b) *Dipolmagnet mit gespaltenem Feld*

Für vorwärts oder rückwärts emittierte Teilchen ist die Impulsauflösung am besten. Für transversal erzeugte Teilchen verlaufen die Bahnen in einem stark inhomogenen Magnetfeld, die Rekonstruktion der Spuren ist schwierig. Das Feld transversal zur Strahlrichtung macht wegen der Synchrotronstrahlung wie bei a) eine Benutzung in Elektronen-Maschinen unmöglich.

c) *Toroidales Feld*

Der innere stromführende Zylinder verursacht Vielfachstreuung, die die Impulsauflösung beeinträchtigt. Die Strahlen selbst verlaufen im feldfreien Raum.

d) *Solenoid*

Das Magnetfeld verläuft parallel zur Bahn der Strahlteilchen, so dass keine Synchrotronstrahlung erzeugt wird. Die beste Impulsauflösung wird hier für transversal emittierte Teilchen erreicht. Der im Inneren der Spule gelegene Teil des Detektors ist nur zugänglich, wenn die das Magnetfeld zurückführenden Endkappen entfernt sind.

Wegen dieser Eigenschaften wurden für Proton-Proton- und Proton-Antiproton-Speicherringe Dipol- und Solenoidmagnete verwendet, während für Experimente an Elektron-Positron-Ringen fast ausschließlich Solenoid-Spulen gebaut wurden und werden. Dies führt dazu, dass Speicherring-Detektoren einander sehr viel mehr ähneln als Detektoren für Experimente mit ruhendem Target.

7.3 Zentrale Spurdetektoren für Speicherringexperimente

Wird bei einem Speicherringexperiment ein solenoidales Magnetfeld verwendet, so dient zur Impulsmessung der vom Wechselwirkungspunkt ausgehenden geladenen Teilchen i.a. ein Spurdetektor, der selbst Zylindersymmetrie besitzt. Die gemessenen Koordinaten der Spuren in Zylinderkoordinaten sind der radiale Abstand r von der Zylinderachse, der Azimutalwinkel φ und die Koordinate z in Strahlrichtung und damit in Richtung der magnetischen Flussdichte $\boldsymbol{B}$. Ist der räumliche Messfehler des Spurdetektors in der (r, φ)-Ebene senkrecht zum $\boldsymbol{B}$-Feld $\sigma_{r\varphi}$, so wird die Impulskomponente in dieser Ebene, P_T, mit einer Genauigkeit σ_p gemessen [GL 63]

$$\left[\frac{\sigma(P_T)}{P_T}\right]^M = \frac{\sigma_{r\varphi} P_T}{0.3BL^2}\sqrt{\frac{720}{N+4}}\,, \tag{7.12}$$

wobei N die Anzahl der entlang der Spur gemessenen äquidistanten Punkte ist, und $\boldsymbol{B}$ in Tesla, L und $\sigma_{r\varphi}$ in Meter zu messen sind. Zu diesem durch Messfehler bedingten Fehler der Impulsmessung kommt noch der durch die Vielfachstreuung (VS) des Teilchens auf seinem Weg der Länge L durch die Kammer verursachte hinzu, der

$$\left[\frac{\sigma(P_T)}{P_T}\right]^{VS} = \frac{0.05}{BL}\sqrt{\frac{1.43L}{X_0}} \tag{7.13}$$

beträgt. Hier ist X_0 die mittlere Strahlungslänge des vom Teilchen durchquerten Materials.

Um den Gesamtimpuls P aus der Teilchenspur zu rekonstruieren, muss zusätzlich noch der Polarwinkel θ des Teilchens relativ zur z-Achse gemessen werden. Dann ist der Betrag des Impulses

$$P = \frac{P_T}{\sin\theta}\,. \tag{7.14}$$

Der Fehler σ_θ in der Messung des Winkels θ kommt wiederum aus zwei Quellen. Die eine ist der Messfehler σ_z in der z-Koordinate der entlang der Spur gemessenen Punkte, der den Winkelfehler

$$(\sigma_\theta)^M = \frac{\sigma_z}{L}\sqrt{\frac{12(N-1)}{N(N+1)}} \tag{7.15}$$

Tabelle 7.1. *Zentrale Spurdetektoren (N = Zahl der Messpunkte)*

Name	Spurenlänge radial L (cm)	Spurenlänge axial z (cm)	Flussdichte B(T)	N	Anzahl Signaldrähte	Ortsauflösung $\sigma(r,\varphi)$ (μm)	Ortsauflösung $\sigma(z)$ (mm)	Methode der z-Messung	Impulsauflösung σ/P^2 $(\frac{\text{GeV}}{\text{c}})^{-1}\%$
TASSO	85	330	0.5	15	2340	200	3-4	Stereo 4°	1.7
CELLO	53	220	1.3	12	6432	170	0.44	Kathoden	
CLEO	75	190	0.5 1.5	17		250	5 0.25		5
Mark II	104	—	0.4	16		200	4		1.9
JADE	57	234	0.45	48	1536	180	16	Ladungsteilung	2.2
AFS	60	128	0.5	42	3400	200	17	Ladungsteilung	
UA 1	112	250	0.7	100	6100	drift 250	ch.div. 8-25	Ladungsteilung	
TPC	75	100	1.5	186	2232 +13824	$\leq$ 200	0.2	Drift	
TRIUMF	54	69	0.9	12	144 +630	(699)	(0.6)	Drift	
ALEPH	180	230	1.5	21	Drähte: 6336 Pads: 41000	160-400	2	Drift	0.08
DELPHI	120	150	1.2	16	Drähte: 2100 Pads: 20160	180-280	< 0.9	Drift	0.15
L3	37	46	0.5	50	1400	50	20	Ladungsteilung	(0.07) Myonen
OPAL	185	200	0.43	159	24×159	135	60	Ladungsteilung	0.15
H1	65	110	1.15	90	2640	170	0.25	z-Kammer	0.3
ZEUS	61	100	1.8	72	4608	110	14	Stereo	
CDF	89	155	1.41	96	30240	180		Stereo 2°	
DØ	31	126	2.0	16	7800 Fasern	100		Stereo 2°	$0.14 \oplus \frac{0.015}{P_T}$
ATLAS	51	75	2.0	36	52544	170			0.08 bei P_T=20GeV
CMS	100	270	4.0	15	10^7	200		Stereo	
Belle	79	160	1.5	50	10142	130	~ 1	Stereo	$0.2 \oplus \frac{0.3}{P_T}$
Babar	57	175	1.5	40	7104	140		Stereo	$0.15 \oplus \frac{0.2}{P_T}$

verursacht, die andere ist die Vielfachstreuung, deren Beitrag die Größe

$$(\sigma_\theta)^{VS} = \frac{0.015}{\sqrt{3}\,P}\sqrt{\frac{L}{X_0}} \tag{7.16}$$

hat.

Aus diesen Beziehungen ergibt sich als dominierender Effekt, dass die Impulsauflösung (wenn der Fehler der Ortsmessung den überwiegenden Beitrag gibt) sich mit dem Produkt BL^2 verbessert, während eine Erhöhung der Anzahl N der Messpunkte entlang der Spur bei fester Spurlänge in die Impulsauflösung nur proportional zu $1/\sqrt{N}$ eingeht.

Die in den Kap. 3.3 bis 3.5 beschriebenen Typen von Driftkammern sind als Zentraldetektoren verwendet worden. Die Eigenschaften einiger solcher seit 1982 bis 2007 in Betrieb genommener oder den Betrieb aufnehmender Detektoren sind in Tabelle 7.1 enthalten. Der größte Teil der dort aufgeführten Detektoren wurde zum Nachweis von e^+e^--Reaktionen bei Schwerpunktsenergien $\sqrt{s}$ bis zu 214 GeV verwendet, einige für Proton-Proton-Kollisionen oder Proton-Antiproton-Kollisionen und zwei für Elektron-Proton-Stöße. Da ein Proton aus drei Quarks besteht, die jeweils einen Impulsanteil x von ca. 1/5 am Protonenimpuls haben, ist bei Proton-(Anti)-Proton-Stößen die für Quark-(Anti)-Quark-Streuung verfügbare mittlere Schwerpunktsenergie, $\sqrt{x_1 x_2 s}$ also ca. 3 TeV für die Experimente am LHC. Die effektiven Spurlängen im Magnetfeld der Zentraldetektoren liegen unterhalb von 2 m, bei Dipolfeldern gibt es auch Spuren parallel zum Magnetfeld, die gar nicht abgelenkt werden.

Für die vier Detektoren beim großen Elektron-Positron-Speicherring LEP, der für Schwerpunktsenergien bis zu 214 GeV ausgelegt war, sind Magnete mit entsprechend großen Werten von BL^2 gebaut worden. So hat etwa der Aleph-Detektor [AL 90] ein supraleitendes Solenoid mit 4 m Durchmesser und Flussdichte 1.5 T, also $BL^2 = 6\,\mathrm{Tm}^2$. Gegenüber den vorher erreichten Impulsauflösungen von $(\sigma_P/P^2) = (1 \text{ bis } 5)\%\ (\mathrm{GeV/c})^{-1}$ ergibt solch ein Magnet bei einer Messgenauigkeit von $\sigma_{r\varphi} \sim 150\,\mu\mathrm{m}$ an 21 Messpunkten eine Auflösung von $(\sigma_P/P^2) \sim 10^{-3}\,(\mathrm{GeV/c})^{-1}$. Damit lässt sich das Vorzeichen der Ladung eines Teilchens mit Impuls 300 GeV/c mit 90% Sicherheit bestimmen.

Für den im Jahr 2007 den Betrieb aufnehmenden Proton-Proton-Speicherring LHC (Large Hadron Collider) mit einer Schwerpunktsenergie von 14 TeV werden Detektoren gebaut, die noch wesentlich größere Feldintegrale BL haben werden. Für das größte dieser Experimente mit dem Namen ATLAS beträgt $BL^2 = 12\,\mathrm{Tm}^2$. Das hierfür benötige Magnetfeld wird durch supraleitende Toroid-Luftspulen außerhalb des Zentraldetektors erzeugt. Dieses Spektrometer soll den 4-Myon-Endzustand messen, der bei der Erzeugung und dem Zerfall des Higgs-Bosons entsteht.

8 Beispiele für Anwendungen von Detektorsystemen

Aus der Fülle von Anwendungen für Strahlungsdetektoren können hier nur wenige Beispiele angeführt werden. Sie reichen von der Medizin über die Raumfahrt bis zur Hochenergiephysik. In der Medizin werden radioaktive Nuklide eingesetzt, um die Ausdehnung von inneren Organen und ihre Funktion zu erfassen. Dabei wird die γ-Strahlung solcher in den Körper eingebrachter und an bestimmten Stellen sich konzentrierender Nuklide gemessen. In der Geophysik verwendet man bei der Suche nach Mineralien und Petroleum die natürliche oder induzierte γ-Strahlung als Indikator. In der Raumfahrt hat die Messung von geladenen Teilchen und γ-Strahlung allein schon deshalb Bedeutung, weil vermieden werden muß, dass die Raumfahrer zu starken Dosen ausgesetzt werden. Andererseits ist die Kenntnis der von der Sonne ausgehenden oder aus unserer Galaxie stammenden geladenen Teilchen und γ-Strahlen ein wichtiger Hinweis auf astrophysikalische Vorgänge. Für atom- und kernphysikalische Experimente wurden viele der erwähnten Detektoren erfunden und entwickelt. Dabei sind neue Detektoren entstanden, wie die Proportionalkammer, die Driftkammer und der Cherenkov-Zähler. Da die Hochenergiephysik die elementaren Bausteine der Materie untersucht, muss sie zu Dimensionen von 10^{-18} m vordringen, die nur bei hochenergetischen Stößen ($\geq$ 100 GeV Schwerpunktsenergie) zugänglich sind. Die Detektorsysteme sind dementsprechend groß ($\geq$ 10 m), massiv ($\geq$ 2000 t) und komplex (10^6 Kanäle mit analoger Information). Die höchsten Schwerpunktsenergien $\sqrt{s}$ werden zurzeit in $\bar{\mathrm{p}}\mathrm{p}$-Reaktionen am Fermilab erreicht (2000 GeV), in e^+e^- Reaktionen liegt die Grenze im Augenblick bei 214 GeV (LEP2 bei CERN). Die höchste Protonenenergie im Laborsystem (1000 GeV) erreicht zurzeit das supraleitende Synchrotron im Fermilab bei Chicago. Die Technik der Supraleitung wird auch bei dem Speicherring HERA am DESY in Hamburg verwendet, bei dem Protonen mit Elektronen kollidieren.

Einen neuen Bereich der Physik wird im Jahr 2007 der Large Hadron Collider (LHC) am CERN erschließen. Dieser supraleitende Speicherring mit 27 km Umfang im LEP-Tunnel wird zwei gegenläufige Protonenstrahlen von je 7 TeV zur Kollision bringen. 4 Detektorsysteme werden dazu aufgebaut, die 2 Allzweckdetektoren ATLAS und CMS sowie der auf Schwerionenkollisionen spezialierte ALICE-Detektor und ein Experiment zur Messung von B-Meson-Zerfällen (LHC-b).

8.1 Medizinische Anwendungen

Die bekannteste Verwendung von Radionukliden basiert auf der Ansammlung von Jod in der Schilddrüse. Werden dem Patienten mit ^{125}I angereicherte Präparate verabreicht, so kann der normale Ablauf dieses Stoffwechselvorganges und die Größe der Schilddrüse anhand der γ-Strahlung dieses Isotops gemessen werden. Der Detektor ist dann meist ein NaI(Tl)-Kristall, der die γ-Intensität an verschiedenen Positionen relativ zur Schilddrüse registriert. Misst man die Intensität an vielen Punkten in einem rechtwinkligen Koordinatensystem, so wird dies ein Scan und das Gerät ein Scanner genannt.

Andere innere Organe können dadurch für γ-Detektoren "sichtbar" gemacht werden, dass in Pharmazeutika, die beim Stoffwechsel bevorzugt in einem solchen Organ abgelagert werden, das Radionuklid Technetium-99m (^{99m}Tc) eingebaut wird. Mit Hilfe eines Scanners für γ-Strahlung können so Tumore im Gehirn, in der Leber und in den Knochen lokalisiert werden. Die Zeit, die ein Scan erfordert, wurde beträchtlich vermindert, dadurch dass nicht nur ein Szintillator, sondern hunderte von solchen Detektoren mit je einem Photomultiplier gleichzeitig die γ-Strahlung registrieren. Alternativ hierzu kann auch ein großer Szintillator verwendet werden, dessen Licht von einer zweidimensionalen Matrix von Photomultipliern registriert wird. Die Richtung, aus der die γ-Strahlung auf den Szintillator einfällt, wird durch eine geeignete Anordnung von Kollimatoren ausgewählt, deren Löcher parallel oder konvergent sein können. Die Verwendung von zwei Scannern, eines oberhalb und eines unterhalb des liegenden Patienten, ergibt zwei unabhängige Informationen über die Verteilung des strahlenden Isotops. Das räumliche Bild der Verteilung des Radioisotops entsteht dann in wenigen Minuten und kann mit Hilfe eines Rechners sichtbar gemacht werden (Ganzkörpertomographie). Räumliche Auflösungen von 5 mm sind dabei erreichbar. Diese Methode ist besonders dann nützlich, wenn der zeitliche Ablauf eines physiologischen Vorgangs Aufschlüsse über das Krankheitsbild geben kann, wie etwa bei der Untersuchung des Herzens. Dreidimensionale Bilder eines Organs können mit dieser Methode gewonnen werden, wenn die γ-Detektoren die vom Organ ausgehende Strahlung in mindestens drei Richtungen messen. Ein Beispiel für einen derartigen Gehirn-Tomographen ("Mark IV") zeigt Abb. 8.1 [KU 76]. In diesem Gerät werden 4×8 NaI-Kristalle ($2.5 \times 7.6 \times 2.5\,\text{cm}^3$) verwendet, deren Kollimatoren auf das Zentrum der quadratischen Anordnung ausgerichtet sind. Die Zähler rotieren mit einer Periode von 50 s um die Achse der Anordnung, in der sich das zu untersuchende Gehirn befindet. Werden die Signale aller 32 Zähler während 5 Umdrehungen des Scanners gemessen, so kann mit Hilfe des angeschlossenen Rechners innerhalb von 5 min ein Bild gewonnen werden, wie es Abb. 8.2 zeigt. Mit einer räumlichen Auflösung von 1.7 cm zeigt dieses Bild die Konzentration von ^{99m}Tc in einem Gehirntumor.

Eine weitere Verbesserung der Diagnostik ist möglich durch den Nachweis der zwei γ-Quanten von 511 keV Energie, die bei der Vernichtung von Po-

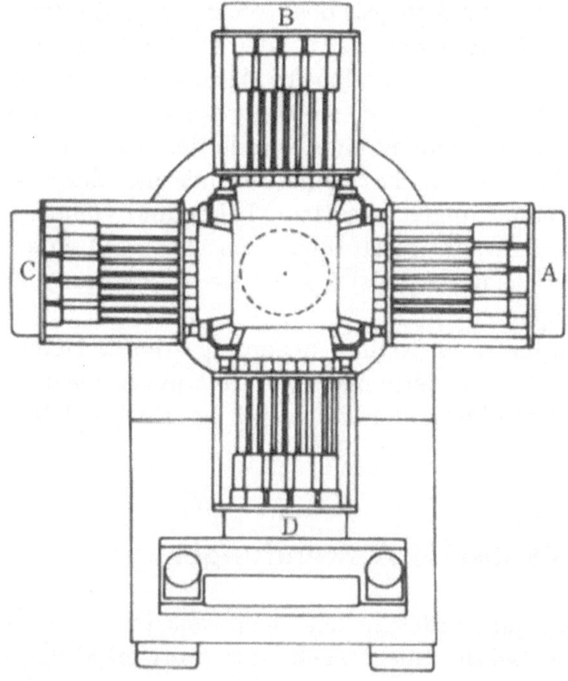

Abb. 8.1. Gehirntomograph Mark IV; jeder der vier Detektorarme A,B,C und D enthält 8 NaI-Kristalle [KU 76]

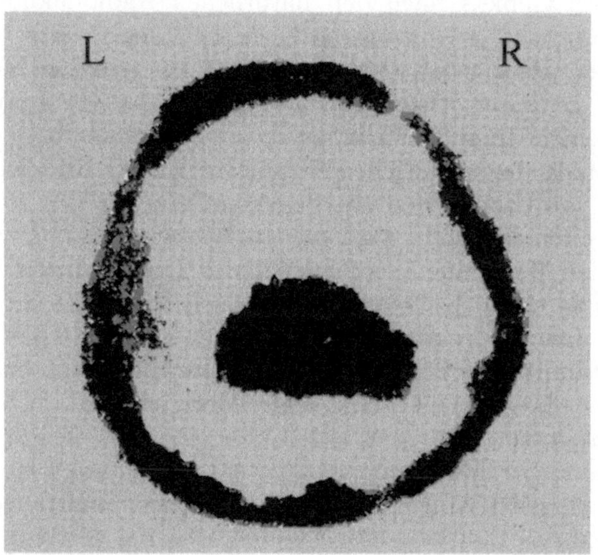

Abb. 8.2. Konzentration von ^{99m}Tc in einem Gehirntumor, gemessen mit dem Tomographen aus Abb. 8.1 [KU 76]

sitronen im Körper entstehen. Als positronemittierende Radionuklide können ^{11}C,^{13}N,^{15}O oder ^{86}Rb verwendet werden ("PET-Analyse").

Der Vorteil dieser Methode beruht darauf, dass die beiden γ-Quanten kollinear (unter 180° zueinander) emittiert werden, so dass bei Registrierung beider Quanten in Koinzidenz eine Gerade definiert wird, auf der sich das strahlende Nuklid befunden hat. Eine Kollimierung der γ-Strahlen ist dann nicht nötig. Untersuchungen von Herz, Leber und Gehirn sind so möglich. Das Nuklid ^{11}C kann z.B. durch Inhalation von ^{11}CO vom Patienten aufgenommen werden, das dann physiologisch als ^{11}C-Carboxyhämoglobin in den Blutkreislauf eingeht.

Die NaI-Szintillatoren können neuerdings durch BGO ersetzt werden, dessen Energieauflösung derjenigen von NaI überlegen ist. Eine Übersicht über tomographische Methoden findet sich bei Phelps [PH 77] und Heath et al. [HE 79].

8.2 Geophysikalische Anwendungen

Strahlungsdetektoren werden in der Geophysik hauptsächlich auf zwei Gebieten verwendet: bei der Suche nach Uran-haltigen Mineralien an der Erdoberfläche und nach Petroleum-haltigen oder Uran-haltigen Schichten in Bohrlöchern.

Bei der ersten Methode wird von niedrig fliegenden Flugzeugen aus die Oberfläche eines Gebiets nach den natürlichen Radionukliden ^{40}K,^{232}Th und ^{238}U abgesucht. Die Konzentration dieser Nuklide wird dabei mit Hilfe der mit ihnen assoziierten γ-Strahlung der Energie 1.46 MeV, 2.62 MeV bzw. 1.76 MeV gemessen. Dazu dienen große γ-Zähler (Volumen bis zu 50 l NaI(T1)) mit einem Impulshöhenanalysator. Die Intensitäten der charakteristischen γ-Linien der natürlichen Strahler erlauben Rückschlüsse auf die Konzentration von Uran in den überflogenen Gebieten [GR 75].

Bei der zweiten Methode wird die geologische Struktur der ein Bohrloch umgebenden Materialien als Funktion der Tiefe dadurch erkundet, dass ein γ-Detektor an einem Kabel in das Bohrloch abgesenkt wird. Der Detektor registriert dann die natürliche γ-Aktivität (^{40}K,^{232}Th,^{238}U) der vom Bohrer durchschnittenen Schichten, die Rückschlüsse auf das Vorhandensein bestimmter Materialien erlaubt. Diese Methode wird noch effektiver dadurch, dass zusammen mit dem γ-Detektor eine von diesem abgeschirmte Neutronen- oder γ-Strahlungsquelle in das Loch abgesenkt wird. Eine derart aufgebaute Sonde zeigt Abb. 8.3. Die von der Quelle emittierten γ-Quanten werden von dem das Bohrloch umgebenden Material gestreut und gelangen zum kleinen Teil in den Zähler. Die Wahrscheinlichkeit einer solchen Streuung hängt von der Dichte und der Ordnungszahl des umgebenden Materials ab. Ein so erstelltes Tiefenprofil der Streuwahrscheinlichkeit für eine oder mehrere γ-Energien kann daher dazu benutzt werden, bestimmte Schichten

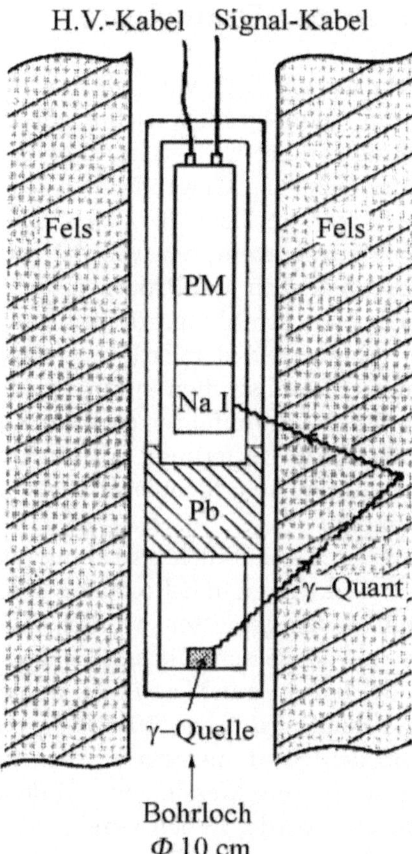

Abb. 8.3. Sonde zur Messung von γ-Strahlung in einem Bohrloch (Prinzip)

von Material und besonders hohe Konzentration einzelner Elemente (z.B. Metalle) zu lokalisieren.

Als Neutronenquelle für solche Sonden dienen entweder Neutronenquellen (eine α-Quelle mit Beryllium) oder sogar kleine Deuteronen-Beschleuniger, die über eine (d, t)-Reaktion 14 MeV-Neutronen freisetzen. Der Vorteil der letzteren Anordnung besteht darin, dass der Beschleuniger im Pulsbetrieb arbeiten kann, so dass die zeitliche Verzögerung der durch die Neutronen in der Umgebung des Bohrloches erzeugten γ-Strahlung gemessen werden kann.

Auf diese Weise können γ-Quanten aus inelastischer Neutronenstreuung von solchen aus Neutroneneinfangreaktionen getrennt registriert werden [HE 78]. Diese Methode ist selektiv für Neutronenreaktionen in einzelnen Elementen und kann deshalb dazu verwendet werden, Konzentrationsverhältnisse von C und O, Si und Ca zu bestimmen und so zwischen Öl und Wasser in porösen Schichten zu unterscheiden.

8.3 Anwendungen in der Raumfahrt

Eine der ersten Entdeckungen mit Hilfe von Teilchendetektoren in der Raumfahrt war die Beobachtung einer großen Dichte von geladenen Teilchen in relativ geringer Entfernung von der Erde beim Flug des Explorer I-Satelliten im Jahre 1958. Mit einem einzelnen Geiger-Müller-Zähler wurde damals beobachtet, dass die Erde in 5000 km bzw. 20 000 km Entfernung von der Erdoberfläche von zwei Strahlungsgürteln, den van Allen-Gürteln, umgeben ist, von denen der innere hauptsächlich aus Protonen, der äußere hauptsächlich aus Elektronen besteht. Diese Strahlungsgürtel bestehen aus Teilchen des Sonnenwindes, die vom Magnetfeld der Erde eingefangen worden sind. Da diese Gürtel von bemannten Raumschiffen in kurzer Zeit durchquert werden, stellen sie keine Gefahr für die Raumfahrer dar. Auch geostationäre Satelliten, deren Bahnen in 36 000 km Entfernung vom Erdmittelpunkt verlaufen, werden von diesen Strahlungsgürteln nicht beeinflußt, da sie sich ausserhalb des äußeren Gürtels befinden.

Die Intensitäten der kosmischen Teilchenstrahlung und der von der Sonne ausgehenden Ströme von Elektronen und Protonen konnten von hochfliegenden Ballons oder Satelliten aus gemessen werden. Auch kosmische γ- und Röntgenstrahlung wurde nachgewiesen. Die erste Beobachtung solcher kosmischer γ-Strahlung [ME 64] beruht auf Messungen mit einem CsI(Tl)-Zähler, der sich in der Ranger-Raumfähre in ca. 10^5 km Entfernung von der Erde befand, so dass fern von den Strahlungsgürteln der Erde eine untergrundfreie Messung möglich war. Spätere Messungen, bei denen auch die Richtung dieser γ-Strahlung gemessen wurde, haben gezeigt, dass unsere Milchstrasse viele Quellen solcher Strahlung enthält, wovon bei einigen die Intensität der Strahlung periodisch pulsiert. Das Studium dieser γ-Strahlungsquellen eröffnet einen neuen Zweig der Astronomie. Insbesondere wurde 1985 ein speziell für diesen Zweck konstruierter Satellit gestartet, der ein großes Gammastrahlungsteleskop an Bord hat. Dieser enthält außer einem NaI-Kristall mit dem Querschnitt $76 \times 50\,\mathrm{cm}^2$ und der Dicke 20 cm eine Anordnung von Funkenkammern, in der die γ-Quanten in ein e^+e^-Paar konvertiert werden. Das Paar wird dann in den Funkenkammern nachgewiesen und ergibt so eine genaue Messung der Einfallsrichtungen des γ-Quants. Das Gerät ist für den Energiebereich 1-20 MeV ausgelegt, von γ-Quanten im Bereich von 0.02 bis 1 MeV wird nur die Energie gemessen.

Eine weitere Anwendung von Strahlungsdetektoren ist die Bestimmung der chemischen Zusammensetzung der Mondoberfläche durch Messung der γ-Strahlung von einem den Mond umkreisenden Raumschiff (Apollo 16) aus. Ein NaI-Kristall (7 cm Diameter, Dicke 7 cm) ist von Plastikszintillatoren als Antikoinzidenzhülle umgeben, womit die Zählung von geladenen Teilchen unterdrückt werden kann (Abb. 8.4). Um das Energiespektrum der von der Mondoberfläche stammenden γ-Strahlung zu erhalten, muss zuerst der Untergrund aus anderen γ-Quellen unterdrückt werden. Dieser stammt aus Wechselwirkungen der kosmischen Strahlung mit dem Raumschiff, aus Bremsstrah-

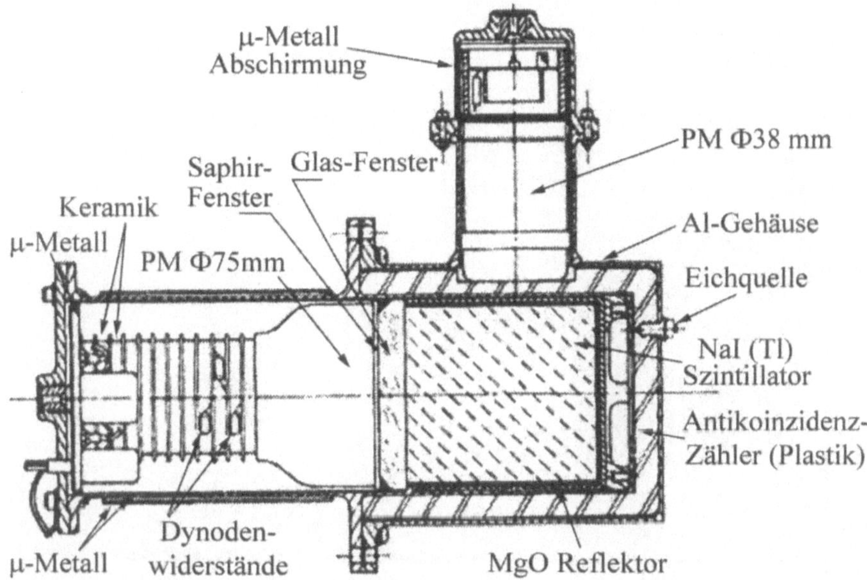

Abb. 8.4. NaI-Spektrometer zur Messung von $\gamma-$Strahlung an Bord des Apollo-16-Raumschiffes [HA 74]. Der Szintillator ist ein Zylinder von 70 mm Diameter und 70 mm Länge

lung von Elektronen der kosmischen und solaren Strahlung u.Ä. Nach Abzug dieses Untergrundes erhält man das in Abb. 8.5 gezeigte Energiespektrum der γ-Strahlung. Man erkennt dort außer den γ-Linien der natürlichen Radionuklide ^{40}K, ^{232}Th und ^{238}U solche von Isotopen, die durch Bombardierung der Mondoberfläche mit hochenergetischen kosmischen und solaren Teilchen (hauptsächlich Protonen) entstehen (O, Si, Fe, Ti, Mg, Al, Ca). Für etwa 10% der Mondoberfläche ist auf diese Weise die Elementzusammensetzung gemessen worden, wodurch die chemische und massenspektrometrische Analyse der zur Erde gebrachten Mondproben ergänzt wird.

Eine weitere Entwicklung auf diesem Gebiet ist die Entdeckung von γ-Strahlungsausbrüchen, bei denen im Energiebereich von 0.2 bis 1 MeV innerhalb von 0.1 bis 100 s ein plötzlicher Anstieg der γ-Strahlungsintensität um Faktoren 10 bis 100 zu beobachten ist. Es ist noch nicht geklärt, ob diese Ausbrüche ihren Ursprung in Quellen innerhalb oder ausserhalb unserer Galaxie haben, und was der erzeugende Mechanismus für dieses Phänomen ist.

Die Erforschung des Anteils von schweren Kernen an der kosmischen Strahlung und ihres Energiespektrums ist ein weiteres Beispiel für die Benutzung komplexer Detektoren in der Kosmophysik. Ein derartiges Experiment wurde von einer Gruppe in Chicago entworfen und aufgebaut [SW 82, ME 84]. Die Abbildung 8.6 skizziert dieses Teleskop für kosmische Strahlung.

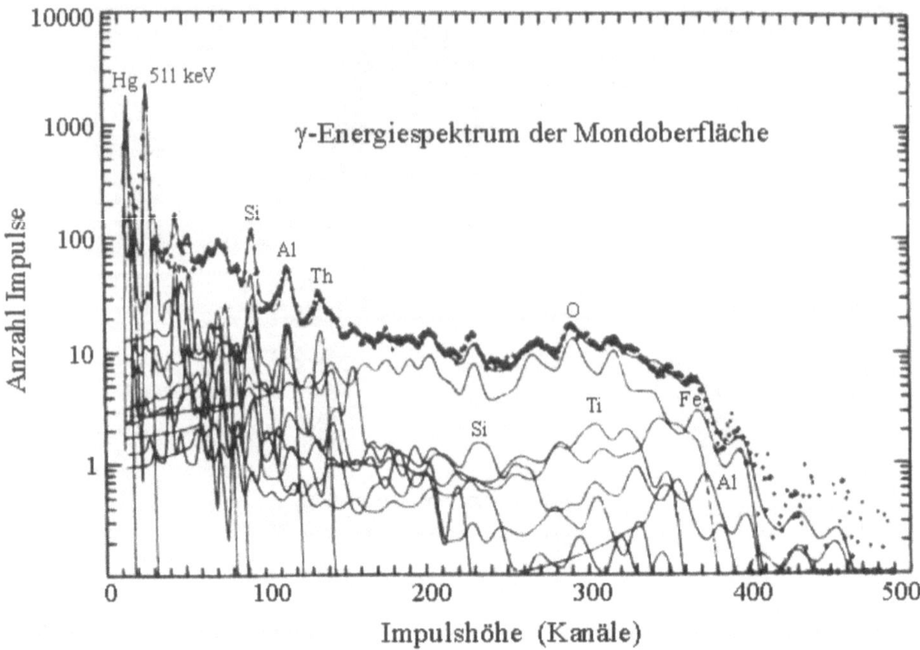

Abb. 8.5. Energiespektrum der von der Mondoberfläche stammenden γ-Strahlung gemessen mit dem Detektor aus Abb. 8.4 [TR 77]. 400 Kanäle entsprechen einer Energie von 7 MeV. Die mit 511 keV bezeichnete Linie stammt aus der Positronium-Vernichtung

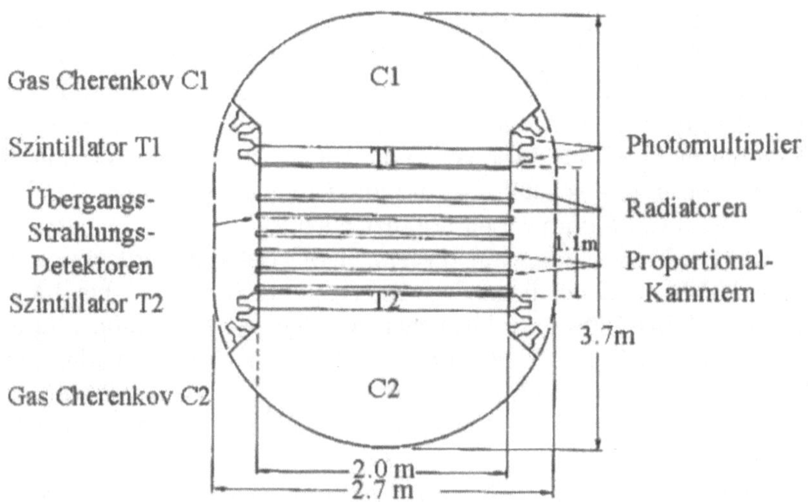

Abb. 8.6. Teleskop zur Messung der Energiespektren von Kernen in der kosmischen Strahlung [SW 82]

Es besteht aus zwei großen halbkugelförmigen Gas-Cherenkovzählern, zwischen denen sechs Übergangstrahlungsdetektoren hängen. Ziel dieses Experimentes ist es, die Energiespektren von Kernen von Lithium bis Eisen ($3 \leq Z \leq 26$) über einen Energiebereich von einigen 100 GeV pro Nukleon bis zu einigen TeV pro Nukleon zu messen. Dieser Bereich entspricht Werten des Lorentz-Faktors γ zwischen 500 und 5000. Der zur Teilchenidentifizierung in diesem γ-Bereich gebaute TR-Detektor hat als Radiator Dämm-Matten aus dünnen (Diameter 2 bis 6 μm) Plastikfibern, die kommerziell zur Wärmeisolierung hergestellt werden. Die sechs Kammern zum Nachweis der TR-Strahlung sind mit 25% Xe + 15% CH_4 + 60% He gefüllt. Die gemessene Ladung hinter einem 20 cm dicken Fiber-Radiator ist in Abb. 8.7 als Funktion von γ gezeigt. Es zeigt sich ein steiler Anstieg des Signals bei

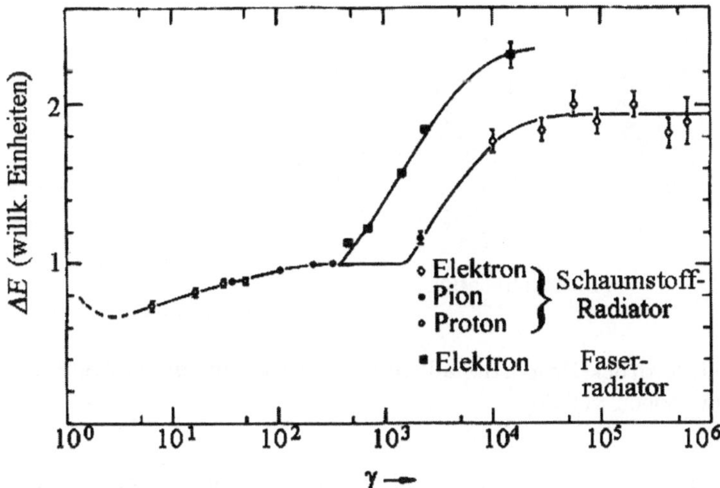

Abb. 8.7. Impulshöhe aus Übergangsstrahlungsdetektoren mit Schaumstoff bzw. Fasern als Radiator in Abhängigkeit vom Lorentz-Faktor $\gamma = E/(mc^2)$ der Teilchen [SW 82]

$\gamma = 500$ für Elektronen. Mit Hilfe dieser Eichkurve kann jedem einlaufenden hochenergetischen Teilchen ein Wert von γ und, falls die Masse bekannt ist, eine Energie zugeordnet werden. Zusätzlich können die Cherenkov-Zähler im unteren Energiebereich (bei 100 GeV/Nukleon) zur Trennung verschiedener Kerne nach ihrer Masse beitragen.

8.4 Ein Detektor für Ion-Atom-Stöße

Die Ionisationswahrscheinlichkeit innerer Atomschalen bei Ion-Atom-Stößen kann über den Nachweis der nachfolgenden Röntgenstrahlung mit Halbleiterzählern (Ge(Li) oder Si(Li)) gemessen werden. Will man den Mechanismus einer solchen Reaktion genauer studieren, so ist eine zusätzliche Information über die Abhängigkeit des Wirkungsquerschnitts vom Streuwinkel θ des Ions und damit vom Stoßparameter b nützlich. Zur Messung des Streuwinkels kann eine Proportionalkammer verwendet werden [ST 80]. Allerdings ist wegen der niedrigen Geschwindigkeit des Projektils der spezifische Energieverlust des schweren Ions so groß, dass die Kammer weit unterhalb des Normaldrucks betrieben werden und das Eintrittsfenster in die Kammer sehr dünn sein muss (hier 2.5 μm dickes Hostaphan). Die verwendete Kammer ist in Abb. 8.8 gezeigt.

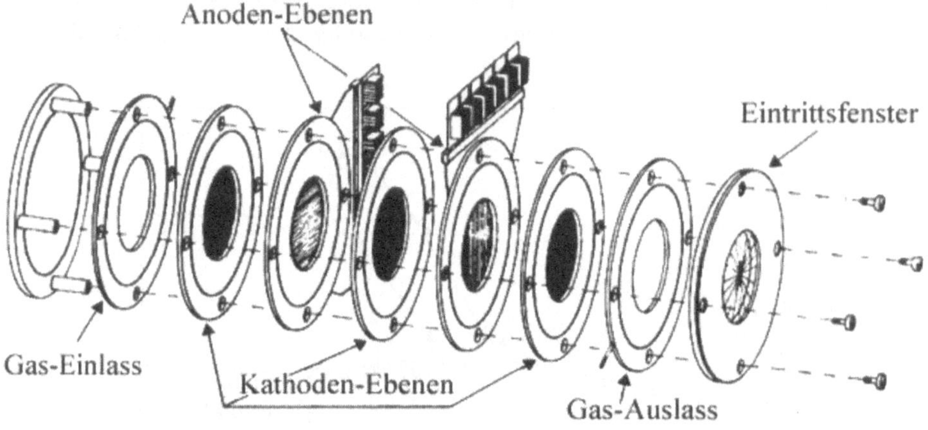

Abb. 8.8. Niederdruck-Proportionalkammer zur Messung des gestreuten Projektils bei Ion-Atom-Stößen [ST 80]

Die Anoden-Ebenen haben je 96 W-Drähte (20 μm Diameter) im Abstand von 2 mm, der Abstand zur Kathodenebene beträgt 5 mm. Die Kammer wurde zum Nachweis schwerer Ionen (Si, Cu, Ag) von 20-30 MeV Energie mit Isobutan bei einem Druck von 13–22 mbar betrieben und erreichte eine Nachweiswahrscheinlichkeit von über 99%. Die Zeitauflösung der Kammer betrug 10 ns. Für das Experiment wurde die Kammer in Koinzidenz mit einem Si(Li)-Halbleiterzähler in der in Abb. 8.9 gezeigten geometrischen Anordnung betrieben [ST 81a]. Auf diese Weise konnten stoßparameterabhängige Ionisationswahrscheinlichkeiten für innere Atomschalen gemessen und Aufschlüsse über den Reaktionsmechanismus der Ion-Atom-Stöße gewonnen werden.

8.5 Ein Detektor für Schwerionenstöße bei niedrigen Energien

Zu Beginn der kernphysikalischen Forschung mit schweren Ionen waren kleine Halbleiterzähler die meistverwendeten Detektoren. Bei höheren Projek-

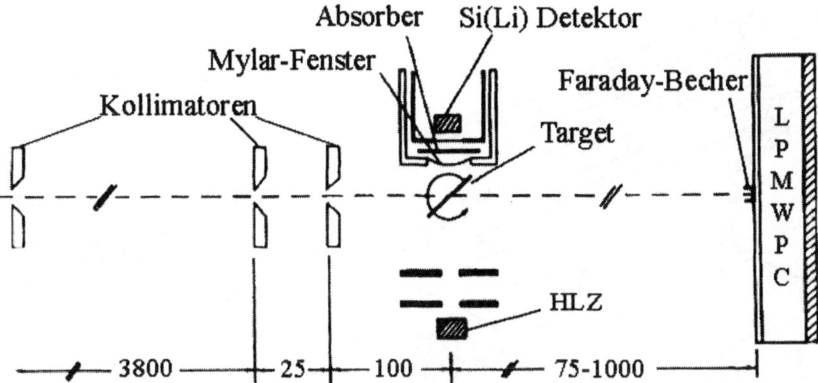

Abb. 8.9. Experiment zur Messung von Koinzidenzen zwischen dem gestreuten Ion und einem Röntgenquant aus der Anregung innerer Atomschalen bei Ion-Atom-Stössen. HLZ, Halbleiter-zähler; LPMWPC, Niederdruck-Proportionalkammer; Nachweis des Röntgenquants im Si(Li)-Detektor [ST 81a]

tilenergien steigt die Anzahl der Reaktionsprodukte stark an, insbesondere wenn tief-inelastische Stöße beobachtet werden. Bei solchen Reaktionen werden zunächst die beiden schweren Kerne hoch angeregt, anschließend zerfallen diese Fragmente unter Aussendung von Neutronen, Protonen, α-Teilchen oder γ-Strahlung oder durch Kernspaltung. Die Zahl der schweren Fragmente beträgt 2 bis 4, die höheren Werte werden bei Uran-Uran-Stößen beobachtet. Zur Identifizierung der Reaktionsprodukte und zur Rekonstruktion der kinematischen Größen ist es nötig, diese Teilchen in Koinzidenz zu messen und ihren Energieverlust im Zähler, ihre Flugzeit und ihren Emissionswinkel zu bestimmen. Hierfür werden großflächige Detektoren benötigt (ca. $1\,m^2$), und da Halbleiterzähler dieser Größe nicht herstellbar sind, wurden Gaszähler mit den gewünschten Eigenschaften entwickelt (z.B. [LY 79]).

Die in Abb. 8.10 als Beispiel gezeigte Anordnung wurde zur Messung der Reaktion $^{40}Ar + {}^{58}Ni$ bei 280 MeV Laborenergie des ^{40}Ar und ähnlicher Reaktionen am Darmstädter UNILAC verwendet. Sie enthält außer zwei γ-Zählern (γ_1 und γ_2 in der Zeichnung) zwei Detektorarme für geladene Teilchen, die jeweils die Position des Teilchendurchgangs, die Flugzeit und den Energieverlust der in den Detektor einfallenden Teilchen messen. Die beiden Detektorarme enthalten jeweils eine ortsbestimmende Ionisationskammer (PSD), einen Parallelplattenzähler (PPD) und Ionisationskammern zur Messung des Energieverlusts (DE). Die Parallelplattenzähler (PPD) arbeiten bei niedrigen Drucken (5-10 Torr) und hohen elektrischen Feldstärken (5 kV/cm). Für die stark ionisierenden schweren Ionen wird eine Zeitauflösung von $\sigma_t \sim 170$ ps erreicht (s. Kap. 4.4).

Die ortsempfindlichen Detektoren (PSD) bestehen aus einem Paar von Ionisationskammern, die eine Kathodenebene gemeinsam haben (Abb. 8.11).

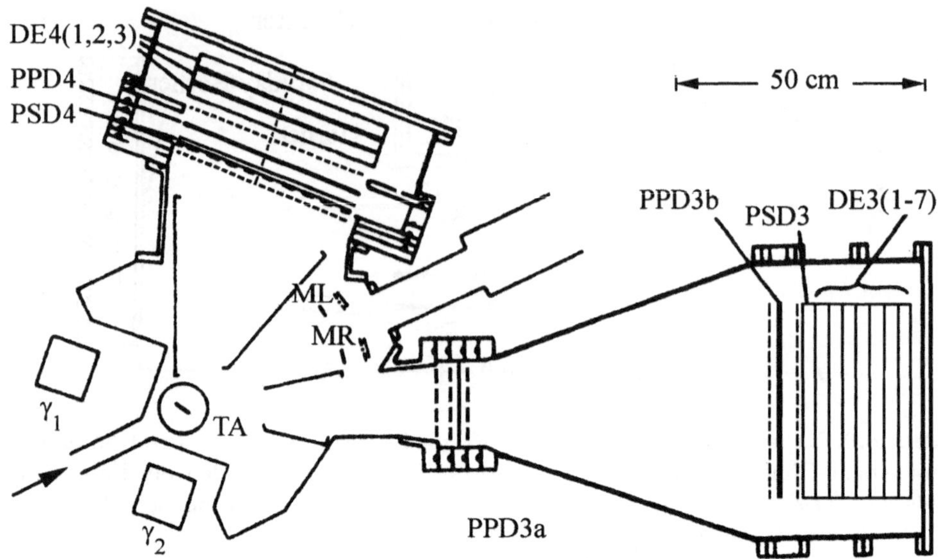

Abb. 8.10. Anordnung zur Messung von Ar-Ni-Stößen bei 280 MeV Laborenergie. γ_1, γ_2, γ-Zähler; PSD, ortsbestimmende Ionisationskammer; PPD, Parallelplattendetektor zur Flugzeitmessung; DE, Ionisationskammer zur Messung des Energieverlustes [LY 79]; TA, Target, ML Monitor links, MR Monitor rechts

Im Abstand von 9 cm von der Kathode befinden sich geerdete "Frisch"-Gitter, die die dahinter liegenden Anodenebenen abschirmen. Diese Elektroden sind aus Drähten aufgebaut, wobei diejenigen des Frisch-Gitters in x-Richtung, diejenigen des dahinter liegenden sog. θ-Gitters senkrecht dazu verlaufen.

Ein geladenes Teilchen dringt etwa parallel zur z-Achse von unten in die Kammer ein und erzeugt entlang seiner Spur Elektronen-Ionen-Paare. Die Elektronen driften in Richtung des elektrischen Feldes ($\pm y$-Richtung) und induzieren auf der Kathode ein promptes Signal. Solange die Elektronenwolke sich im aktiven Volumen zwischen Kathode und Frisch-Gitter befindet, sind die beiden Anodenebenen abgeschirmt.

Nach Durchqueren dieses Frisch-Gitters induzieren die Elektronen auf dem θ-Gitter einen kurzzeitigen und auf der Anode einen langdauernden Impuls. Den zeitlichen Verlauf der Impulse zeigt Abb. 8.11. Die Messung der x-Koordinate erfolgt über das θ-Gitter, und zwar wird die Auslese über eine mit den Drähten verbundene Verzögerungsleitung bewerkstelligt. Die y-Koordinate ergibt sich aus der Zeitdifferenz zwischen den Signalen an Kathode und Anode, die zur Driftzeit im aktiven Volumen der Kammer proportional ist. Die Genauigkeit der Ortsmessung ist $\sigma_x \sim 1\,\mathrm{mm}$.

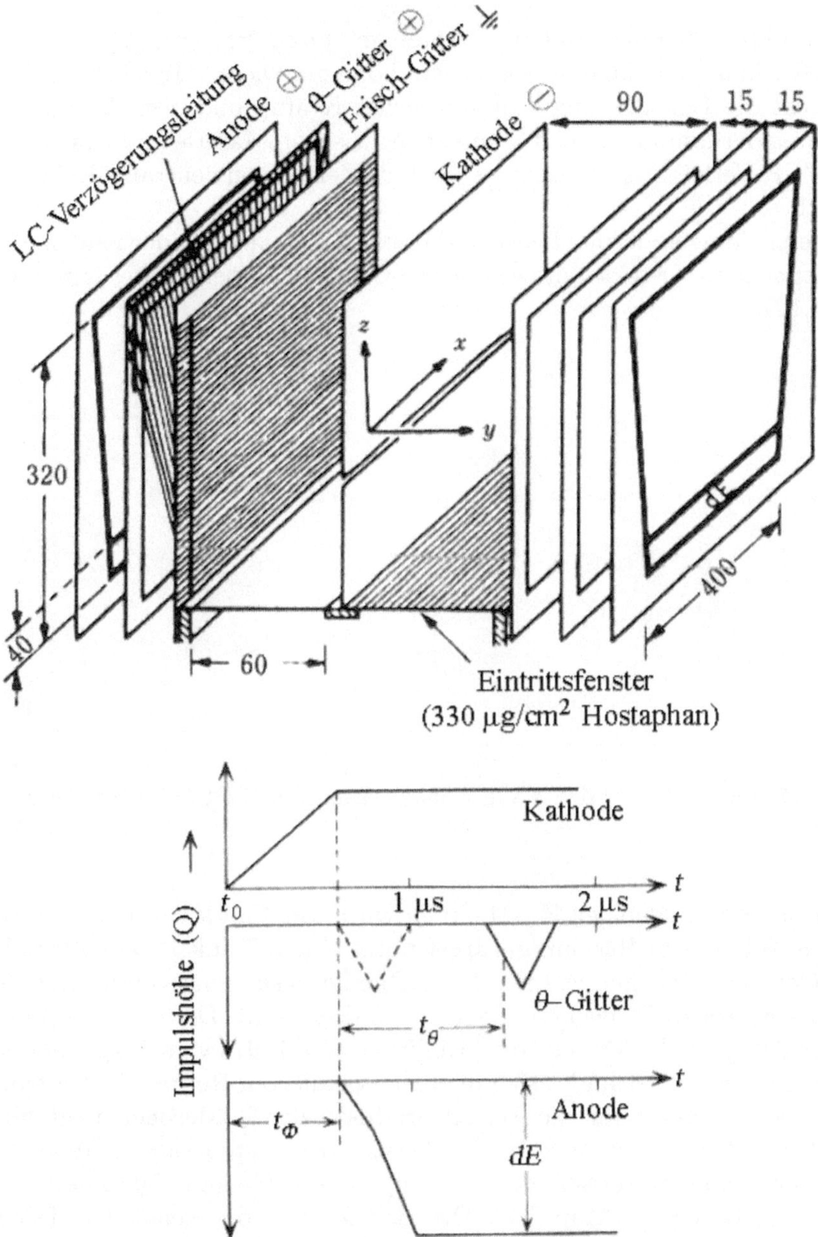

Abb. 8.11. Ortsempfindlicher Detektor (PSD in Abb. 8.8) zur Messung von Reaktionsprodukten von Schwerionenreaktionen [LY 79]. Dimensionen in mm

8.6 Detektorsysteme in der Hochenergiephysik

8.6.1 Ein Detektor für Zerfälle von K-Mesonen

Neutrale K-Mesonen haben besonderes Interesse gefunden, weil das K°-Meson und sein Antiteilchen $\overline{\mathrm{K}^0}$ durch ihre Quantenzahl Seltsamkeit $S = +1$

oder –1 unterscheidbar sind und trotzdem durch Prozesse der schwachen Wechselwirkung ineinander übergehen können. Diese "Teilchenmischung" ermöglicht die Beobachtung sehr schwacher Kräfte, und deshalb wurde die Verletzung der fundamentalen Symmetrie zwischen Materie und Antimaterie, die als "CP-Verletzung" bezeichnet wird, im Zerfall von neutralen K-Mesonen entdeckt.

Untersuchungen der neutralen K-Mesonen in geladene oder neutrale Teilchen verwenden Detektoren wie den des NA48-Experimentes am CERN (Abb. 8.12).

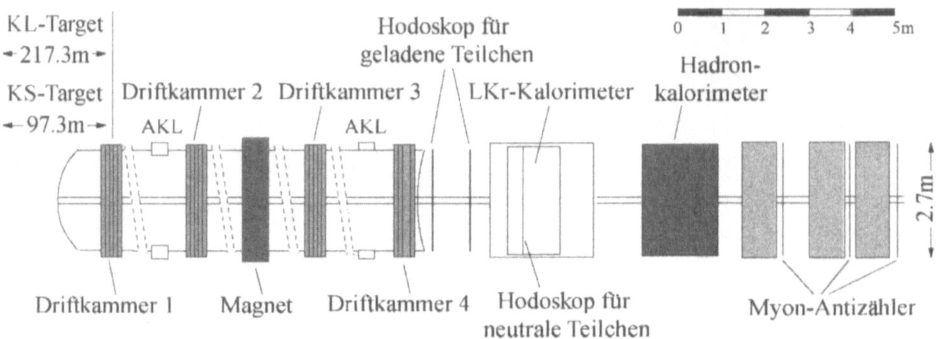

Abb. 8.12. Der Detektor der NA48-Kollaboration am CERN für Zerfälle von K-Mesonen

Der Strahl von langlebigen K_L-Mesonen wird von 450 GeV/c-Protonen vom CERN SPS in einem Beryllium-Target unter einem Winkel von 2.4 mrad erzeugt. Geladene Teilchen werden durch Reinigungsmagnete hinter dem Target und vor drei Kollimatoren abgelenkt und entfernt. Der Zerfallsraum beginnt am Ausgang des letzten von 3 Kollimatoren, 126 m vom Target entfernt. Er ist 90 m lang und befindet sich in einer evakuierten Röhre mit 2 m Durchmesser. Der Detektor für die Zerfallsprodukte der K-Mesonen folgt hinter einem Kevlarfenster mit $3 \times 10^{-3} X_0$ Dicke. Er besteht aus 5 Teilen: das Magnetspektrometer verwendet einen Dipolmagneten mit dem Feldintegral $\int B_y \mathrm{d}z = 0.88\,\mathrm{Tm}$ (s. Kap. 7.1). Die Bahnkurven der geladenen Teilchen werden mit vier Driftkammern gemessen, von denen jede 8 Ebenen besitzt, deren Signaldrähte jeweils um 45° relativ zu der vorhergehenden rotiert sind. Die Ortsauflösung beträgt $100\,\mu$m pro Ebene und die Zeitauflösung $0.7\,\mu$s. Mit 2 Kammern vor dem Magneten und 2 Kammern dahinter und einem Abstand von 21.8 m zwischen der ersten und der letzten Kammer wird eine Impulsauflösung von $\delta(P)/P = (0.48 \oplus 0.009P)\%$ erreicht, wobei P in GeV/c gemessen wird.

Strahlabwärts befindet sich das Hodoskop aus 2 Ebenen von Szintillationszählern, das zum Triggern auf eine Koinzidenz von 2 geladenen Teilchen dient. Es folgt das elektromagnetische Kalorimeter, ein homogenes Kalorimeter aus etwa $10\,\mathrm{m}^3$ flüssigem Krypton mit Elektroden parallel zum Strahl zur Ladungsauslese (Kap. 6.1) mit einer Dicke von 27 Strahlungslängen X_0. Die 13248 Zellen mit Querschnitt $2 \times 2\,\mathrm{cm}^2$ werden am hinteren Ende ausgelesen. Die Energieauflösung beträgt

$$\frac{\delta(E)}{E} = \left(\frac{3.2}{\sqrt{E}} \oplus \frac{9.0}{E} \oplus 0.42\right) \% \,, \tag{8.1}$$

wobei E in GeV gemessen wird. Weitere Detektorelemente sind ein Hadron-Kalorimeter mit 2.5 cm Fe-Platten (insgesamt 120 cm dick) und Szintillatoren (s. Kap. 6.2) und drei Ebenen von Szintillatoren hinter Fe-Absorbern von 80 cm Dicke zum Nachweis von durchdringenden Myonen.

8.6.2 Ein Detektor für hochenergetische Neutrinos

Wegen des sehr kleinen totalen Wirkungsquerschnitts von Neutrinos mit Nukleonen, der bei 100 GeV Neutrinoenergie nur $10^{-36}\,\mathrm{cm}^2$ beträgt, müssen Neutrino-Detektoren massiv sein.

Bei dem in Abb. 8.13 abgebildeten Detektor der CERN-Dortmund-Heidelberg-Saclay-Kollaboration [HO 78a] dient die Targetmasse von 1500 t Stahl außerdem drei Zwecken: a) die Eisenplatten mit 3.75 m Durchmesser sind in einer Dicke von 75 cm jeweils durch eine Spule zu einem toroidalen Magneten zusammengefasst; b) zwischen je zwei Eisenplatten der Dicke 5 cm (für 7 Magnete) bzw. 15 cm (für 8 Magnete) wird durch acht Plastikszintillatoren und 16 Photomultiplier die Ionisationsenergie hadronischer Schauer gemessen; c) Teilchen, die mehr als 2 m Stahl durchqueren, werden als Myonen identifiziert, und ihr Impuls wird aus der Krümmung der Bahn im toroidalen Magnetfeld auf 10% bestimmt; dazu dienen großflächige Driftkammern [MA 77] mit je 3 Ebenen von Signaldrähten, die relativ zueinander jeweils um 120° im Azimuth-Winkel versetzt sind (die Struktur der Driftkammer ist in Abb. 3.8 und 3.9 gezeigt).

Der Detektor hat in verschiedenen Neutrinostrahlen am SPS-Beschleuniger des CERN etwa 5×10^6 Neutrino-Wechselwirkungen registriert, und zwar solche ohne Myon im Endzustand ("neutrale schwache Ströme"), solche mit einem Myon ("geladene Ströme") und solche mit mehreren Myonen ("Charm-Erzeugung" u.ä.). Für verbesserte Messungen der Nukleonstruktur wurde ein Teil des Detektors durch magnetisierte Kalorimeter mit 2.5 cm dicken Eisenplatten ersetzt, wodurch die Energieauflösung des Kalorimeters verbessert wird (Abb. 8.14).

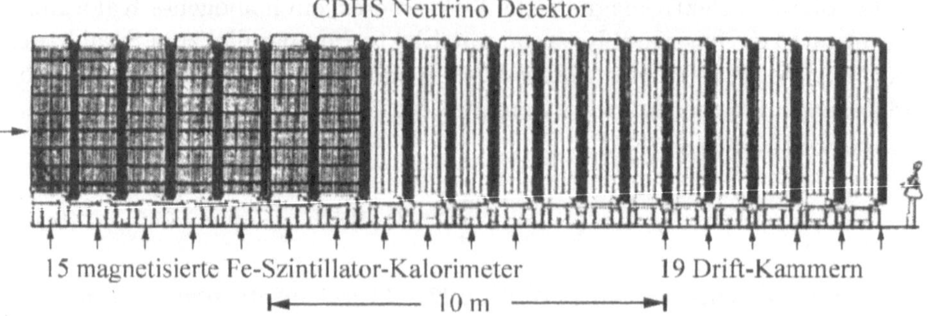

Abb. 8.13. Neutrinodetektor der CDHS-Kollaboration [HO 78a]

Abb. 8.14. Magnetisiertes Eisen-Szintillator-Kalorimeter in Toroid-Form der CDHS-Kollaboration mit Eisenplatten des Durchmessers 3.75 m und der Dicke 2.5 cm sowie eingeschobenen Szintillatoren von 0.5 cm Dicke

8.6.3 Detektoren für B-Meson-Zerfälle an einem asymmetrischen Elektron-Positron-Speicherring

Eine ideale Quelle für schwere kurzlebige B-Mesonen ist die $\Upsilon(4S)$-Resonanz, ein gebundener Zustand von $(b\bar{b})$-Quarks mit einer Masse von 10.58 GeV, knapp oberhalb der Schwelle für die Erzeugung eines B_d-$\overline{B_d}$-Mesonenpaars. Diese Resonanz wird in zwei B-Meson-Fabriken in Elektron-Positron-Kollisionen erzeugt. Es sind der KEK-B-Speicherring in Tsukuba/Japan und der PEP-II-Speicherring bei SLAC/Stanford/USA. Beide sind asymmetrische Speicherringe mit Strahlenergien von 8 gegen 3.5 GeV (KEK) bzw. 9 gegen 3.1 GeV (SLAC). Die Luminositäten sind 10^{34} bzw. $3 \times 10^{33}\,\mathrm{cm}^{-2}\mathrm{s}^{-1}$, der Abstand der Pakete im Strahl ist 0.6 bzw. 1.26 m, und der Kreuzungswinkel beträgt ± 11 mrad bzw. 0°.

Für beide Maschinen bewegt sich der Schwerpunkt des erzeugten $(B^0\bar{B}^0)$-Systems, so daß die Lebensdauer der Teilchen relativistisch mit $\beta\gamma = 0.42$ bzw. $\beta\gamma = 0.55$ gedehnt wird. Dies ist wichtig für die Messung der Differenz $t_1 - t_2$ der Zerfallszeiten der beiden B_d-Mesonen, die für die Beobachtung der CP-Verletzung im B-System wesentlich sind. Inzwischen wurde die CP-Verletzung auch hier gefunden, in guter Übereinstimmung mit den früheren Beobachtungen im K-Meson-System.

Die Speicherringe unterscheiden sich im Kreuzungswinkel der beiden Strahlen. In der SLAC-Maschine findet die Kollision frontal statt, und man braucht Dipol-Magnete nahe am Wechselwirkungspunkt W, um die Strahlen danach wieder zu trennen. Diese Dipole behindern die Auslegung des Detektors um W herum. In der KEK-Maschine ist der Kreuzungswinkel ± 11 mrad. Die befürchteten Strahlinstabilitäten aufgrund dieser Anordnung sind nicht eingetreten, sondern die Luminosität der Maschine ist sogar höher als die der PEP-II-Maschine. Außerdem wurde der Aufbau des Detektors um den Wechselwirkungspunkt erleichtert.

Die Detektoren an den beiden B-Mesonen-Fabriken sind in Abb. 8.15 und Abb. 8.16 gezeigt. Sie haben viele Ähnlichkeiten: so haben beide Silizium-Vertex-Detektoren (Kap. 3.13), zentrale Spurkammern (Kap. 7.3), ein Solenoid-Magnetfeld (Kap. 7.1) mit supraleitender Spule und einen Myonzähler hinter einer Fe-Abschirmung. Der Unterschied zwischen den beiden Detektoren besteht in der Art, wie geladene Teilchen identifiziert werden (Kap. 5). Im BELLE-Detektor wird dies durch eine Kombination von Aerogel-Cherenkov-Zählern (Kap. 5.3) und Flugzeitzählern (Kap. 5.2) erreicht, während beim BaBar-Experiment der hierzu entwickelte differentielle Cherenkovzähler DIRC (Kap. 5.3) eingesetzt wird. Die Trennung von π- und K-Mesonen mit einem typischen Impuls von 3 GeV/c aus den Zerfällen $B \to \pi\pi$ und $B \to \pi K$ gelingt in beiden Detektoren mit einer Signifikanz von ca. 3 Standardabweichungen.

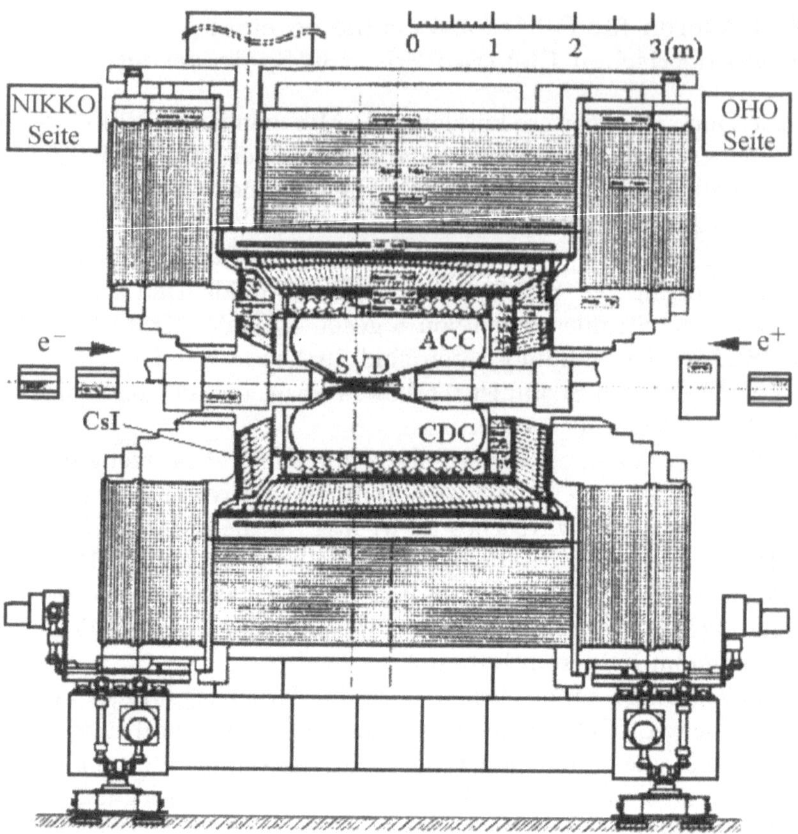

Abb. 8.15. Der BELLE-Detektor an der B-Fabrik KEK-B in Tsukuba / Japan. Die Hauptkomponenten sind (von innen nach außen): ein Silizium-Vertex-Detektor (SVD) nahe dem Wechselwirkungspunkt, eine zentrale Driftkammer CDC in einem Solenoid-Magneten, ein Aerogel-Cherenkovzähler (ACC), Flugzeitzähler, ein elektromagnetisches CsI-Kalorimeter (CsI) und ein Myonzähler hinter Eisenabsorbern. Die Länge des Detektors in Strahlrichtung ist 7 m

8.6.4 Ein Detektor für Proton-Antiproton-Stöße im Speicherring

Einer der Detektoren für den Antiproton-Proton-Collider, bei dem das 400 GeV Proton-Synchrotron im CERN durch einen Umbau als Speicherring benutzt wurde, war der UA 1 ("Underground Area 1")-Detektor [UA 1]. Die Abbildungen 8.17 und 8.18 geben einen Eindruck von diesem massiven Apparat. Der innere Detektor (Radius 1.2 m, Länge 5.7 m) ist eine Driftkammer mit langen Driftwegen (20 cm) für die Elektronen, die sich in einem Dipolmagneten befinden. Die Kammer enthält etwa 10^4 Signaldrähte, die sowohl zur Driftzeitmessung als auch zur Messung des Energieverlustes $\mathrm{d}E/\mathrm{d}x$ verwendet werden. Die Ortsauflösung beträgt etwa $\sigma_x \sim 250\,\mu$m. Der Zentraldetek-

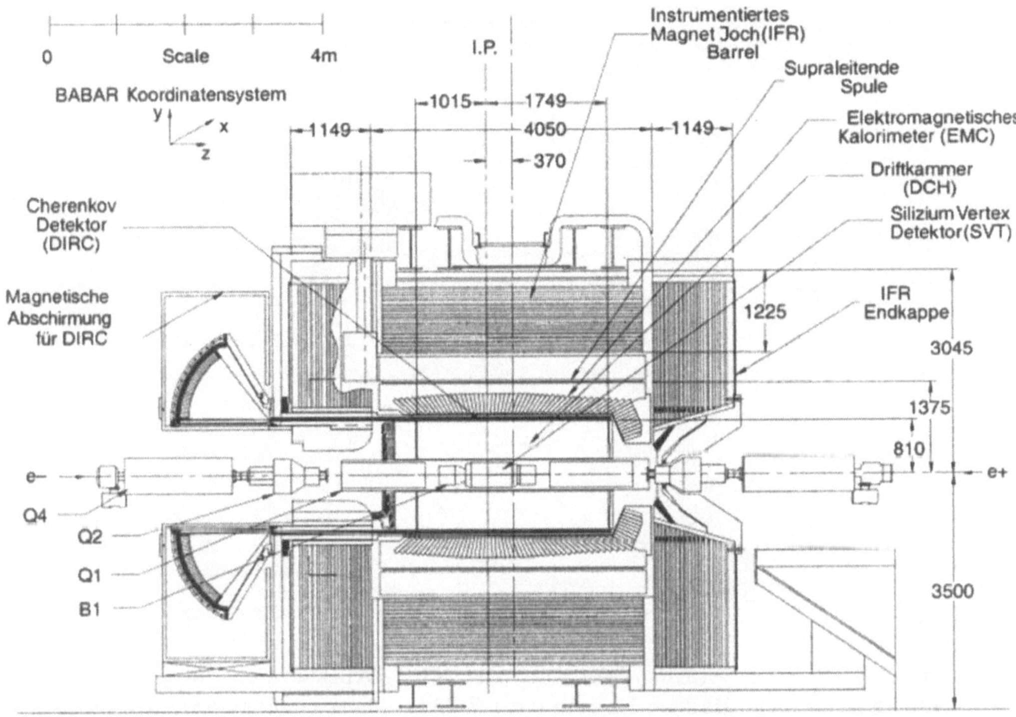

Abb. 8.16. Der BaBar-Detektor am PEP II-Speicherring bei SLAC, Stanford. Die Hauptkomponenten sind – von innen nach außen – ein Silizium-Vertex-Detektor, eine Driftkammer in einem Solenoidfeld, ein differentieller Cherenkov-Zähler DIRC, ein elektromagnetisches Kalorimeter aus Cs I und Myon-Zähler hinter Fe-Absorbern

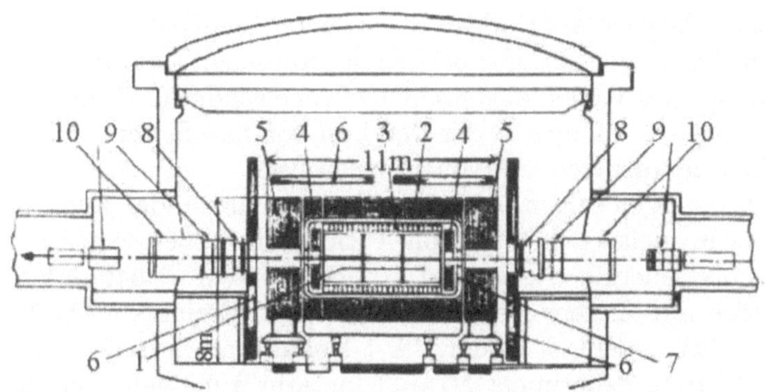

Abb. 8.17. Seitenansicht des UA1-Detektors zum Nachweis von Proton-Antiproton-Wechselwirkungen bei 540 GeV Schwerpunktsenergie. 1, Zentraldetektor; 2 und 5, Hadron-Kalorimeter; 3 und 4, Elektron-Photon-Schauerzähler; 6, Myon-Detektor; 7, Spule für Dipolfeld; 8 und 9, Kleinwinkeldetektor mit Kammern und Kalorimetern; 10, Kompensator-Magnete. Der Detektor ist 11 m lang [UA 1]

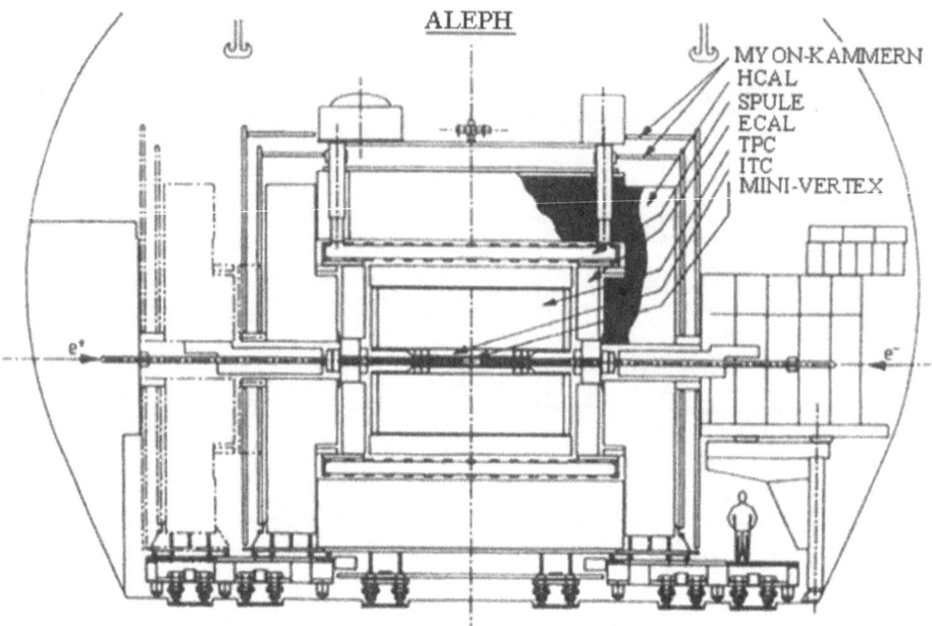

Abb. 8.18. Der ALEPH-Detektor. Die TPC-Driftkammer hat einen Radius von 1.8 m; HCAL, Hadron-Kalorimeter; ECAL, elektromagnetisches Kalorimeter; TPC, Zeitprojektionskammer; ITC, Innere Spurkammer; MINI-VERTEX, Silizium-Streifendetektor

tor ist von elektromagnetischen Schauerzählern umgeben, die sich innerhalb des Magnetfeldes befinden. Die Magnetjoche sind durch Szintillationszähler so segmentiert, dass sie als Hadron-Kalorimeter dienen können. Sowohl bei den elektromagnetischen als auch bei den hadronischen Kalorimetern wird die Lichtsammlung über Wellenlängenschieber angewendet (s. Kap. 4.3). Außerhalb der Hadron-Kalorimeter ist der Detektor von fünf Seiten mit Driftrohren umgeben, die durchdringende Myonen nachweisen.

Wie die Messungen zeigen [AL 82], steigt die Anzahl der geladenen Reaktionsprodukte in inelastischen Proton-Antiproton-Stößen logarithmisch mit der Schwerpunktsenergie $\sqrt{s}$ an und erreicht bei $\sqrt{s} = 540\,\mathrm{GeV}$ etwa den Wert 25. Jedes mit diesem Detektor registrierte Ereignis enthält 10^5 Bits Informationen. Trotzdem ist es der UA 1-Kollaboration und einem zweiten, anders aufgebauten Experiment (UA 2) im Jahr 1983 gelungen, aus dieser Masse von Elementarereignissen etwa 10^2 abzutrennen, in denen die langgesuchten Feldquanten der schwachen Wechselwirkung, die Vektorbosonen $W^{\pm}$ und Z^o erzeugt wurden. Die Masse dieser Bosonen (etwa 90 Protonenmassen) ist genau die in der einheitlichen Theorie der elektroschwachen Wechselwirkung vorausgesagte.

8.6.5 Die vier Detektoren am Elektron-Positron-Speicherring LEP

Mit dem Large Electron Positron Storage Ring LEP bei CERN (s. Tabelle 3) wurde von 1989 bis 2000 das neutrale Eichboson Z^0 erzeugt, und etwa 20 Millionen seiner Zerfälle wurden mit großer Präzision gemessen. Vier Großdetektoren an LEP arbeiteten 12 Jahre lang an diesen Untersuchungen. Die Detektoren messen (a) die Impulse der geladenen Teilchen aus der Spurkrümmung in einem Magnetfeld, (b) die Energien der neutralen und geladenen Teilchen in elektromagnetischen und hadronischen Kalorimetern. Die wichtigsten Eigenschaften der vier zentralen Spurdetektoren sind in Tabelle 7.1 aufgeführt.

ALEPH (Abb. 8.18). Die Spurmessung geschieht in drei Subdetektoren: einem Silizium-Streifendetektor (Kap. 3.12) direkt am Vakuumrohr um den Wechselwirkungspunkt, einer inneren Driftkammer mit axialen Drähten und der großen zylindrischen TPC (Kap. 3.5) mit 3.6 m Durchmesser und 4.4 m Achsenlänge. Außerhalb der TPC schließt sich das elektromagnetische Kalorimeter, ein Sandwich aus Blei und Gas-Proportionalzählern in 45 Schichten an. Dieses Kalorimeter ist in turmartigen Strukturen angeordnet, die projektiv auf den Wechselwirkungspunkt ausgerichtet sind. Die Winkelauflösung ist $0.8^0 \times 0.8^0$, die Energieauflösung $\Delta E/E = 0.19/\sqrt{E(\text{GeV})}$. Die supraleitende Spule erzeugt ein Feld von B = 1.5 T, das Rückflussjoch ist segmentiert und dient als Hadron-Kalorimeter. Die Impulsauflösung ist $\Delta p/p^2 = 0.8 \times 10^{-3}/\text{GeV}$, das entspricht $\Delta p/p = 3.5\%$ für Myonen von 45 GeV/c Impuls.

DELPHI (Abb. 8.19). Die Spurdetektoren sind ein Silizium-Streifendetektor, eine innere Jet-Driftkammer und eine TPC-Kammer mit Durchmesser 2.4 m und 3 m Länge. Zur Identifizierung von geladenen Teilchen dient ein System von Cherenkov-Ringzählern (RICH). Dieses ermöglicht die Trennung von Elektronen und π-Mesonen im Impulsbereich bis zu 4 GeV und die Separation von π- und K-Mesonen in den Impulsintervallen von 0.5 bis 7 und von 9 bis 25 GeV. Das solenoidale Magnetfeld hat den Wert $B = 1.2$ T, die Impulsauflösung für Myonen von 45 GeV Impuls ist 7%. Das elektromagnetische Kalorimeter aus Bleischichten und Gaszählern ist eine "schwere TPC", in der die Elektronen und Ionen im Gas axial zu den Enden der zylindrischen Module driften. Das Rückflußjoch ist wiederum mit Streamer-Rohren instrumentiert und dient als Hadron-Kalorimeter.

L3 (Abb. 8.20). Dies ist der Detektor mit den größten Dimensionen, sein Außendurchmesser ist 16 m, die Länge 14 m. Hier wird das größte Gewicht auf die präzise Vermessung der Myon-Impulse gelegt, die den Detektor durchdringen und sowohl nahe beim Vertex mit einer Jet-artigen Kammer ("Time expansion chamber" TEC) als auch in großem Abstand (5.4 m) vom Strahl mit sehr großen Driftkammern gemessen werden. Das Solenoidfeld hat eine Stärke von $B = 0.5$ T, die Auflösung für Myonen mit 45 GeV/c Impuls ist 2.2 bis 3%. Elektronen und Photonen werden in einem aus 10752 prismenar-

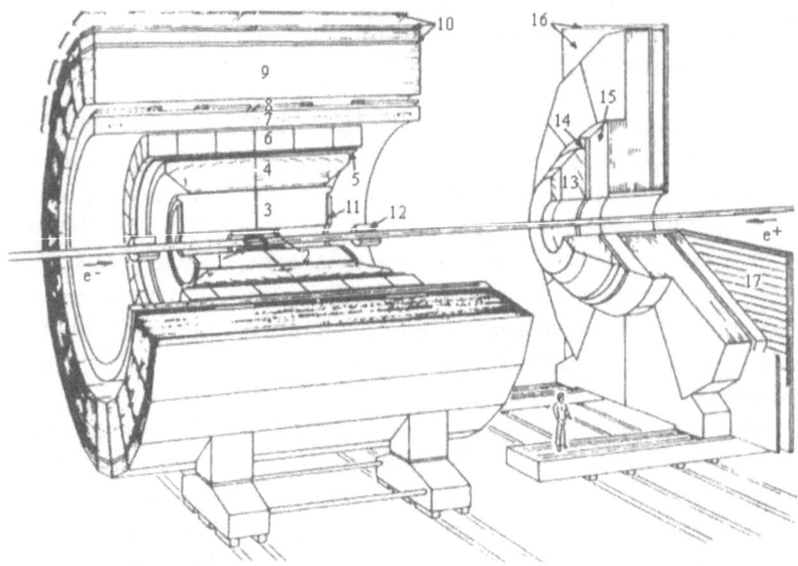

Abb. 8.19. Der DELPHI-Detektor. Länge und Durchmesser betragen je 11 m. Die Komponenten sind: 1, Mikrovertex-Detektor; 2, Innere Driftkammer; 3, TPC; 4, Ringbild-Cherenkov-Zähler (RICH); 5, äußere Driftkammer; 6, Projektionskammer hoher Dichte; 7, supraleitende Spule; 8, Flugzeit-Zähler; 9, Hadron-Kalorimeter; 10, Myonkammern; 11, Vorwärts-Kammer; 12, Luminositäts-Monitor; 13, RICH (vorwärts); 14, Kammern; 15, Elektromagnetisches Kalorimeter; 16, Myonkammern; 17, Szintillationszähler

tig geschnittenen BGO-Blöcken bestehenden Kalorimeter gemessen, das eine Energieauflösung von 1.4% für Elektronen von 45 GeV Energie ergibt. Ein Hadronkalorimeter aus Uranschichten mit Gaszählern erlaubt eine Messung von hadronischen Energieflüssen.

OPAL (Abb. 8.21). Zentraldetektor dieses Experiments ist eine Jet-Driftkammer ähnlich derjenigen des JADE-Experimentes. Der innere Teil dieser Kammer im Radialbereich von 9 bis 22 cm dient als Vertex-Kammer, der äussere Teil bedeckt den Bereich bis zu Radien von 1.85 m. Die Präzision in der transversalen Vertexkoordinate am Wechselwirkungspunkt ist etwa 40 μm. Zur Optimierung der Ionisationsmessung wird die Kammer bei 4 bar betrieben. Das warme Solenoid erzeugt ein Feld von $B = 0.44$ T, die Impulsauflösung für Myonen von 45 GeV/c Impuls ist 6.8%. Das elektromagnetische Kalorimeter besteht aus einem Presampler aus Streamerrohren zur Bestimmung der Position der in der Spule Schauer bildenden Photonen und Elektronen und aus 11700 Bleiglas-Blöcken, die jeweils einen Winkelbereich von $1.9^0 \times 1.9^0$ abdecken. Für Elektronen mit 45 GeV Energie ist die Auflösung 3%. Das Rückflußjoch ist segmentiert und mit Streamerrohren ausgerüstet, es dient als Hadronkalorimeter.

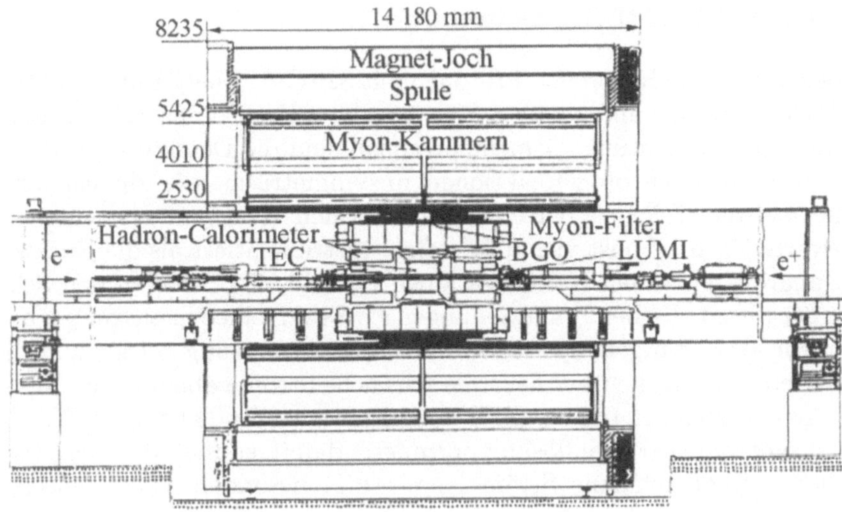

Abb. 8.20. Der L3-Detektor. Lumi = Luminositäts-Monitor; TEC = Time Expansion Chamber (Driftkammer); BGO = Elektromagnetisches Kalorimeter aus Wismut-Germanat $BiGeO_4$. Die Längen sind in mm angegeben

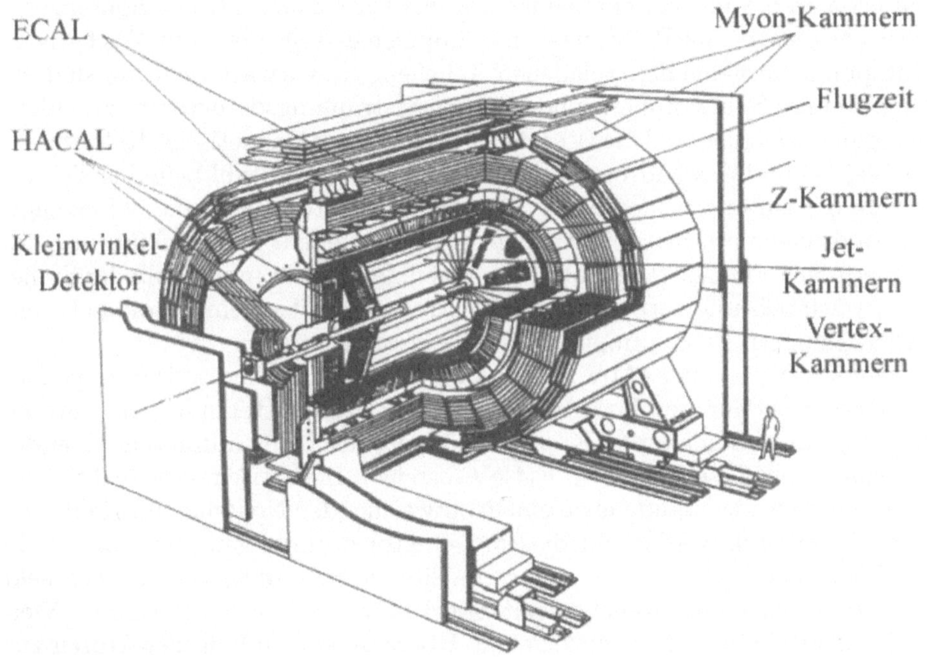

Abb. 8.21. Der OPAL-Detektor. Die Höhe der Myon-Kammern über dem Boden beträgt 11 m. ECAL, Elektromagnetisches Kalorimeter; HACAL, Hadron-Kalorimeter

8.6.6 Die beiden HERA-Detektoren

Im Speicherring HERA treffen Protonen mit 820 GeV Energie und Elektronen mit 30 GeV Energie aufeinander. Hier bewegt sich also das Schwerpunktsystem in Protonenrichtung. Dementsprechend sind die Detektoren zum Nachweis der Elektron-Proton-Reaktionen unsymmetrisch: die Hemisphäre, in die die meisten Teilchen bei einer inelastischen Reaktion gestreut werden ("Vorwärtsrichtung"), ist viel aufwendiger instrumentiert als die Rückwärts-Hemisphäre. Die beiden Kollaborationen H1 und ZEUS haben den Schwerpunkt der physikalischen Fragestellungen etwas verschieden ausgelegt: bei H1 wird mehr Wert auf genaue magnetische Spurvermessung gelegt, und damit ist der Detektor für die über neutrale schwache Ströme ablaufenden Reaktionen sehr gut geeignet ($ep \rightarrow eX, X =$ hadronischer Endzustand); ZEUS hat die hadronische Energieauflösung optimiert, damit können die inelastischen Reaktionen über geladene Ströme ($ep \rightarrow \nu X$) besonders genau untersucht werden.

Der *H1-Detektor* (Abb. 8.22) ist aus folgenden Elementen aufgebaut: der Elektronenstrahl tritt von links, der Protonenstrahl von rechts durch die Strahlrohre (1) in den Detektor ein. Die Wechselwirkungen finden im Strahlrohr etwa an der mit (2) bezeichneten Stelle statt. Die zentralen Spurenkammern (2) dienen zur Richtungs- und Impulsmessung der vom Wechselwirkungspunkt ausgehenden geladenen Teilchen. In Vorwärtsrichtung sind sie durch weitere Spurkammern und Übergangsstrahlungsdetektoren (zur Identifizierung schneller Teilchen) ergänzt. Das elektromagnetische Kalorimeter aus Blei (4) und das hadronische (5) Kalorimeter aus Stahl befinden sich innerhalb der supraleitenden Spule (6), die ein 1.2 Tesla-Solenoidfeld erzeugt. Die Kalorimeter werden mit Flüssig-Argon betrieben. Die Rückführung des magnetischen Flusses geschieht durch Eisenplatten (10) außerhalb der Spule. In Vorwärtsrichtung verbessert ein Spektrometer mit einem Toroid (11) und Myon-Kammern (9) die Impulsauflösung des Detektors.

Der *ZEUS-Detektor* (Abb. 8.23) ist für die Messung hadronischer Schauer optimiert. Seine inneren Kalorimeter sind aus Uranplatten mit Szintillatoren als Detektoren aufgebaut (s. Kap. 6.2). Damit wird eine hadronische Energieauflösung von $\Delta E/E = 0.33/\sqrt{E(\mathrm{GeV})}$ erreicht. Inelastische e-p-Reaktionen, bei denen im Endzustand neben einem entweichenden Neutrino nur Hadronen beobachtbar sind, werden mit diesem Detektor optimal gemessen. Innerhalb der Kalorimeter befindet sich eine supraleitende Solenoidspule, in deren Feld die Impulse geladener Teilchen mit Spurkammern vermessen werden. Weiterhin dient ein Vorwärtsdetektor mit Übergangs-Strahlungsdetektoren zur Identifizierung und Trennung schneller geladener Teilchen. Der Detektor wird nach außen abgeschlossen durch Eisenjoche zur Rückführung des Magnetflusses, die mit Streamerrohren instrumentiert sind. Geladene Teilchen, die diese Joche durchdringen, sind Myonen, die aus Zerfällen hadronischer Teilchen im Inneren des Detektors stammen. Zur besseren Impulsmessung solcher Myo-

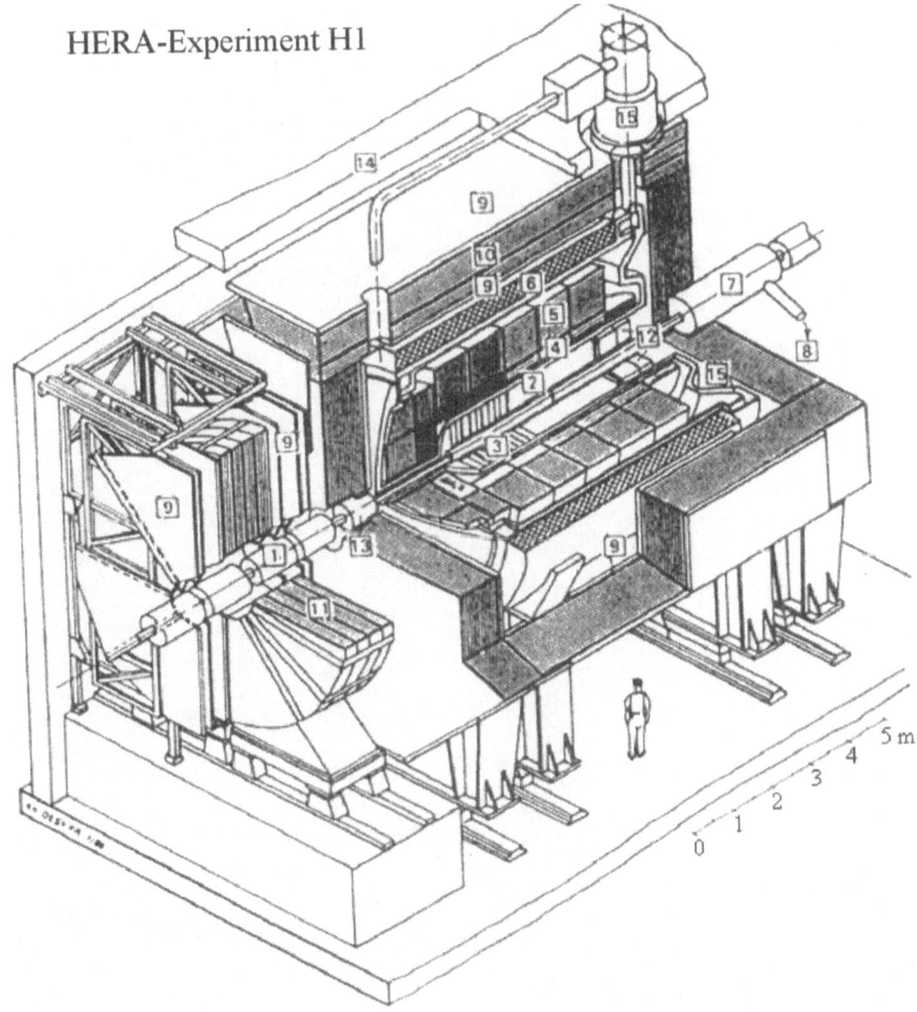

Abb. 8.22. Der H1-Detektor: 1, Strahlrohr und Strahlmagnete; 2, zentrale Spurkammern; 3, Vorwärts-Spurkammern und Übergangsstrahlungsdetektor; 4, elektromagnetisches Kalorimeter; 5, hadronisches Kalorimeter; 6, supraleitende Spule; 7, Kompensationsmagnet; 8, Helium-Kälteanlage; 9, Myon-Kammern; 10, Eisenplatten und Streamerrohre; 11, Myon-Toroid-Magnet; 12, warmes elektromagnetisches Kalorimeter

nen in der Vorwärtsrichtung dient ein zusätzliches Magnetspektrometer mit toroidalem Feld und mehreren Spurkammern.

Beide HERA-Detektoren sind im Mai 1992 im Strahl in Betrieb gegangen und werden bis 2007 weitere Daten zur Protonstruktur aufnehmen.

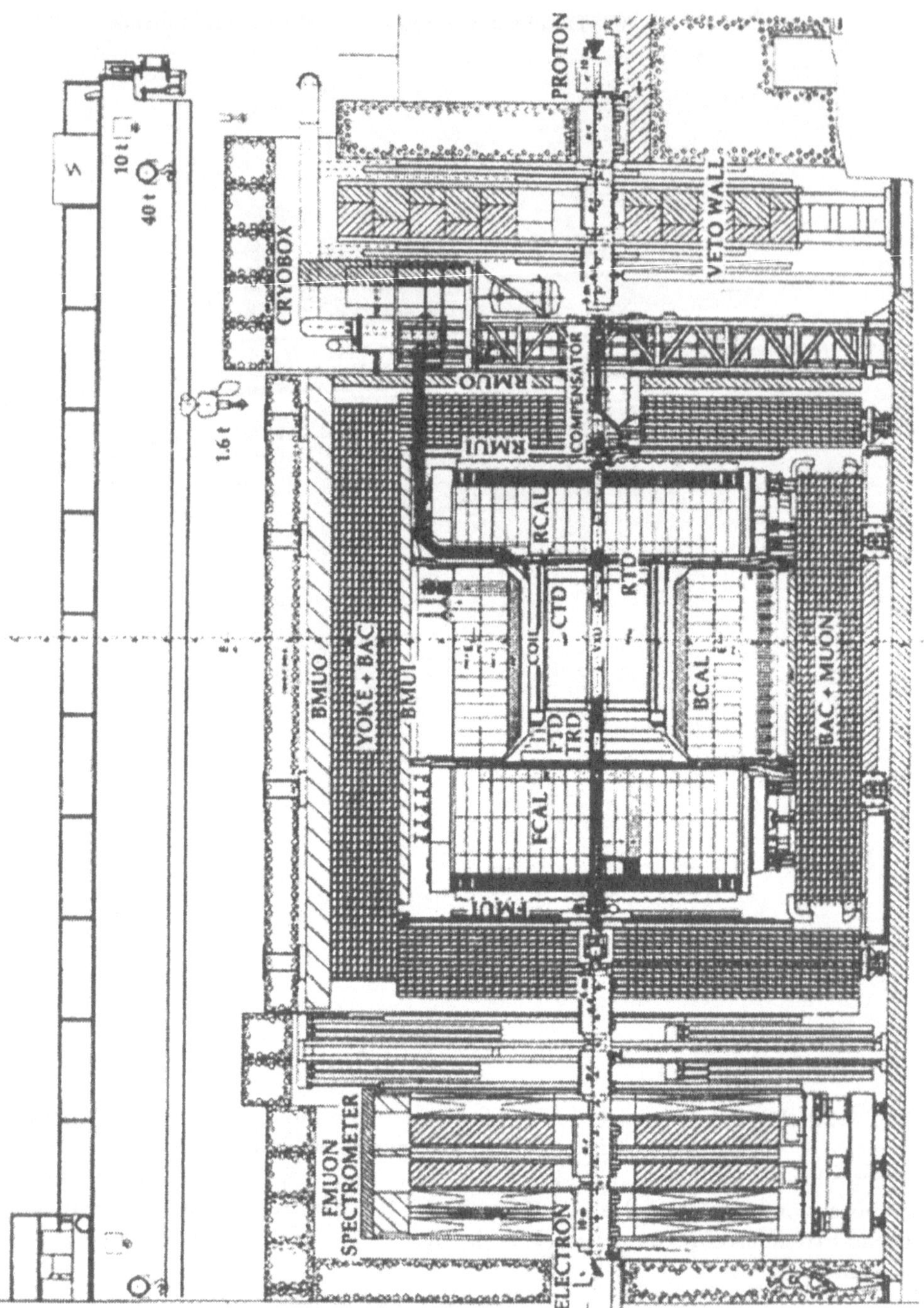

Abb. 8.23. Der ZEUS-Detektor. VXC, Vertex-Detektor; CTD, Zentrale Spurkammer; FTD, Vorwärts-Spurkammer; TRD, Übergangsstrahlungsdetektor; BCAL, Barrel-Kalorimeter; COIL, Supraleitende Spule; FCAL, Vorwärts-Kalorimeter; RCAL, Rückwärts-Kalorimeter; FMUI/RMUI, Vorwärts-/Rückfürungsjoch-Myon-Identifizierer; FMUON, Vorwärts-Myon-Spektrometer; YOKE + BAC, Magnetfeld-Rückführungsjoch (Eisen) und Kalorimeter. Der Detektor ist 19 m lang und 12 m hoch

8.6.7 Detektoren am Large Hadron Collider (LHC) des CERN

Das Standardmodell der Elementarteilchenphysik, das durch die Experimente an LEP mit großer Präzision bestätigt wurde, ist noch unvollständig, weil der Mechanismus der Massenerzeugung unbekannt ist. Eine Möglichkeit hierfür ist der Higgs-Mechanismus, bei dem ein massives skalares Feld die Welt erfüllt und den Teilchen Masse verleiht. Weiterhin gibt es gute theoretische Argumente für eine Erweiterung des Standardmodells durch supersymmetrische (SUSY)-Partner der existierenden Teilchen im Massenbereich unterhalb von 1 TeV. Diese beiden Fragestellungen sind die wichtigsten, die an dem Großen Hadronen-Collider (LHC) des CERN ab dem Jahr 2007 untersucht werden. Die Schwerpunktsenergie bei diesem supraleitenden Ring im LEP-Tunnel mit 27 km Umfang beträgt 14 TeV. Entsprechend groß müssen die Detektoren an diesem Ring sein. Vier Detektoren sind genehmigt und befinden sich seit 1995 im Bau, davon zwei Allzweckdetektoren, die alle Fragen untersuchen wollen, ATLAS und CMS, und zwei andere, die sich speziellen Fragestellungen widmen: LHC-B wird die CP-Verletzung in B-Meson-Zerfällen untersuchen, und der ALICE-Detektor ist optimiert für die Untersuchung von Schwerionen-Kollisionen bei höchsten Energien. Die beiden Allzweck-Detektoren haben eine grundlegend unterschiedliche Konzeption: während CMS einen zentralen Spurdetektor in einem starken solenoidalen Magnetfeld besitzt, betont ATLAS seinen riesigen Toroidmagneten mit Luftspulen und einem Feldintegral von 4 bis 8 Tm, der zum Nachweis des 4 Myon-Endzustandes bei der Higgs-Produktion geeignet ist. Die technischen Anforderungen an diese Detektoren sind enorm: bei der geplanten Luminosität von $10^{34}\text{cm}^{-2}\text{s}^{-1}$ und mit 30 bis 90 geladenen Teilchen aus jeder Kollision bei 14 TeV übersteigen die Zählraten in den zentralen Spurdetektoren die Kapazität bisheriger Detektoren um ein Vielfaches.

ATLAS

Dieser Detektor (Abb. 8.24) hat folgende magnetischen Komponenten: ein inneres supraleitendes Solenoid mit Feldstärke 2 T, Durchmesser 2.4 m und Länge 5 m, das den inneren Detektor umschließt, und ein äußeres supraleitendes toroidales Magnetsystem mit 8 Luftspulen der Länge 26 m, die als Speichen in einem Winkelabstand von 45° um den zylindrischen Detektor ("Barrel") angeordnet sind, wobei die innere Hälfte in 4.7 m Abstand vom Strahl, die äußere Hälfte bei 9.7 m liegt.

Dieser Barrel-Toroid wird ergänzt durch zwei Endkappen-Toroide zum Abschluss des Zylinders. Das Toroidsystem bildet zusammen mit einer großen Anzahl von Driftkammern ein magnetisches Spektrometer für Myonen, das die Reaktion H $\rightarrow ZZ^* \rightarrow 4\,\mu$ auch ohne den Zentraldetektor vermessen kann. Die Impulsauflösung soll bei $\Delta P_\tau / P_T = 2 \times 10^{-2}$ bei $P_T = 100\,\text{GeV/c}$ betragen. Zusätzlich gibt es den Innendetektor, der – von innen nach außen – aus den folgenden Elementen besteht: Silizium-Pixel-Detektor mit $2.3\,\text{m}^2$

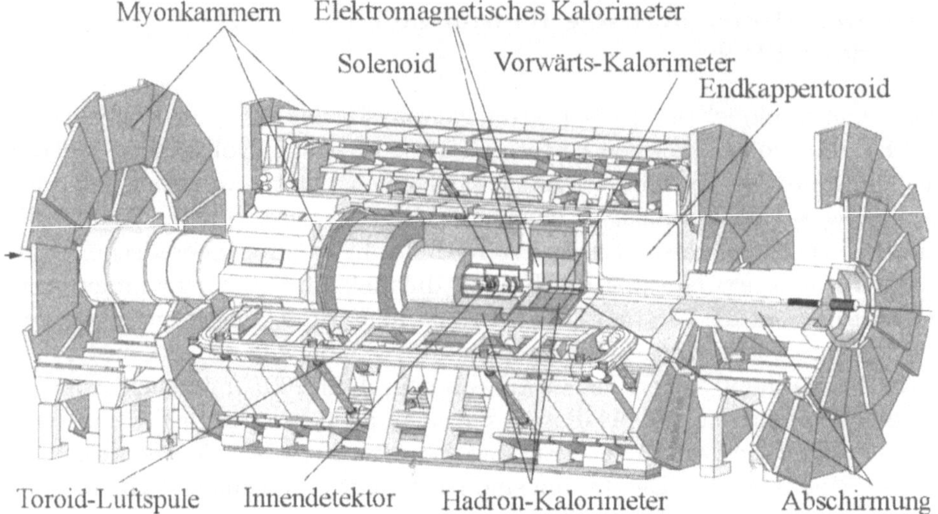

Abb. 8.24. Der ATLAS-Detektor am Large Hadron Collider (LHC) des CERN. Die Länge des Detektors beträgt 35 m, die Höhe 20 m

Fläche und Silizium-Streifendetektor mit 62 m^2 Fläche mit Auflösungen von 10 bis 20 μm in den r- und φ-Projektionen. Zur Teilchenidentifizierung soll die folgende Schicht von Übergangsstrahlungsdetektoren dienen. Darauf folgt das elektromagnetische Kalorimeter, das die in Kap. 6.1 beschiedene Akkordeon-Geometrie der Blei-Absorber mit Ionisationsmessung in flüssigem Argon kombiniert. Die in einem Schauer longitudinal herausleckende hadronische Energie wird in einem Kalorimeter aus Plastikszintillator-Platten zwischen Fe-Absorbern gemessen, wobei die Lichtsammlung über Wellenlängenschieber (Kap. 4.3) erfolgt. Die Hadron-Kalorimeter in den Endkappen bestehen aus Kupfer-Absorbern in flüssigem Argon (Kap. 6.2). Der Zustand des Detektors während des Aufbaus im Januar 2005 ist aus der Abb. 8.25 zu entnehmen.

CMS

Die Konzeption dieses Experimentes hebt auf folgende Eigenschaften ab (Abb. 8.26):

1. *Ein sehr gutes Myon-Spektrometer.*
   Dieses besteht aus einem zentralen Solenoid mit Feldstärke $B = 4\,\mathrm{T}$, einem inneren Radius von 3 m und einer Länge von 13 m. Jedes Myon durchquert 4 Messpunkte mit 12 Schichten von Driftrohren außerhalb der Spule; die Impulsauflösung soll 1% bei $P_T = 100\,\mathrm{GeV/c}$ und 5% bei $P_T = 1\,\mathrm{TeV/c}$ erreichen.
2. *Elektromagnetische Kalorimetrie mit guter Energieauflösung.*
   Dies wird erreicht durch eine zylinderförmige Anordnung von $PbWO_4$-Kristallen. Dieses Material wurde für diesen Zweck entwickelt. Die Kristalle beginnen bei dem Radius 1.44 m und sind 23 cm lang. Bei größeren

Abb. 8.25. Photo des ATLAS-Detektors beim Aufbau, Juli 2005; sichtbar sind drei der acht 25 m langen Toroid-Luftspulen

Radien schließt sich das hadronische Kalorimeter an, das aus Kupferplatten mit Plastikszintillatoren als Ionisationsdetektoren besteht.

3. *Spurenvermessung im Zentraldetektor.*
Zwei Schichten aus Silizium-Pixels bei Radien von 7.7 cm und 11.7 cm bilden den innersten Teil des Detektors; darauf folgen mehrere Schichten Silizium-Streifendetektoren mit 240 m^2 Fläche. Die Ortsauflösung in den r- und φ-Projektionen liegt zwischen 15 μm und 40 μm. Eine Impulsauflösung von 10% in P_T für ein isoliertes geladenes Lepton von 1 TeV Energie wird erwartet.

LHC-B

Dieses Experiment (Abb. 8.27) konzentriert sich auf die Zerfälle der bei Proton-Proton-Kollisionen mit Schwerpunktsenergie 14 TeV erzeugten B-Mesonen. Diese werden paarweise erzeugt und haben eine mittlere Lebensdauer von 1.5×10^{-12} s. Wenn man B-$\bar{B}$-Paare in der Vorwärtsrichtung erzeugt, liegen die Zerfallsprodukte in einem durch die Lorentztransformation definierten engen Kegel um diese Richtung. Deshalb kann man mit einem Ein-Arm-Spektrometer mit einem Öffnungswinkel von 400 mrad etwa 10% bis 20% aller B-$\bar{B}$-Zerfälle nachweisen. Weitere Vorteile dieser geometrischen Detektorauslegung sind der längere mittlere Zerfallsweg der B-Mesonen von etwa 7 mm, die niedrige Schwelle für einen Trigger auf den transversalen Impuls P_T und die leichte Zugänglichkeit aller Detektorkomponenten. Der LHC-B-Detektor hat eine sehr gute Fähigkeit zur Trennung

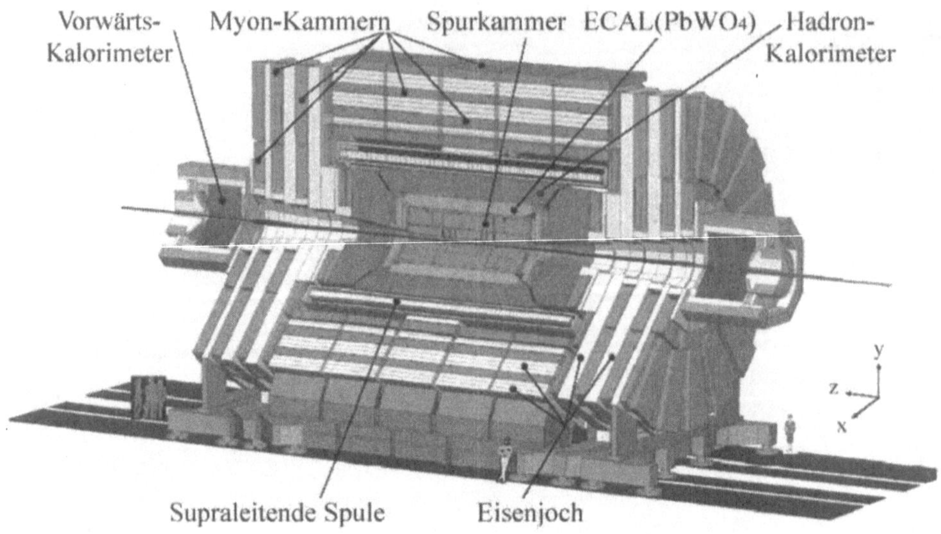

Abb. 8.26. Der Compact Magnetic Solenoid-Detektor (CMS); Länge 21.6 m, Höhe 15 m

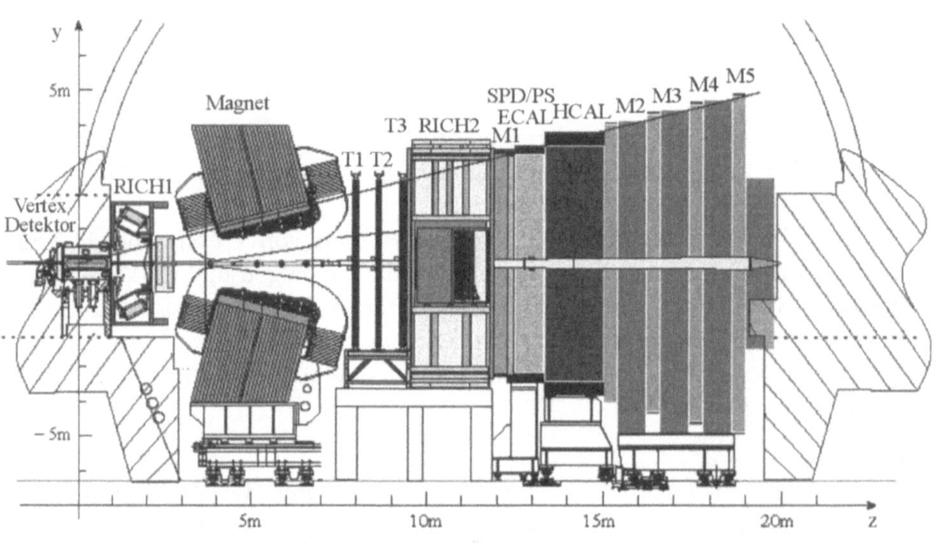

Abb. 8.27. Der LHC-B-Detektor zum Nachweis von B-Meson-Zerfällen am LHC Collider. RICH1/2 sind Ringbild-Cherenkovzähler, M1-M5 Myonzähler, T1-T3 Driftkammern, ECAL und HCAL elektromagnetische und hadronische Kalorimeter

von π- und K-Mesonen und Protonen, die durch 2 Ringbild-Gas-Cherenkov-Zähler RICH 1 und RICH 2 erreicht wird. Deshalb können mit diesem Experiment die CP-verletzenden B^0-$\bar{B}^0$-Asymmetrien in den Zerfallsmoden, ΨK_S, ΦK_S, $\pi^+\pi^-$, π^+K^-, K^+K^- und DK^* untersucht werden, und zwar sowohl für $B_d^0(b\bar{d})$-Mesonen als auch für $B_s(b\bar{s})$-Mesonen, die in B-Fabriken nicht erzeugt werden können.

8.7 Detektoren für den Protonenzerfall

Die vereinheitlichte Beschreibung der elektromagnetischen und schwachen Wechselwirkung wurde mit dem Glashow-Salam-Modell auf der Grundlage einer SU(2)×U(1)-Symmetrie erreicht. Die Entdeckung und genaue Vermessung der schwachen neutralen Ströme in Neutrinoreaktionen und die Beobachtung der Paritätsverletzung in der Streuung polarisierter Elektronen an Deuterium geben diesem Modell wichtige experimentelle Unterstützung, und die Entdeckung der Vektorbosonen $W^{\pm}$ und Z^0 stellte den experimentellen Eckstein für die Theorie dar. Eine weitere Vereinheitlichung dieser elektroschwachen Kraft mit der durch die Quantenchromodynamik beschriebenen schwachen Kraft zwischen Quarks ist möglich in "Grand Unified Theories" (GUT), denen größere Symmetriegruppen zugrunde liegen, z.B. SU(5) oder SO(10). In solchen Modellen gehören Quarks und Leptonen zu denselben Familien von Elementarteilchen. Eine Konsequenz solcher Theorien ist der Zerfall des Protons in Mesonen und Leptonen, bei dem das Prinzip der Baryonzahlerhaltung verletzt ist. Im $SU(5)$-Modell ist ein bevorzugter Zerfall des Protons $\mathrm{p} \rightarrow \mathrm{e}^{+}\pi^{0}$, in anderen Modellen gibt es K-Mesonen unter den Zerfallsprodukten. Die vorausgesagte Lebensdauer des Protons liegt in der Größenordnung von 10^{30} Jahren. Eine Suche nach diesem Zerfall erfordert sehr massive Detektoren, und deshalb kommen als Detektormaterialien nur die billigsten, Wasser und Eisen, in Frage.

In den Wasserdetektoren wird die Cherenkov-Strahlung von schnellen Zerfallsprodukten des Protons (Elektronen und Myonen beider Ladungsvorzeichen) durch einige tausend Photomultiplier nachgewiesen, die im Wassertank installiert sein müssen. Beim Irvine-Michigan-Brookhaven-Detektor (IMB) waren dies 2408 Photoröhren mit Photokathoden des Durchmessers 110 mm, die an der Oberfläche eines quaderförmigen Wasservolumens von 6880 Tonnen Masse verteilt sind (Abb. 8.28). Der Detektor war von der Höhenstrahlung durch eine Felsschicht von 660 m abgeschirmt, er befand sich in der Morton-Salzmine unter dem Erie-See. In einem noch größeren ähnlichen Experiment in der Kamioka-Bleimine in Japan, 1000 m unter der Erdoberfläche, wurden die speziell hierfür entwickelten Photomultiplier mit sphärischer Kathode und einem Durchmesser von 508 mm verwendet (Abb. 4.3).

Ein noch größeres Experiment dieses Typs wurde nach demselben Prinzip aufgebaut (Super-Kamiokande, 30000 m^3 Wasser) (Abb. 8.29). Mit ihm wurde sowohl die empfindlichste Suche nach dem Protonzerfall durchgeführt als auch die Richtung der solaren Neutrinos beobachtet. Mit diesem Detektor gelang es auch, die Umwandlung von Neutrinos nachzuweisen, die in der oberen Atmosphäre durch die kosmische Strahlung erzeugt werden (s. Kap 8.8).

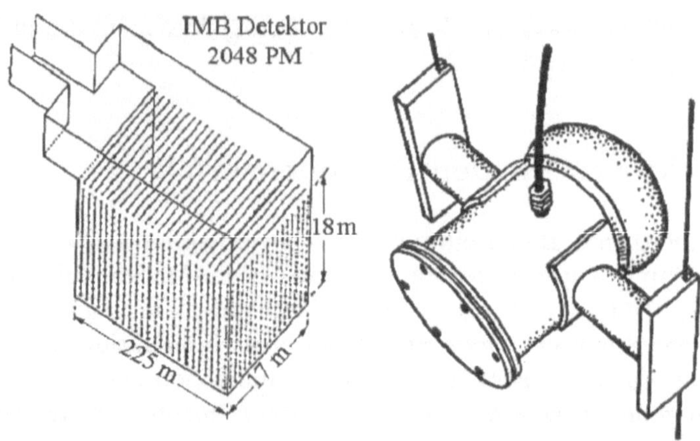

Abb. 8.28. Detektor für den Protonzerfall der Irvine-Michigan-Brookhaven-Kollaboration (IMB). Die Photomultiplier an den Oberflächen des Wassertanks weisen das Cherenkov-Licht von Teilchen mit $\beta > 0.75$ [BI 83]

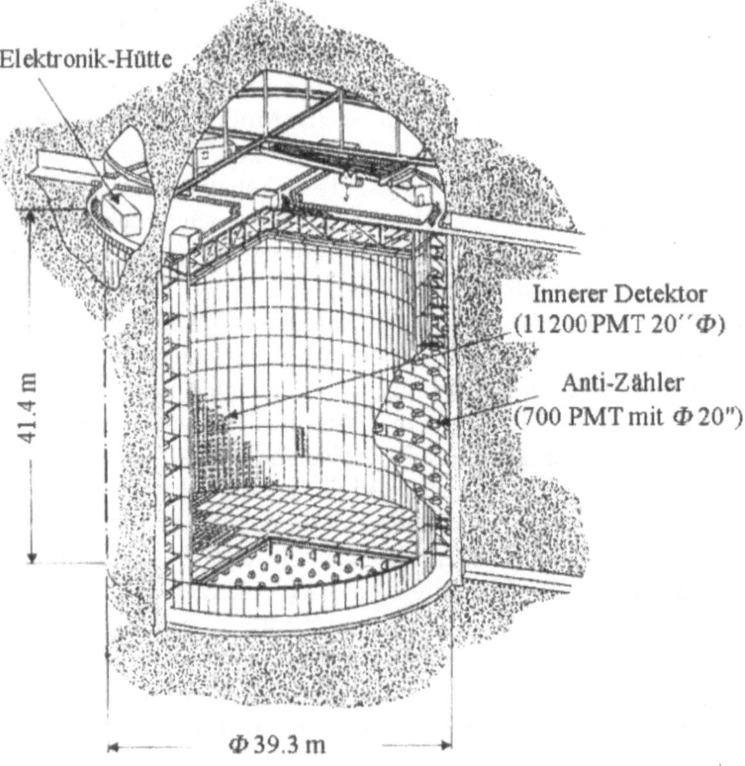

Abb. 8.29. Der Super-Kamiokande-Detektor zur Suche nach dem Protonzerfall und zur Messung des Flusses der Sonnen-Neutrinos in Kamioka (Japan)

Alternativ zu diesen Cherenkov-Detektoren gibt es kalorimetrische Detektoren, die als Sandwich von Stahlplatten und positionsempfindlichen Zählern aufgebaut sind. Die modulare Struktur eines solchen Detektors ist in Abb. 8.30 gezeigt. Zwischen zwei 1.5 mm dicken Stahlplatten befindet sich alternativ entweder eine Schicht aus Flash-Kammern oder eine Ebene aus Proportionalrohren im Geiger-Bereich. Dieser Detektor im französischen Fréjus-Tunnel, aufgebaut von einer Saclay-Orsay-Aachen-Wuppertal-Kollaboration, hat eine Gesamtmasse von ca. 10^3 Tonnen und ein Volumen von $6 \times 6 \times 12\,\text{m}^3$. Im Gegensatz zu den Cherenkov-Detektoren ist er auch auf kurze Spuren geladener Teilchen empfindlich, so daß eine bessere Diskriminierung gegen Untergrundereignisse aus Neutrinoreaktionen möglich wird.

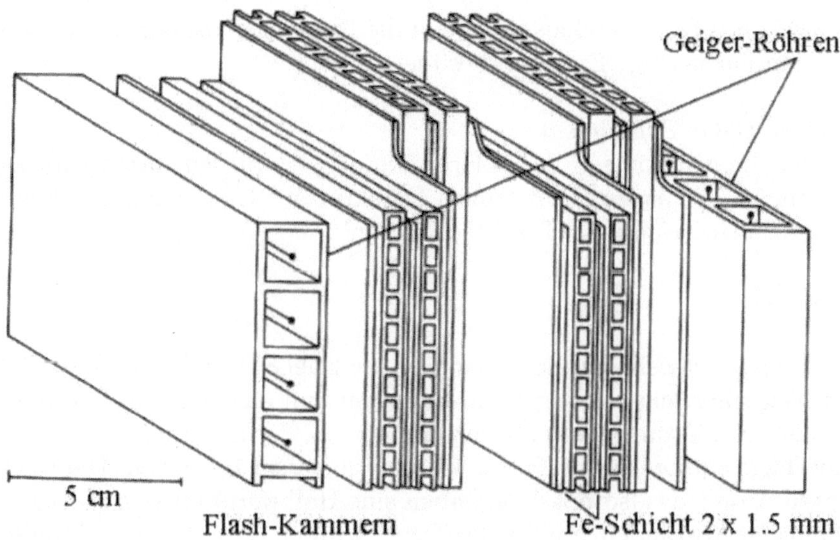

Abb. 8.30. Struktur des Kalorimeters im Fréjus-Detektor [LO 84]

Mit den beiden beschriebenen Wasser-Cherenkov-Detektoren (IMB und Kamiokande) gelang es am 23.02.1987 zum ersten Mal, die beim Gravitationskollaps einer 1.5×10^5 Lichtjahre entfernten Supernova SN 1987a in der großen Magellanschen Wolke emittierten Neutrinos zu beobachten.

8.8 Detektoren für Neutrinos von der Sonne und aus der Atmosphäre

Neutrinos aus der Sonne stammen aus Prozessen der schwachen Wechselwirkung im Fusions-Zyklus. Sie kommen hauptsächlich aus den Reaktionen:

$$p + p \to d + e^+ + \nu_e \ ,$$

$$^{7}\mathrm{Be} + e^- \rightarrow {}^{7}\mathrm{Li} + \nu_e \ ,$$
$$^{8}\mathrm{B} \rightarrow {}^{8}\mathrm{Be} + e^+ + \nu_e \ .$$

Die Energien der Neutrinos aus diesen Prozessen erreichen bis zu 0.42 MeV für pp-Neutrinos, bis zu 0.86 MeV für ^{7}Be-Neutrinos und bis zu 14 MeV für Neutrinos aus dem ^{8}B-Zerfall. Die höchsten Energien stammen also aus einem Seitenzweig des Fusionszyklus, während die Neutrinos aus der wichtigsten p-p-Reaktion nur geringe Energien besitzen.

Homestake-Chlor-Experiment
Die ersten Beobachtungen der solaren Neutrinos wurden durch Ray Davis unternommen. Er baute einen großen Detektor aus CCl_4 und beabsichtigte, den inversen β-Zerfall in ^{37}Cl zu beobachten:

$$\nu_e + {}^{37}\mathrm{Cl} \rightarrow e^- + {}^{37}\mathrm{Ar} \quad .$$

Die Energieschwelle für diese Reaktion liegt bei 814 keV, so daß der Detektor für Neutrinos aus der Beryllium-Reaktion und aus dem Bor-Zerfall empfindlich ist. Ein Volumen von 380 m^3 (615 t) von C_2Cl_4 wurde in einem Tank in einer Tiefe entsprechend 4000 m Wasseräquivalent betrieben. Die wenigen erzeugten Atome des Isotops ^{37}Ar haben eine Halbwertszeit von 35 Tagen. In regelmäßigen Abständen von 70-100 Tagen wurden diese Edelgas-Atome mit einem Strom von Helium aus dem Tank extrahiert, in einer Falle gesammelt und in einen extrem reinen Proportionalzähler eingebracht. Beim Elektroneneinfang im ^{37}Ar, der dieses in ^{37}Cl zurück verwandelt, wird ein Auger-Elektron emittiert, das im Proportionalzähler nachgewiesen wird. Während 20 Jahren wurde in diesem Experiment ein Neutrinofluss von 2.55 ± 0.25 SNU gemessen, verglichen mit einem vorhergesagten Fluß von 7.9 ± 2.6 SNU, wenn es keine Oszillationen der Neutrinos auf dem Weg von der Sonne zur Erde geben würde. Die solare Neutrino-Einheit SNU ist definiert als 1 Einfang pro 10^{36} Target-Atome und Sekunde.

Gallium Neutrino-Experimente
Hier wird die folgende inverse β-Zerfallsreaktion benutzt:

$$\nu_e + {}^{71}\mathrm{Ga} \rightarrow e^- + {}^{71}\mathrm{Ge} \ .$$

Der große Vorteil dieser Reaktion ist es, dass die Schwelle bei dem niedrigen Wert von 233 keV liegt, so daß ein großer Teil der fundamentalen pp-Fusionsreaktion beobachtbar ist. Die vorhergesagte Rate von Neutrino-Reaktionen ist deshalb viel größer als für Chlor, nämlich 132 ± 20 SNU.

Der Gallex-Detektor beruhte auf der langjährigen Erfahrung mit niedrigen Zählraten am MPI für Kernphysik in Heidelberg (Till Kirsten). Er besteht (bis heute) aus 30 Tonnen Gallium in einer $GaCl_4$-Lösung, die im italienischen Untergrund-Labor unter dem Gran Sasso-Massiv installiert ist.

Die Neutrino-Reaktionen erzeugen $^{71}GeCl_4$, das für die Extraktion in GeH_4 umgewandelt wird. Dieses Gas wird zum Nachweis des Auger-Elektrons in einen Proportionalzähler eingebracht. Der gemessene Fluss ist (69.7 + 7.8 – 8.1) SNU, in Übereinstimmung mit dem aus den pp-Neutrinos allein kommenden Fluss von 74 SNU.

Ein alternativer Gallium-Detektor (SAGE) benutzt 60 Tonnen metallisches Gallium, aus dem die Germanium-Atome extrahiert werden. Es wurde im russischen unterirdischen Baksan-Laboratorium im Kaukasus installiert und erhielt einen Messwert für den Fluss von 73 ± 18 SNU.

Super-Kamiokande

Dieser Wasser-Cherenkov-Detektor beruht auf den Erfahrungen mit dem ursprünglich für die Suche nach dem Protonzerfall gebauten Kamiokande-Detektor. Nachdem es gelungen war, durch intensive Reinigung des Wassers den Untergrund aus Zerfällen radioaktiver Substanzen so zu reduzieren, dass eine Energieschwelle von 8 MeV erreichbar war, wurde ein riesiger Detektor mit 30000 Tonnen Wasser als Cherenkov-Radiator gebaut (Abb. 8.29). Die Neutrinos werden durch ihre elastische Streuung an den Elektronen und Protonen des Wassers nachgewiesen. Dabei entsteht Cherenkov-Strahlung. Die Ringe des Cherenkov-Lichtes werden durch 11200 Photomultiplier auf dem Mantel des zylinderförmigen Detektors von 41.4 m Höhe und 39 m Durchmesser nachgewiesen.

Der Detektor "sieht" auch die Elektron- und Myon-Neutrinos, die durch die kosmische Strahlung in der oberen Atmosphäre erzeugt werden. Die Form der Cherenkov-Ringe im Detektor unterscheidet sich, je nachdem ob Elektronen (aus Elektron-Neutrinos) oder Myonen (aus Myon-Neutrinos) den Cherenkov-Ring verursacht haben. Mit diesem Experiment konnte gezeigt werden, dass es Oszillationen (Umwandlungen) zwischen elektronartigen (ν_e) und myonartigen (ν_μ) Neutrinos gibt.

SNO Experiment

Ein weiteres Cherenkov-Experiment in der Sudbury-Mine in Kanada verwendet 1000 Tonnen schweres Wasser. Die Schwelle für den Nachweis von Neutrinos liegt bei 6 MeV. Dieser Detektor kann nicht nur (wie Super-Kamiokande) Elektron-Neutrinos nachweisen, sondern über neutrale schwache Ströme auch andere Neutrino-Sorten. Diese Reaktionen sind:

$$\nu_x + {}^2\mathrm{H} \to \nu_x + p + n \; ,$$
$$\nu_x + e^- \to \nu_x + e^- \; .$$

Der Detektor hat erfolgreich gearbeitet und hat mit dieser Messung aller Neutrino-Sorten im Jahr 2004 ein Ergebnis für den gesamten Neutrinofluß auf der Erde erhalten, das mit dem berechneten Fluß der solaren Elektron-Neutrinos (ohne Oszillation) übereinstimmt.

Alle Experimente zusammen haben gezeigt, dass sowohl die von der Sonne stammenden als auch die in der Atmosphäre erzeugten Neutrinos sich in andere Neutrino-Sorten umwandeln, und daß Neutrinos Masse haben.

Zukünftige Experimente an Kern-Reaktoren werden die Frage untersuchen, ob die Oszillation der Elektron-Antineutrinos aus den der Kernspaltung folgenden Beta-Zerfällen in einer Entfernung von etwa 1000 m vom Reaktor beobachtet werden kann. Dadurch würde die Frage beantwortet, ob eine Mischung der Neutrinos der ersten und der dritten Generation meßbar ist.

8.9 Detektoren der Astroteilchenphysik

Die kosmische Strahlung, die Victor Hess 1913 entdeckte, besteht hauptsächlich aus Protonen, leichten Kernen, Elektronen und Gammastrahlung. Die Methoden des Teilchennachweises sind dieselben wie in der Kern- und Elementarteilchenphysik.

Niederenergetische Strahlung wird vorwiegend mit Detektoren beobachtet, die auf Satelliten oder mit Ballonflügen in großer Höhe über der dichten Erdatmosphäre messen. Dagegen wurden und werden für den Nachweis von kosmischer Strahlung bei Energien oberhalb 100 GeV große erdgebundene Teleskope aufgebaut. Für die Gamma-Astronomie im TeV-Energiebereich sind dies die Detektoren HESS, CANGAROO II, MAGIC und VERITAS, die alle das Cherenkov-Licht des von der Gammastrahlung in der Atmosphäre verursachten Luftschauers messen. Für Luftschauer extrem hoher Energien bis 10^{21} eV wird in Argentinien das AUGER-Experiment aufgebaut. Der Suche nach hochenergetischen Neutrinos dient das Amanda-Experiment im antarktischen Eis, und eine ähnliche Richtung verfolgt das Wasser-Cherenkov-Experiment Antares im Mittelmeer vor Toulon.

8.9.1 Detektoren für die TeV-Gamma-Astronomie: HESS und MAGIC

Das Grundprinzip aller dieser Teleskope ist die Messung des Cherenkov-Lichtes, das die geladenen Teilchen (insbesondere Elektronen-Positronen) in einem Luftschauer emittieren (s. Kap. 1.2, Kap. 5.3). Der Luftschauer wird in ca. 10 km Höhe in der Atmosphäre ausgelöst, das Cherenkov-Licht wird in einem Kegel emittiert, dessen Öffnungswinkel der Cherenkov-Winkel θ_c bestimmt. Am Boden wird eine Fläche mit etwa 250 m Durchmesser beleuchtet. Dieses Licht, etwa 10 Protonen pro m^2 für einen Schauer von 100 GeV, wird durch große Hohlspiegel auf eine Kamera fokussiert, die das Bild digitalisiert.

Das HESS-Teleskop in Namibia besteht aus vier Spiegeln von je 12 m Durchmesser oder 107 m^2 Spiegelfläche (Abb. 8.31). Jeder dieser Spiegel ist aus 380 kreisförmigen aluminisierten Glas-Spiegeln mit 60 cm Durchmesser zusammengesetzt, wobei die Position jedes Einzelspiegels durch 2 Stellmotoren auf eine Genauigkeit von μm justiert werden kann. Der Lichtimpuls hat

Abb. 8.31. Zwei der 4 Cherenkov-Teleskope des HESS-Detektors in Namibia

eine Dauer von einigen ns. Er trifft in der Kamera auf 960 Silizium-Pixel-Detektoren, die eine Fläche mit einem Durchmesser von 1.4 m bedecken. Das Gesichtsfeld entspricht 5° am Himmel (der Mond hat zum Vergleich einen Durchmesser von 0.5^o). In mondlosen Nächten kann pro Jahr etwa während 1000 Stunden beobachtet werden. Aus den Bildern der 4 Teleskope, die an den Ecken eines Quadrats von 100 m Seitenlänge aufgestellt sind, kann durch Stereoskopie die Richtung des Luftschauers mit einer Genauigkeit von 0.1^o und der Auftreffpunkt des Schauers auf 10 bis 20 m genau bestimmt werden. Die Energie des Schauers kann auf 15% genau gemessen werden.

Mit diesem Teleskop hat die HESS-Kollaboration die Position der Gammaquelle nahe dem Zentrum unserer Milchstraße auf 30 arcsec genau bestimmt. Weiterhin konnte zum ersten Mal gezeigt werden, daß die Gammastrahlung aus dem Rest der Supernova RXJ1713.7–3946 von der Hülle des Restes dieser Supernova stammt, daß also die Schockwellen des expandierenden Supernova-Restes dort Teilchen auf Energien von TeV beschleunigen können. Dadurch wurde der Beschleunigungsmechanismus der kosmischen Strahlung aufgeklärt.

Ganz ähnliche Teleskope sind MAGIC mit einem Spiegel von 17 Metern Durchmesser (Abb. 8.32), CANGAROOII und VERITAS. Die Besonderheit des MAGIC-Teleskopes ist es, daß es wegen seiner Größe auch den Energiebereich zwischen 30 und 300 GeV beobachten kann, der mit kleineren Spiegeln nicht beobachtbar ist. Dazu dient eine Kamera im Brennpunkt des Spiegels von 1.2 m Durchmesser, die aus 576 Photomultipliern mit einer Quantenausbeute von 25% bis 30% besteht. Außerdem ist das Teleskop mechanisch so ausgerüstet, dass es trotz seiner Masse von 40 Tonnen jeden beliebigen Punkt des Himmels in 20 Sekunden anvisieren kann. Dies ist insbesondere für die Beobachtung von Gammablitzen ("Gamma Ray Bursts", GRB) sehr wichtig, die nur kurze Zeit am Himmel erscheinen. Die Reichweite des Teleskops erstreckt sich bis zu einer Entfernung von 8 Milliarden Lichtjahren.

Abb. 8.32. Das MAGIC-Teleskop auf La Palma. Der Spiegel mit 17 m Durchmesser und 239 m^2 Fläche besteht aus 1000 Einzelspiegeln

8.9.2 Das AUGER-Experiment

Die höchsten Energien der Teilchen der kosmischen Strahlung liegen im Bereich von 10^{21} eV. Dort sollte nach der Idee von Greisen und Zatsepin die Verteilung abbrechen, weil die Kollision der geladenen Teilchen mit der kosmischen Hintergrundstrahlung eine weitere Ausbreitung der Teilchen verhindert. Diese Frage soll mit dem riesigen AUGER-Experiment in der Pampa von Argentinien beantwortet werden. Dieses Experiment benutzt zum Nachweis des hochenergetischen Luftschauers 2 Methoden: die Messung der Teilchenzahl am Boden über eine Fläche von 3000 km^2 durch Nachweis des Cherenkov-lichtes in 1600 Wassertanks und die Messung des Fluoreszenzlichtes des atmosphärischen Stickstoffs im Schauer mit optischen Teleskopen (Abb. 8.33). Der

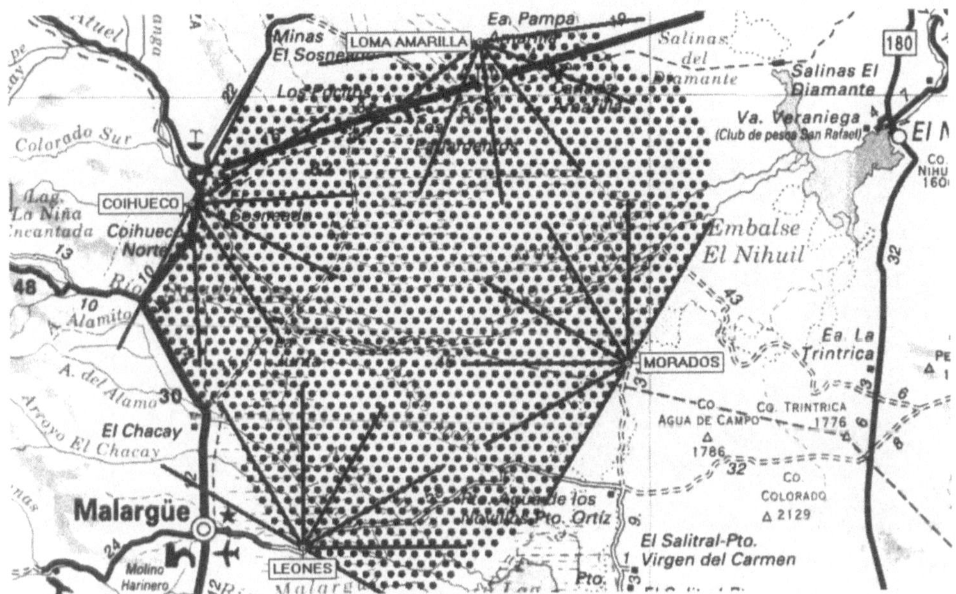

Abb. 8.33. Lageplan des Auger-Experimentes in der Pampa-Ebene in Argentinien. Die Punkte sind Wassertanks, die Richtungen der je 6 Luminiszenz-Detektoren an 4 Stellen sind angedeutet

Oberflächendetektor besteht aus 1600 Wasser-Cherenkovtanks (Abb. 8.34). Diese haben zylindrische Form mit einem Durchmesser von 3.6 m und einer Höhe von 1.2 m. Das Licht aus diesen 12 m^3 ultrareinen Wassers wird von 3 Photomultipliern mit 9″Kathodendurchmesser nachgewiesen. Myonen aus der kosmischen Strahlung ergeben ein Signal von 80 Photoelektronen. Ereignisse mit mehr als 4 ansprechenden Tanks werden registriert. Dies entspricht einer Nachweisschwelle von etwa 10^{18} eV. Der Fluoreszenzdetektor umfasst 24 Weitwinkel-Schmidt-Teleskope, die in 4 Stationen zusammengefasst sind (Abb. 8.35). Jedes Teleskop hat ein Gesichtsfeld von 30° in beiden Raumrichtungen. Die 4 Stationen am Rand des Oberflächendetektors beobachten mit ihren je 6 Teleskopen den inneren Bereich vollständig. Die einzelnen Teleskope haben Hohlspiegel mit 12 m^2 Fläche und einem Krümmungsradius von 3.4 m. In der Brennfläche des Spiegels registriert eine Photomultiplier-Kamera mit 20 × 22 Pixeln das Licht. Zusammen sind im Fluoreszenzdetektor 13200 Pixel enthalten. Die Impulse werden mit 10 MHz Sampling-Frequenz digitalisiert. Der Detektor wird im Jahr 2006 fertiggestellt.

(a)

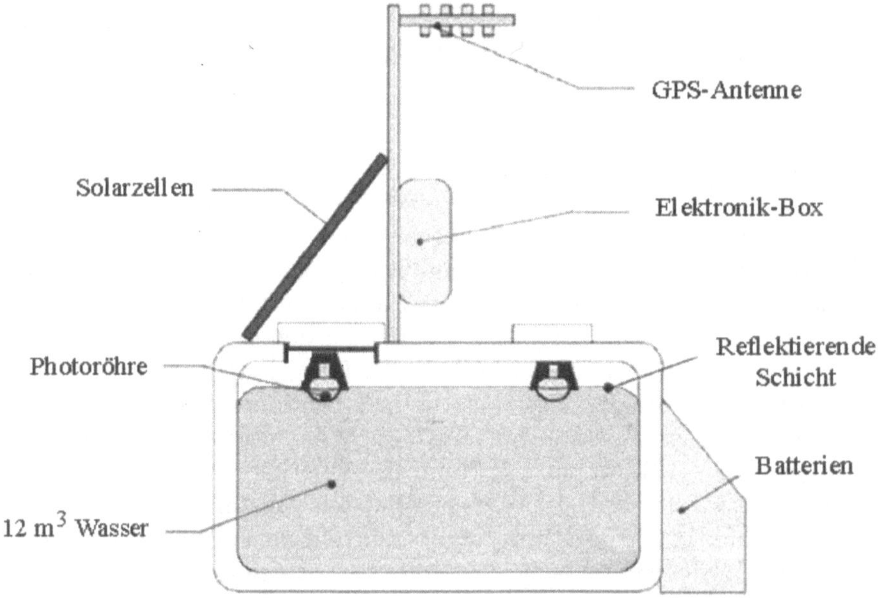

GPS-Antenne
Solarzellen
Elektronik-Box
Photoröhre
Reflektierende Schicht
Batterien
12 m^3 Wasser

(b)

Abb. 8.34. Ein Wassertank als Cherenkovdetektor des Auger-Experimentes. (**a**) Standort in der Pampa; (**b**) Schnittzeichung

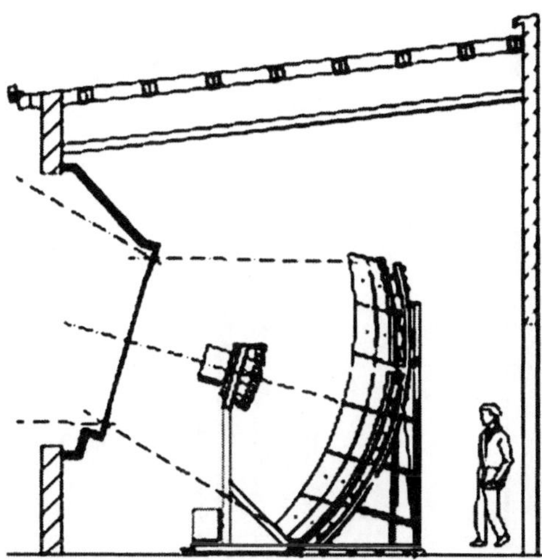

Abb. 8.35. Ein Lumineszenzdetektor des Auger-Experiments; links die Eintrittsöffnung, dann die Kamera aus Photomultipliern und der sphärische Hohlspiegel mit 12 m^2 Fläche

8.9.3 Detektoren für kosmische Neutrinos: Amanda am Südpol und Antares im Mittelmeer

Zum Nachweis hochenergetischer kosmischer Neutrinos braucht man sehr große Targetmassen. Das einzige Material dafür ist Wasser als Flüssigkeit oder als Eis. Die Amanda-Kollaboration hat sich für das transparente Eis der Antarktis entschieden. Das Cherenkovlicht der durch Neutrinos erzeugten Myonen oder Elektronen im Eis dient zum Nachweis, die Erde mit ihrer maximalen Dicke von 13000 km als Abschirmung gegen geladene kosmische Teilchen. Das Cherenkovlicht wird von Photomultipliern nachgewiesen, die in 2000 m tiefen Löchern im Eis eingelassen werden. Bei Amanda II sind dies etwa 677 Photomultiplier an 19 Ketten (Abb. 8.36).

Bei dem zukünftig geplanten noch größeren Detektor Icecube (Eiswürfel) ist es wieder das Cherenkovlicht der von Neutrinos erzeugten geladenen Leptonen, das zum Nachweis dient. Dieser Detektor wird ein empfindliches Volumen von 1 km^3 haben. Es wird aus 80 Ketten von je 60 optischen Modulen bestehen, die in einer Tiefe von 1400 m bis 2400 m unter der Oberfläche des antarktischen Eises eingeschmolzen werden. Die Oberfläche des Detektors hat die Form eines Sechsecks von 1 km^2 Fläche.

Eine Alternative zu diesem Amanda-Experiment mit derselben Zielsetzung ist das Antares-Unterwasser-Experiment im Mittelmeer vor der Küste von Toulon (Abb. 8.37). Die optischen Module hängen an Ketten, die am Meeresboden befestigt sind und mit Schwimmkörpern stabilisiert werden. Die Transparenz des Wassers ist ungünstiger als die des arktischen Eises, dagegen ist die Streuung des Lichts im Wasser weniger störend als im Eis. Dieser Antares-Detektor mit 0.1 km^2 Oberfläche soll bis 2006 fertiggestellt

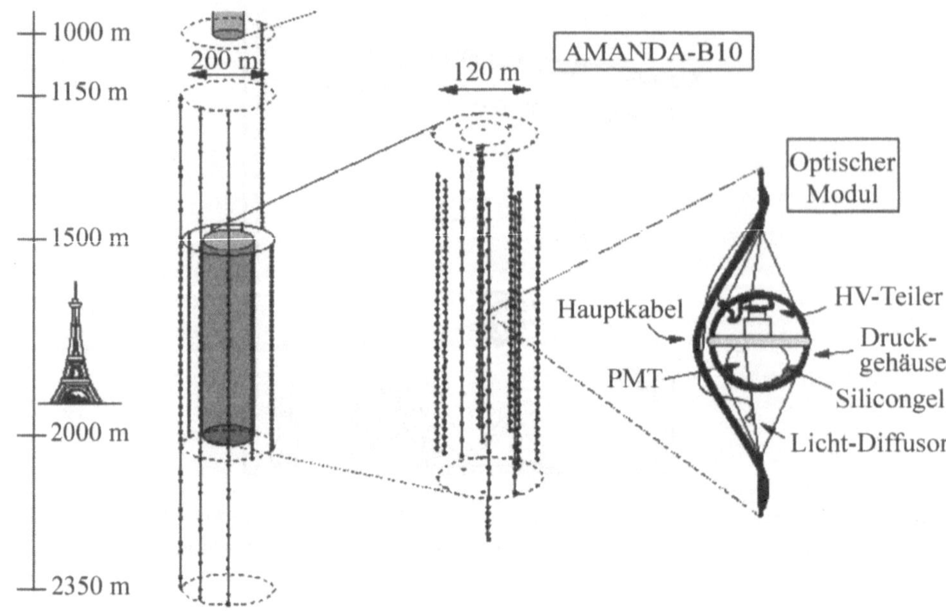

Abb. 8.36. Das AMANDA-Experiment am Südpol

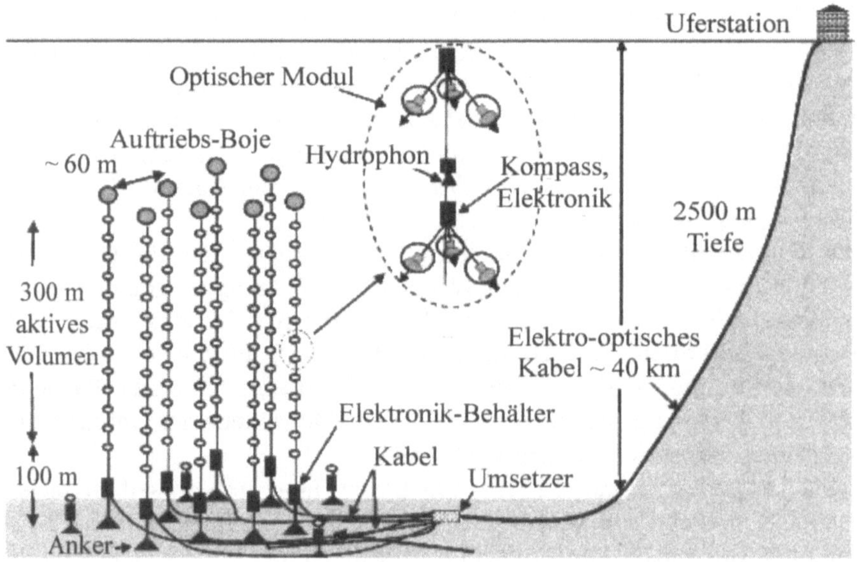

Abb. 8.37. Das Antares-Experiment im Mittelmeer bei Toulon

werden und von 2006 bis 2010 Daten über Neutrinos aus der Südhalbkugel der Galaxis einschließlich deren Zentrum liefern, während Amanda diesen Bereich nicht beobachten kann.

8.10 Nachweis dunkler Materie

Aus der kosmischen Hintergrundstrahlung im Mikrowellenbereich, die eine Energieverteilung entsprechend dem Planckschen Strahlungsgesetz mit einer Temperatur von 2.73 K zeigt, kann man in kosmologischen Modellen die Zusammensetzung der Materie des Universums erschließen. Da die mittlere Temperatur dieser Strahlung eine winzige räumliche Variation von 10^{-5} K aufweist, kann man die räumliche Verteilung dieser Fluktuation verwenden, um den Anteil an baryonischer Materie zu 4% und den Anteil dunkler, nichtstrahlender Materie auf etwa 25% bestimmen. Der Rest von 70% ist die rätselhafte dunkle Energie, die mit der kosmologischen Konstante in den Einstein-Gleichungen zusammenhängt.

Die dunkle Materie könnte aus heißer dunkler Materie ("hot dark matter") bestehen, d. h. aus fast masselosen Neutrinos, die sich mit Lichtgeschwindigkeit ausbreiten. Da aber die beobachtete Variation der Mikrowellenstrahlung auf relativ kleinen räumlichen Abständen stattfindet, kann die dunkle Materie nicht vorwiegend aus Neutrinos bestehen. Die Suche nach der dunklen Materie konzentriert sich daher auf schwach wechselwirkende massive Teilchen, die sog. WIMPs ("Weakly Interacting Massive Particles").

Um solche Teilchen nachzuweisen, sind Detektoren entwickelt worden, die den elastischen Stoß der WIMPs gegen einen Kern des Detektormaterials nachweisen sollen. Die Rückstoßenergie des Kerns liegt im Bereich von einigen keV; sie wird umgesetzt in dreierlei Weise: 1) durch Übertragung auf den Kristall über Phononen mit einer daraus folgenden Erwärmung im Bereich 10^{-6} K; 2) durch Ionisation; 3) durch Szintillation. Der primäre Nachweis erfolgt über die Erwärmung, die durch ein Bolometer (z.B. einen Halbleiter-Thermistor) gemessen wird. Untergrund-Prozesse durch β- und γ-Radioaktivität führen vorwiegend zu einem Elektron-Rückstoß und deshalb bei gleicher Erwärmung zu einer höheren deponierten Energie durch Ionisation. Es ist also vorteilhaft, sowohl die Erwärmung über ein Bolometer als auch die durch Ionisation deponierte Ladung zu messen.

Um das thermische Rauschen in dem Bolometer zu unterdrücken, ist ein Betrieb bei niedrigen Temperaturen (10–20 mK) notwendig. Für solche Messungen sind deswegen mit Helium gekühlte Halbleiterdetektoren (siehe Kap. 2.5) gut geeignet. Das Prinzip der Detektoren ist in Abb. 8.38 gezeigt. Einige der empfindlichen Detektoren sind die folgenden:

Edelweiss

In diesem Experiment wurden drei Germanium-Kristalle von je 320 g Masse über 4 Monate im Untergrund-Labor im Frejus-Tunnel bei Modane

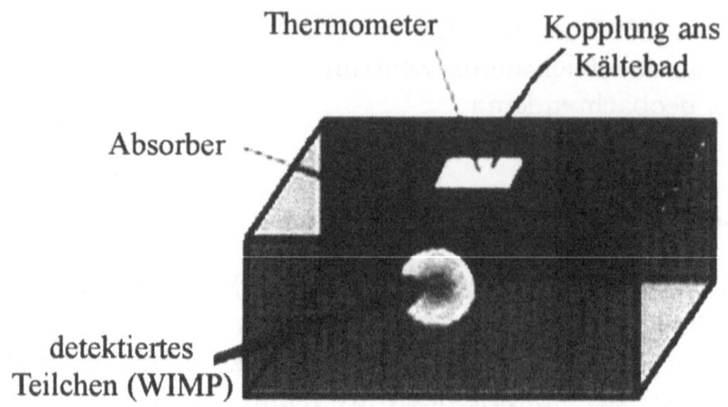

Abb. 8.38. Prinzip eines Detektors für den Nachweis von dunkler Materie: Kristall und Bolometer (oder Thermometer)

betrieben. Die Temperaturänderung wurde mit jeweils einem aufgeklebten, aber elektrisch isolierten Thermistor der Dimension $2 \times 1 \times 0.8\,\text{mm}^3$ als Bolometer gemessen. Die Temperatur von 10-20 mK wurde durch einen He^3-He^4-Mischkryostaten erreicht. Die Schwelle für den Nachweis der Rückstoßenergie lag bei 13 keV. Die Empfindlichkeit des Experimentes wird ausgedrückt in dem Produkt $62\,\text{kg} \cdot \text{d}$ aus der empfindlichen Detektormasse multipliziert mit der Zahl der effektiven Meßtage. Daraus ergab sich eine gemessene Obergrenze für den Spin-unabhängigen Streuquerschnitt der WIMPs an einem Nukleon von etwa $10^{-42}\,\text{cm}^2$ für eine WIMP-Masse von 60 GeV.

CDMS (Cryogenic Dark Matter Laboratory)

Dieses Experiment ist im Untergrund-Laboratorium der Soudan-Mine untergebracht. Hier wurden 4 Germanium- und 2 Silizium-Detektoren betrieben, Rückstoßenergien von 10 bis 100 keV konnten registriert werden. Nach einem Betrieb von effektiv 53 Tagen, entsprechend einem Produkt von $19.4\,\text{kg} \cdot \text{d}$, wurde eine Obergrenze von $4 \times 10^{-43}\,\text{cm}^2$ für den Wirkungsquerschnitt für die Streuung eines hypothetischen WIMP von 60 GeV Masse an einem Nukleon über eine skalare Wechselwirkung gemessen. Die Erweiterung dieses Experimentes (CDMS II) wird in einem Ausbau auf 7×6 Detektoren aus Germanium und Silizium bestehen.

CRESST

Der Name bezeichnet das Experiment *Cryogenic Rare Event Search with Superconducting Thermometer* im Gran Sasso Untergrund-Labor. Hier dient ein Saphir-Kristall von 262 g Masse als Target, der bei 12 mK betrieben wird und eine Messung von Rückstoßenergien bis zu einer Untergrenze von 500 eV erlaubt. Das Thermometer ist ein supraleitender Gold-Iridium-Film, der in einem sehr engen Temperaturbereich von etwa 1 mK Breite von der supraleitenden in die normalleitende Phase übergeht (Abb. 8.39). Eine kleine Tempe-

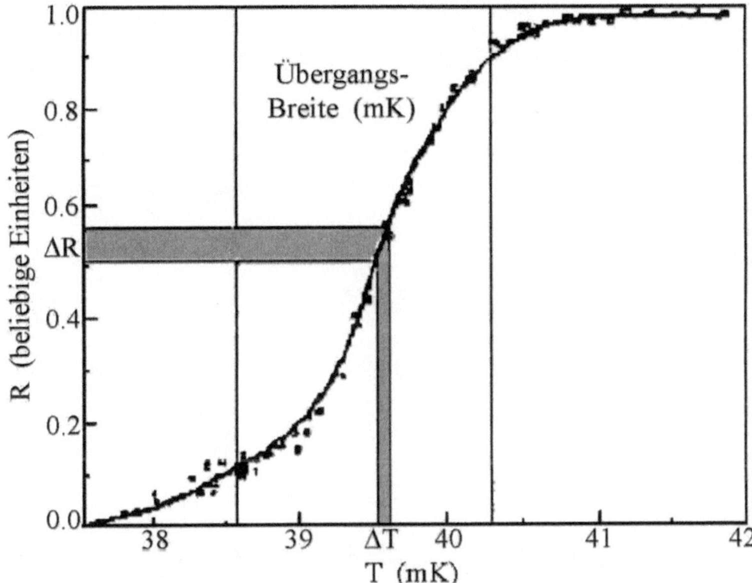

Abb. 8.39. Charakteristik des SQUID-Thermometers von CRESST: elektrischer Widerstand R des supraleitenden Iridium-Gold-Filmes als Funktion der Temperatur T (mK).

raturänderung von 10^{-6} K verursacht so eine große Änderung ΔR des elektrischen Widerstandes. Mit dieser niedrigen Nachweisschwelle ist CRESST damit im Bereich kleiner WIMP-Massen der empfindlichste thermische Detektor. Die Abmessung besteht aus 24 t Blei und 10 t Kupfer, der Detektor sitzt in einem ultrareinen Kryobehälter im flüssigen Helium und wird durch einen Kühlfinger weiter abgekühlt. Mit diesem Detektor und der Abschirmung im Untergrund-Labor wurde eine Untergrund-Rate (aus radioaktiven Zerfällen) von einem Ereignis pro keV Energieintervall pro Tag und Kilogramm Detektormaterial erreicht.

Die Obergrenze für den Streuquerschnitt zwischen WIMP und Nukleon lag bei $10^{-42}\,\mathrm{cm}^2$ für eine spinunabhängige Wechselwirkung. Eine Verbesserung der Empfindlichkeit wird das im Aufbau befindliche CRESST II-Experiment erreichen. Es verwendet transparente szintillierende $CaWO_4$-Kristalle mit 10 kg Gesamtmasse. In diesen wird sowohl die Erwärmung mit supraleitenden Thermometern als auch das Szintillationslicht mit einem Tieftemperaturdetektor gemessen. Durch die dann mögliche Unterdrückung des Untergrundes aus der radioaktiven β- und γ-Aktivität kann die Empfindlichkeit des Experiments um viele Größenordnungen auf etwa $10^{-44}\,\mathrm{cm}^2$ pro Nukleon gesteigert werden. Bei einer solchen Empfindlichkeit müßten die leichtesten supersymmetrischen Teilchen nachweisbar sein, wenn deren Masse in dem von den theoretischen Modellen vorausgesagten Bereich liegt.

Literaturverzeichnis

[AB 81] H. Abramowicz et al.: Nucl. Instr. Meth. **180**, 429 (1981)

[AD 74] M. Aderholz et al.: Nucl. Instr. Meth. **118**, 419 (1974)

[AD 90] B. Adeva et al.: Nucl. Instr. Meth. **A289**, 35 (1990)

[AK 77] G. A. Akapdjanov et al.: Nucl. Instr. Meth. **140**, 441 (1977)

[AK 92] A. Aker et al.: Nucl. Instr. Meth. **A321**, 69 (1992)

[AL 56] W. P. Allis: Hdb. d. Physik, Vol. XXI (Springer Verl., Heidelberg 1956) p. 383

[AL 67] G. D. Alkhazov et al.: Nucl. Instr. Meth. **48**, 1 (1967)

[AL 69] O. C. Allkofer: *Spark Chambers* (Thiemig Verl. München 1969)

[AL 80] W. W. M. Allison, J. H. Cobb: Ann. Rev. Nucl. Sci. **30**, 253 (1980)

[AL 81] W. W. M. Allison: Phys. Scripta **23**, 348 (1981)

[AL 82] K. Alpgard et al., (UA 5 Koll.): Phys. Lett. **107B**, 315 (1981)

[AL 83] W. W. M. Allison, P.R.S. Wright: Univ.Oxford, Preprint OUNP 35/83 (1983)

[AL 90] Aleph-Kollaboration (Bari-Bejing-CERN-Clermont Ferrand-Copenhagen-Demokritos-Ecole Polytechnique-Edinburgh-Frascati-Glasgow-Heidelberg-Imperial College-Lancaster-Mainz-Marseille- MPI München-Orsay-Pisa-Rutherford Laboratory-Saclay-Sheffield- Siegen-Trieste-Westfield College-Wisconsin), D. Decamp et al.: Nucl. Instr. Meth. Phys. Res. **A294**, 121 (1990)

[AM 81] U. Amaldi: Phys.Scripta **23**, 409 (1981)

[AM 85] S. R. Amendolia et al.: Nucl. Instr. Meth. **239A**, 192 (1985)

[AN 79] H. Anderhub et al.: Nucl. Instr. Meth. **166**, 581 (1979); **176**, 323 (1980)

[AR 75] X. Artru et al.: Phys. Rev. **D12**, 1289 (1975)

[AR 81] C. Arnault et al.: Phys. Scripta **23**, 710 (1981)

[AT 83] W. B. Atwood et al.: Nucl. Instr. Meth. **206**, 99 (1983)

[AU 89] V. M. Aulchenko et al.: Novosibirsk-Bologna-Milano-Pavia Collaboration, Preprint Novosibirsk 89-124

[AU 91] B. Aubert et al.: RD-3 collaboration, CERN

[BA 56] M. V. Babykin et al.: Sov. J. Atomic Energy IV, 627 (1956)

[BA 83] R. Bailey et al.: Nucl. Instr. Meth. **213**, 201 (1983)

[BA 70] G. Bathow et al.: Nucl. Phys. **B20**, 592 (1970)

[BA 78] B. Barish et al.: IEEE Trans. Nucl. Sci. **NS 25**, 532 (1978)

[BA 79] W. Bartel et al.: Phys. Lett. **88B**, 171 (1979)

[BA 80] M. Barranco Luque et al.: Nucl. Instr. Meth. **176**, 175 (1980)
[BA 84] A. Bamberger et al.: Nucl. Instr. Meth. **224**, 408 (1984)
[BA 85] J. Bakken et al., (L3 Koll.): Nucl. Instr. Meth. **228**, 294 (1985)
[BA 90] A. Baranov et al., Moscow PEI-Lebedev Kollaboration: Preprint CERN-EP/90-03
[BA 96] G. D. Barr et al.: Nucl. Instr. Meth. **A370**, 413 (1996)
[BE 30] H. A. Bethe: Annalen d. Physik **5**, 325 (1930)
[BE 32] H. A. Bethe: Z. Physik **76**, 293 (1932)
[BE 33] H. A. Bethe: Hdb. Physik **24**, 518 (1933)
[BE 68] G. Bertolini, A. Coche: *Semiconductor Detectors* (North-Holland, Amsterdam 1968)
[BE 71] I. B. Berlmann: *Fluorescence Spectra of Aromatic Molecules* (Academic Press, NY und London 1971)
[BE 77] *BEBC Users Handbook*, (CERN 1977)
[BE 80] J. D. E. Beynon, D.R. Lamb: *Charge-Coupled Devices and Their Applications* (New York 1980)
[BE 81] H. J. Behrend et al.: Phys.Scripta **23**, 610 (1981)
[BE 83] E. Belau et al.: Nucl. Instr. Meth. **214**,253 (1983)
[BE 92] W. Beusch et al., WA 89 experiment CERN-Heidelberg collaboration: Preprint HD-PY 92/07
[BI 64] J. B. Birks, *Theory and Practice of Scintillation Counting* (Pergamon Press, Oxford 1964)
[BI 75] H. Bichsel, R.P. Saxon: Phys. Rev. **A11**, 1286 (1975)
[BI 81] F. Binon et al.: Nucl. Instr. Meth. **188**,507 (1981)
[BI 83] R. M. Bionta et al.: Phys. Rev. Lett. **51**, 27 (1983)
[BL 50] O. Blunck, S. Leisegang: Z. Physik **128**, 500 (1950)
[BL 60] H. L. Blankenship, C. J. Borkowski: IRE Trans. Nucl. Sci. **NS-7**, 190 (1960)
[BL 81] W. Blum (München), priv. Mitteilung (1981)
[BL 82] H. Blümer: Dipomarbeit Dortmund 1982
[BL 86] E. Blucher et al.: Nucl. Instr. Meth. **A249**, 201 (1986)
[BO 80a] H. Boerner et al.: DESY 80/27 (1980)
[BO 80b] J. Bourotte, B. Sadoulet: Nucl. Instr. Meth. **173**, 463 (1980)
[BO 81] H. Bourdinaud, J.C. Thevenin: Phys. Scripta **23**, 534 (1981)
[BO 83] A. Bodek et al.: Z. Physik **C18**, 289 (1983)
[BO 94] J. Bohm et al.:CERN-PPE/94-115 (1994)
[BR 59] S. C. Brown: *Basic Data of Plasma Physics* (MIT Press, Cambridge, MA 1959)
[BR 61] W. L. Brown: IRE Trans. Nuc. Sci. **NS-8**, 2 (1961)
[BR 74] A. Breskin et al.: Nucl. Instr. Meth. **119**, 9 (1974)
[BR 75] A. Breskin et al.: Nucl. Instr. Meth. **124**, 189 (1975)
[BR 79] C. Brassard: Nucl. Instr. Meth. **162**, 29 (1979)
[BR 81] W. Braunschweig: Phys. Scripta **23**, 384 (1981)
[BU 60] R. H. Bube: *Photoconductivity of Solids* (J. Wiley Verl. New York 1960)
[BU 88] H. Burkhardt et al.: Nucl. Instr. Meth. Phys. Res. **A268**, 116 (1988)
[CA 74] M. Cantin et al.: Nucl. Instr. Meth. **118**, 177 (1974)
[CA 81a] P. J. Carlson et al.: Phys. Scripta **23**, 708 (1981)

[CA 81b] P. J. Carlson: Phys. Scripta **23**, 393 (1981)
[CH 37] P. A. Cherenkov: Phys. Rev. **52**, 378 (1937)
[CH 63] G. E. Chikovani et al.: Phys. Lett. **6**, 254 (1963)
[CH 64] P. A. Cherenkov, I. M. Frank, I. E. Tamm: *Nobel Lectures in Physics* (Elsevier, New York 1964)
[CH 68] G. Charpak et al.: Nucl. Instr. Meth. **62**, 262 (1968)
[CH 70a] G. Charpak et al.: Nucl. Instr. Meth. **80**, 13 (1970)
[CH 70b] G. Charpak: Ann. Rev. Nucl. Sci. **20**, 195 (1970)
[CH 72] G. Charpak: *Decouverte* 9 (Feb. 1972)
[CH 78a] G. Charpak et al.: Nucl. Instr. Meth. **148**, 471 (1978)
[CH 78b] Y. Chan et al.: IEEE Trans. Nucl. Sci. **NS-25**, 333 (1978)
[CO 55] M. Conversi, A. Gozzini: Nuovo Cim. **2**, 189 (1955)
[CO 75] J. H. Cobb: Ph.D. Thesis, Univ.Oxford (1975)
[CO 76] J. H. Cobb et al.: Nucl. Instr. Meth. **133**, 315 (1976)
[CO 77] J. H. Cobb et al.: Nucl. Instr. Meth. **140**, 413 (1977)
[CO 78] M. Conversi, L. Federici: Nucl. Instr. Meth. **151**, 93 (1978)
[CO 80] V. Commichau et al.: Nucl. Instr. Meth. **176**, 325 (1980)
[CO 81] D. Cockerill et al.: Phys. Scripta **23**, 649 (1981)
[CO 86] F. Corriveau: CERN Helios Note 145 (1986) unveröffentlicht
[CR 60] J. W. Cronin, G. Renninger: Proc. Int. Conf. on Instr. for High En. Physics, Berkeley (1960), p. 271
[CR 62] D. F. Crawford, H. Messel: Phys. Rev. **128**, 352 (1962)
[CU 71] W. Cunitz et al.: Nucl. Instr. Meth. **91**, 211 (1971)
[DA 79] W. Davies-White et al.: Nucl. Instr. Meth. **160**, 227 (1979)
[DA 81] C. J. S. Damerell et al.: Nucl. Instr. Meth. **185**, 33 (1981)
[DA 82] C. Damerell: in *Physics in Collision 4*, ed. A. Seiden, (Ed. Frontières, Gif-sur-Yvette 1986) p. 453
[DA 83] M. Danilov et al.: Nucl. Instr. Meth. **217**, 153 (1983)
[DA 86] C. Damerell, in: *Physics in Collision 4*, Hrsg.: A. Seiden, (Ed. Frontières, Gif-sur-Yvette 1986) p. 453
[DA 87] C. J. S. Damerell et al.: Nucl. Instr. Meth. **A253**, 478 (1987)
[DA 90] C. Damerell: Nucl. Instr. Meth. **A288**, 236 (1990)
[DE 66] G. Dearnaley, D. C. Northrop: *Semiconductor Detectors for Nuclear Radiations* (J. Wiley, NewYork 1966)
[DE 82] M. de Salvo, R. de Salvo: Nucl. Instr. Meth. **201**, 357 (1982)
[DE 91] DELPHI-Kollab., P. Aarnio et al.: Nucl. Instr. Meth. **A303**, 233 (1991)
[DH 77] S. Dhawan, R. Majka: IEEE Trans. Nucl. Sci. **NS-24**, 270 (1977)
[DI 78] M. Dine et al.: Fermilab proposal 490 (1978)
[DI 79] P. Dishaw: Ph.D. Thesis, Stanford Univ. (1979)
[DI 80] A. N. Diddens et al.: Nucl. Instr. Meth. **178**, 27 (1980)
[DR 80] H. Drumm et al.: Nucl. Instr. Meth. **176**, 333 (1980)
[DY 81] M. Dykes et al.: Nucl. Instr. Meth. **179**, 487 (1981)
[EC 77] V. Eckhardt et al.: Nucl. Instr. Meth. **143**, 235 (1977)
[EC 80] V. Eckhardt: priv. Mitteilung (1980)
[EI 79] F. R. Eisler: Nucl. Instr. Meth. **163**, 105 (1979)
[EI 80] F. Eisele, K. Kleinknecht, D. Pollmann, B. Renk: Internal Report, Univ. Dortmund (1980)

[EK 81] T. Ekelöf et al.: Phys. Scripta **23**, 781 (1971)

[EN 53] W. N. English, G. C. Hana: Can. J. Phys. **31**, 768 (1953)

[EN 74] J. Engler et al.: Nucl. Instr. Meth. **120**, 157 (1974)

[ER 72] G. A. Erskine: Nucl. Instr. Meth. **105**, 565 (1972)

[ER 77] V. C. Ermilova et al.: Nucl. Instr. Meth. **145**, 555 (1977)

[EV 58] R. D. Evans: *Hdb. d. Physik*, Vol. 34 (Springer Verl. Heidelberg 1958) p. 218

[FA 75] C. W. Fabjan, W. Struscinski: Phys. Lett. **57 B**, 484 (1976)

[FA 77] C. W. Fabjan et al.: Nucl. Instr. Meth. **141**, 61 (1977)

[FA 79] D. Fancher et al.: Nucl. Instr. Meth. **161**, 383 (1979)

[FA 80] C. W. Fabjan, H. G. Fischer: Rep. Progr. Phys. **43**, 1003 (1980)

[FA 81] C. W. Fabjan et al.: Nucl. Instr. Meth. **185**, 119 (1981); **216**, 105 (1983)

[FI 75] H. G. Fischer et al.: Proc. Int. Meeting on Prop. and Drift-Chambers, JINR-report D 13-9164, Dubna 1975

[FI 78a] H. G. Fischer: Nucl. Instr. Meth. **156**, 81 (1978)

[FI 78b] C. Fichtel, R. Hofstadter, K. Pinkau et al.: Proposal for a high-energy gamma-ray telescope on the gamma-ray observatory (Feb.1978)

[FL 81] G. Flügge et al.: Phys. Scripta **23**, 499 (1981)

[FR 44] O. Frisch: British Atomic Energy Report BT-49 (1944) unpublished

[FR 55] W. B. Fretter: Ann. Rev. Nucl. Sci. **5**, 156 (1955)

[FU 58] H. W. Fulbright: *Ionization chambers in nuclear physics*, in Hdb. d. (Physik, Springer Verl. Heidelberg 1958)

[GA 60] R. L. Garwin: Rev. Sci. Instr. **31**, 1010 (1960)

[GA 72] R. L. Garwin et al.: SLAC-Pub-1133 (1972)

[GA 73] G. M. Garibian: Proc.5-th Int. Conf. on Instrumentation for High Energy Physics, Frascati (1973) p. 329

[GI 46] V. L. Ginzburg, I. M. Frank: JETP **16**, 15 (1946)

[GL 52] D. A. Glaser: Phys. Rev. **87**, 665 (1952); **91**, 496 (1953)

[GL 58] D. A. Glaser: Hdb. Physik **45**, 314 (1958)

[GL 63] R. L. Glückstern: Nucl. Instr. Meth. **24**, 381 (1963)

[GR 75] R. L. Grasty: Geophys. **40**, 503 (1975)

[GR 80] G. Grayer, J. Homer (Rutherford Lab.): priv. Mitteilung (1980)

[GU 82] J. C. Guo et al.: Nucl. Instr. Meth. **204**, 77 (1982)

[HA 73] F. Harris et al.: Nucl. Instr. Meth. **107**, 413 (1973)

[HA 74] T. M. Harrington et al.: Nucl. Instr. Meth. **118**, 401 (1974)

[HA 81a] C. K. Hargrove et al.: Phys. Scripta **23**, 668 (1981)

[HA 81b] G. Harigel et al.: Nucl. Instr. Meth. **187**, 363 (1981)

[HA 82] G. Harigel (CERN): priv. Mitteilung (1982)

[HE 78] R. C. Herzog: Trans. AIME Conference, Houston, Texas (Okt. 1978)

[HE 79] R. L. Heath et al.: Nucl. Instr. Meth. **162**, 431 (1979)

[HE 81] S. Henning, L. Svensson: Phys. Scripta **23**, 697 (1981)

[HE 82] A. Hervé et al.: Preprint CERN-EP/82-28 (1982)

[HI 80] H. Hilke: Nucl. Instr. Meth. **174**, 145 (1980)

[HI 81] D. Hitlin: Phys. Scripta **23**, 634 (1981)
[HO 76] W. Hofmann et al.: Nucl. Instr. Meth. **135**, 151 (1976)
[HO 78a] M. Holder et al.: Nucl. Instr. Meth. **148**, 235 (1978)
[HO 78b] M. Holder et al.: Nucl. Instr. Meth. **151**, 69 (1978)
[HO 79] W. Hofmann et al.: Nucl. Instr. Meth. **163**, 77 (1979)
[HU 72] E. B. Hughes et al.: Stanford Univ. Report Nr. 627 (1972)
[HU 85] G. Hubricht et al.: Nucl. Instr. Meth. **228**, 327 (1985)
[HY 83] B. Hyams et al.: Nucl. Instr. Meth. **205**, 99 (1983)
[JA 66] J. D. Jackson: *Classical electrodynamics* (J.Wiley Verl., New York 1966)
[KA 81] V. Kadansky et al.: Phys. Scripta **23**, 680 (1981)
[KE 48] I. W. Keuffel: Phys.Rev. **73**, 531 (1948); Rev. Sci. Instr. **20**, 202 (1949)
[KE 70] G. Keil: Nucl. Instr. Meth. **83**, 145 (1970); **87**, 111 (1970)
[KI 10] S. Kinoshito: Proc. Roy. Soc. **A83**, 432 (1910)
[KI 79] I. Kirkbridge: IEEE Trans **NS-26**, 1535 (1979)
[KI 81] W. Kienzle (CERN): priv. Mitteilung (1981)
[KL 70] K. Kleinknecht et al.: CERN NP Int. Report 70-18 (1970)
[KL 81] P. Klasen et al.: Nucl. Instr. Meth. **185**, 67 (1981)
[KL 82a] K. Kleinknecht: Phys. Rep. **84**, 85 (1982)
[KL 82b] F. Klawonn et al.: Nucl. Instr. Meth. **195**, 483 (1982)
[KL 87] R. Klanner (DESY): priv. Mitteilung
[KN 74] G. Knies, D. Neuffer: Nucl. Instr. Meth. **120**, 1 (1974)
[KN 79] G. F. Knoll: *Radiation Detection and Measurement* (J. Wiley Verl. New York 1979)
[KO 81] M. Kobayashi et al.: Nucl. Instr. Meth. **189**, 629 (1981)
[KU 76] D. E. Kuhl et al.: Radiology **121**, 405 (1976)
[KU 83] H. Kume et al.: Nucl. Instr. Meth. **205**, 443 (1983)
[L3 90] L3-Kollaboration, B. Adeva et al.: Nucl. Instr. Meth. **A289**, 35 (1990)
[LA 44] L. D. Landau: J. Exp. Phys. (USSR) **8**, 201 (1944)
[LA 83] J. Layter: priv. Mitteilung (1983)
[LE 78a] I. Lehraus et al.: Nucl. Instr. Meth. **153**, 347 (1978)
[LE 78b] B. Leskovar, C. C. Lo: IEEE Trans. Nucl. Sci. **NS-25**, 582 (1978)
[LE 81a] I. Lehraus et al.: Phys. Scripta **23**, 727 (1981)
[LE 81b] I. Lehraus et al.: Preprint CERN/EF 81-14 (1981)
[LE 81c] P. Lecomte et al.: Phys. Scripta **23**, 377 (1981)
[LE 83a] B. Leskovar: Recent Advances in High-Speed Photon Detectors, 6-th Int. Conf. Laser 83-Opto-Electronics, München (1983)
[LE 83b] I. Lehraus: Proc. Wire Chamber Conf. Vienna (Feb. 1983), CERN/EF 83-3
[LE 86] C. Leroy et al.: Nucl. Instr. Meth. **A252**, 4 (1986)
[LI 73] J. Litt, R. Meunier: Ann. Rev. Nucl. Sci. **23**, 1 (1973)
[LO 61] L. B. Loeb: *Basic Processes of Gaseous Electronics* (Univ. of California Press, Berkeley 1961)
[LO 75] E. Longo, I. Sestili: Nucl. Instr. Meth. **128**, 283 (1975)
[LO 81] E. Lorenz (München): priv. Mitteilung (1981)

[LO 83] E. Lohrmann: *Einführung in die Elementarteilchenphysik* (Teubner Verl., Stuttgart 1983)
[LO 84] C. Longuemare: priv. Mitteilung (1984)
[LU 81] T. Ludlam et al.: Nucl. Instr. Meth **180**, 413 (1981)
[LU 84] G. Lutz (München): priv. Mitteilung (1984)
[LY 79] U. Lynen et al.: Nucl. Instr. Meth. **162**, 657 (1979)
[MA 69] H. D. Maccabee, D. G. Papworth: Phys. Lett. **A30**, 241 (1969)
[MA 77] G. Marel et al.: Nucl. Instr. Meth. **141**, 43 (1977)
[MA 78] J. N. Marx, D. R. Nygren: Physics Today 46 (Oct. 1978)
[MA 84] R. D. Majka et al.: Nucl. Instr. Meth. **192**, 241 (1982)
[ME 64] A. E. Metzger et al.: Nature **204**, 766 (1964)
[ME 84] P. Meyer (Chicago): priv. Mitteilung (1984)
[ME 85] H. Meyer (Wuppertal): priv. Mitteilung (1985)
[MO 80] L. Montanet: Proc. XX-th Int. Conf. on High Energy Physics, Madison, Wisconsin (July 1980), p. 863
[MU 58] R. B. Murray: Nucl. Instr. Meth. **2**, 237 (1958)
[NA 1] Frascati-Milano-Pisa-Roma-Torino-Trieste Koll., S.R. Amendolia et al.: CERN proposal, SPSC/74 - 15/P6
[NA 5] Bari-Cracow-Liverpool-München(MPI)-Nijmegen Koll.: CERN proposal SPSC/75 - 1/P37
[NA 48] CERN, Edinburgh-Mainz-Perugia-Pisa-Saclay-Siegen-Wien-Kollaboration, unpublished
[NA 65] H. H. Nagel: Z.Physik **186**, 319 (1965)
[NA 70] R. Nathan, M. Mee: Phys. Sol. **A2**, 67 (1970)
[NA 72] Y. Nakato et al.: Bull. Chem. Soc. Japan **45**, 1299 (1972)
[NE 66] H. Neuert: *Kernphysikalische Messverfahren* (G. Braun Verl. Karlsruhe 1966)
[NE 75] O. H. Nestor, C. N. Huang: IEEE Trans. Nucl. Sci. **NS-22** (1975) 68
[NY 74] D. R. Nygren: LBL Int. Report (Feb. 1974)
[NY 81] D. R. Nygren: Phys. Scripta **23**, 584 (1981)
[OE 88] A. Oed: Nucl. Instr. Meth. **A263**, 351 (1988)
[OP 90] OPAL-Kollaboration, K. Ahmet et al.: Nucl. Instr. Meth. **A305**, 275 (1991)
[PA 68] J. H. Parker, J. J. Lowke: Phys. Rev. **181**, 290 (1968)
[PA 75] V. Palladino, B. Sadoulet: Nucl. Instr. Meth. **128**, 323 (1975)
[PA 81] Particle Data Group: Phys. Lett. **75B**, 1 (1981)
[PA 80] R. Partridge et al.: Phys. Rev. Lett. **44**, 712 (1980)
[PE 76] Proposal for a PEP facility based on the time projection chamber (TPC), Johns Hopkins Univ.; Lawrence Berkeley Lab.; Univ. of Calif., Los Angeles; Univ. of Calif., Riverside; Yale Univ., PEP Exp. Nr. 4, SLAC Pub-5012 (1976)
[PE 82] PEP-4 Kollaboration, Proposal to modify the time projection chamber in order to eliminate track distortions: Report TPC-LBL-82-84, Lawrence Berkeley Lab. (Sep. 1984)
[PH 77] M. Phelps: Sem. Nucl. Med. **7**, 337 (1977)
[PH 78] *Philips Data Handbook*, Part 9 (1978)

[PR 58] W. Price: *Nuclear Radiation Detection* (McGraw-Hill, New York 1958)

[PR 80] Y. D. Prokoshkin: Proc. of Second ICFA Workshop, *Les Diablerets* (Oct. 1979); CERN Report (June 1980)

[RA 74] V. Radeky: IEEE Trans. Nuc. Sci. **NS-21**, 51 (1974)

[RA 83] C. Raine et al.: Nucl. Instr. Meth. **217**, 305 (1983)

[RA 92] B. Ratcliff, BaBar collaboration, Note No. 92; SLAC-Pub. 6371 (1993)

[RE 11] R. Reiganum: Z. Physik **12**, 1076 (1911)

[RI 54] M. Rich, R. Madey: *Range Energy Tables*, UCRL Report Nr. 2301 (1954)

[RI 74] P. Rice-Evans: *Spark, Streamer, Proprtional and Drift Chambers* (London 1974)

[RO 52] B. Rossi: *High Energy Particles* (Prentice Hall, New York 1952)

[RO 56] H. H. Rossi, G. Failla: Nucleonics **14**, 32 (1965)

[RO 72] R. E. Robson: Austr. J. Phys. **25**, 625 (1972)

[RU 64] J. G. Rutherglen: Progr. Nucl. Phys. **9**, 3 (1964)

[SA 64] A. Sayres, M. Coppola: Rev. Sci. Instr. **35**, 431 (1964)

[SA 77] F. Sauli: *Principles of Operation of Multiwire, Proportional and Drift Chambers*, CERN Report 77-09 (1977)

[SA 80] J. Sandweiss: XX-th Int. Conf. on High Energy Physics, Madison, Wisconsin (July 1980)

[SA 81] F. Sauli: Phys. Scripta **23**, 526 (1981)

[SA 94] F. Sauli: CERN-PPE/94-196 (1994)

[SC 71] P. Schilly et al.: Nucl. Instr. Meth. **91**, 221 (1971)

[SC 78] G. Schultz, J. Gresser: Nucl. Instr. Meth. **151**, 413 (1978)

[SC 79] L. S. Schröder: Nucl. Instr. Meth. **162**, 395 (1979)

[SC 80] B. Schmidt: Diplomarbeit, Heidelberg (1980)

[SC 82] M. A. Schneegans et al.: Nucl. Instr. Meth. **139**, 445 (1982)

[SC 84] W. Schmidt-Parzefall (DESY): priv. Mitteilung (1984)

[SC 96] B. Schmidt: in*Proc. "Beauty 96"*, Rome (June 1996), Nucl. Instr. Meth. A **384** (1996)

[SE 77] J. Seguinot, T. Ypsilantis: Nucl. Instr. Meth. **142**, 377 (1977)

[SE 79] W. Selove et al.: Nucl. Instr. Meth. **161**, 233 (1979)

[SH 50] W. Shockley: *Electrons and Holes in Semiconductors* (van Nostrand, New York 1950)

[SH 51] W. A. Shurcliff: J. Opt. Soc. Am. **41**, 209 (1951)

[SH 75] E. Shibamura et al.: Nucl. Instr. Meth. **131**, 249 (1975)

[ST 52] R. M. Sternheimer: Phys. Rev. **88**, 851 (1952)

[ST 53] H. Staub, in:*Experimental Nuclear Physics*, Vol. I, Ed. E. Segr, (J. Wiley Verl., New York 1953), p. 1

[ST 71] R. M. Sternheimer, R. F. Peierls: Phys. Rev. **B3**, 3681 (1971)

[ST 80] J. Stähler, G. Presser: Nucl. Instr. Meth. **177**, 427 (1980)

[ST 81a] J. Stähler, G. Presser: Nucl. Instr. Meth. **189**, 603 (1981)

[ST 81b] S. Stone: Phys.Scripta **23**, 605 (1981)

[ST 92] M. G. Strauss: Vortrag auf der ATS-Tagung DPF 92, Batavia, Illinois, SLAC-PUB 5970 (Okt. 1992)

[SW 82] S. P. Swordy: Nucl. Instr. Meth. **193**, 591 (1982)

[SZ 81] S. M. Sze: *Physics of Semiconductor Devices*, 2nd edition (J.Wiley, New York 1981)

[TA 78] F. E. Taylor et al.: IEEE Trans. Nucl. Sci. **NS-25**, 312 (1978)

[TI 83] R. Tiemann: Diplomarbeit, Dortmund (1983)

[TR 69] T. Trippe: CERN NP Int. Report 69-18 (1969)

[TR 77] J. I. Trombka et al.: Astrophys. J. **212**, 925 (1977)

[UA 1] Aachen-Annecy-Birmingham-CERN-London-Paris-Riverside-Rutherford-Saclay-Vienna Kollaboration, CERN proposal SPSC/78-6, SPSC/P92 (1978)

[UA 5] Bonn-Brussels-Cambridge-CERN-Stockholm Kollaboration, CERN proposal SPSC/78-70/P108 (1978)

[VA 70] Valvo Photomultiplier Buch, Hamburg (April 1970)

[WA 21] Birmingham-Bonn-CERN-London-Munich-Oxford Kollaboration mit BEBC am CERN, Exp.WA 21 (1979)

[WA 67] J. H. Ward, B.J. Thompson: J. Opt. Soc. Am. **57**, 275 (1967)

[WA 71] A. H. Walenta et al.: Nucl. Instr. Meth. **92**, 373 (1971)

[WA 79] A. H. Walenta et.al.: Nucl. Instr. Meth. **161**, 45 (1979)

[WA 81a] A. H. Walenta: Phys.Scripta **23**, 354 (1981)

[WA 81b] A. Wagner: Phys. Scripta **23**, 446 (1981)

[WA 82] A. Wagner (DESY): priv. Mitteilung (1982)

[WE 66] W. T. Welford: Appl. Opt. **5**, 872 (1977)

[WE 81a] D. Wegener (Dortmund): priv. Mitteilung (1981)

[WE 81b] H. Wenninger (CERN): priv. Mitteilung (1981)

[WI 57] R. L. Williams: Can. J. Phys. **35**, 134 (1957)

[WI 74] W. J. Willis, V. Radeka: Nucl. Instr. Meth. **120**, 221 (1974)

[YP 81] T. Ypsilantis: Phys. Scripta **23**, 371 (1981)

Index